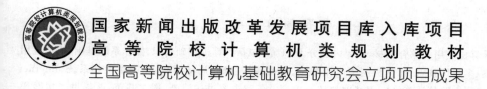

国家新闻出版改革发展项目库入库项目
高 等 院 校 计 算 机 类 规 划 教 材
全国高等院校计算机基础教育研究会立项项目成果

计算机应用基础

秦金磊　李　静　王桂兰　朱有产　编著

U0149738

北京邮电大学出版社
www.buptpress.com

内 容 简 介

本书是面向计算机应用的综合教材,主要内容分为 11 章,包括计算机基础知识、操作系统基础、论文应用软件、MatLab 基础、多媒体技术、计算机网络应用基础、数据通信基础、局域网技术、网络操作系统、Internet 技术与应用基础、组网实践等计算机应用基础的核心内容。各章内容讲述清晰,图文并茂,并提供了实践操作视频,便于学生全方位掌握。同时,各章设计了适量习题,用于巩固章节知识。

本书可作为全国高等学校理工科计算机类、自动化类、电气与电子类等相关专业的本科、大专及成人高等教育层次的教材,对研究生和从事计算机应用技术的相关工程技术人员来说也是一本很好的参考书。

图书在版编目(CIP)数据

计算机应用基础 / 秦金磊等编著 . -- 北京:北京邮电大学出版社,2023.6
ISBN 978-7-5635-6925-0

Ⅰ. ①计… Ⅱ. ①秦… Ⅲ. ①电子计算机—教材 Ⅳ. ①TP3

中国国家版本馆 CIP 数据核字(2023)第 099716 号

策划编辑:马晓仟　　责任编辑:马晓仟　米文秋　　责任校对:张会良　　封面设计:七星博纳

出版发行:北京邮电大学出版社
社　　　址:北京市海淀区西土城路 10 号
邮政编码:100876
发 行 部:电话:010-62282185　传真:010-62283578
E-mail:publish@bupt.edu.cn
经　　　销:各地新华书店
印　　　刷:保定市中画美凯印刷有限公司
开　　　本:787 mm×1 092 mm　1/16
印　　　张:19.75
字　　　数:515 千字
版　　　次:2023 年 6 月第 1 版
印　　　次:2023 年 6 月第 1 次印刷

ISBN 978-7-5635-6925-0　　　　　　　　　　　　　　　　　　　定价:54.00 元

· 如有印装质量问题,请与北京邮电大学出版社发行部联系 ·

前　言

党的二十大报告明确指出：“加强教材建设和管理”“推进教育数字化”，在此过程中，计算机应用技术将起到不可或缺的作用。在党的二十大报告的指导下，本书以应用开发过程中的核心内容为抓手，凝练了相关专业的学生必须掌握的基本理论及应用方法。本书的教学目标是为学生奠定良好的计算机应用基础，并使其具备必要的计算机应用和开发能力。作者总结多年教学科研及实践经验，结合计算机应用技术的最新发展并对课程相关资料进行综合分析提炼，编写了本书。

本书内容在选取与组织上有所突破，以计算机应用中的基础知识为主线，由浅入深，包括计算机基础知识、操作系统基础、论文应用软件、MatLab 基础、多媒体技术以及网络应用技术基础等内容。各章配备了适量习题，便于学生巩固所学知识。本书整体内容实用性强，重要原理、技术与应用讲述清晰，图文并茂，并提供了操作实践视频。

本书有如下特色：

① 注重基础讲解。以计算机应用过程中所必须掌握的基本原理、技术、方法和工具为核心，循序渐进，把基础讲透，把重点、难点讲清。

② 知识覆盖全面。精心选择章节内容，涵盖计算机基础理论、论文撰写必备软件和技巧、MatLab 科学计算、平面设计及动画开发、网络应用技术等核心内容。

③ 案例资源丰富。设计了操作实践案例，并提供了相关电子资源，便于学生下载使用。特定内容录制了相关视频，以便学生全方位掌握。

本书由秦金磊、李静、王桂兰和朱有产共同编写，电子资源的整理及视频录制等由秦金磊、李静和王桂兰完成。全书由秦金磊统稿并最后定稿。本书定稿后，由鲁斌教授主审。

本书为全国高等院校计算机基础教育研究会计算机基础教育教学研究项目“‘计算机基础’课程教学模式及内容改革研究与实践”（项目编号：2022-AFCEC-062）的研究成果。

本书的编写得到了华北电力大学 2021 年校级教学改革与研究项目的大力支持；得到了负责华北电力大学计算机专业平台建设领导的大力支持；得到了计算机软件教学团队全体教师的大力支持；得到了全国高等院校计算机基础教育研究会和北京邮电大学出版社的大力支持。在此，全体编写人员向所有对本书的编写、出版等工作给予大力支持的单位和领导表示真诚的感谢！

由于作者水平有限，书中难免有错误和不妥之处，敬请广大同仁和读者提出宝贵意见。

作　者
于华北电力大学

目　　录

第1章　计算机基础知识

21世纪被称为信息时代,当今社会,信息同物质、能源一样重要,是人类生存和社会发展的三大基本资源之一,是社会发展水平的重要标志。能否有效地获取、处理和利用信息已经成为一个国家发展经济、发展科研、提高综合国力的关键,也是判断一个国家的经济实力和国际地位的重要标志。计算机的产生和发展极大地提高了人类处理信息的能力,促进了人类对世界的认识和人类社会的发展,使人类逐步进入围绕信息而存在和发展的信息社会。

本章将讨论数据、信息技术、计算机技术、信息的数字化等的有关概念和理论,为后续章节的学习奠定基础。

1.1　数据与信息技术

1.1.1　数据与信息

1. 数据

数据(data)是用来说明事件或概念的一些文字、数字或符号等。另一种说法是:数据是能够被人类或机器识别并处理的符号。通常,实际生活中的数据有多种多样的形式,例如:数值、文字、图形、图像、声音等。对于计算机系统来说,要完成某项功能,往往要输入相应的内容,计算机对其做相应的处理,然后输出一些东西。那些输入并被处理的各种符号就是数据。

2. 信息

信息(information)从广义上讲是对客观事物的存在方式和运动状态的反映,这种反映通常以一定的形式表现出来,而直接或间接地为人的感官所接受。信息不仅是对各种事物的变化和特征的反映,也可以是事物之间相互作用和联系的表征。

在现代科学中,信息是指事物发出的消息、指令、数据、符号等所包含的内容。人通过获得、识别自然界和社会的不同信息来区别不同事物,得以认识和改造世界。在通信和控制系统中,信息是一种普遍联系的形式。1948年,数学家克劳德·艾尔伍德·香农(Claude Elwood Shannon)在题为《通信的数学理论》(A Mathematical Theory of Communication)的论文中指出,"信息是用来消除随机不定性的东西"。美国数学家、控制论的奠基人诺伯特·维纳(Norbert Wiener)在他的《控制论:或关于在动物和机器中控制和通信的科学》(Cybernetics: Or Control and Communication in the Animal and the Machine)中认为,信息是"我们在适应外部世界,控制外部世界的过程中同外部世界交换的内容的名称"。

3. 联系与区别

数据以某种形式经过处理、描述或与其他数据比较时,其意义就出现了,就形成了信息。从数据处理的角度讲,信息是从一些数据中经过提炼(处理)而得到的,可用于决策的有意义的数据。这些具有意义的文字、数字、声音等可以称为信息。因此,信息必然包含数据,但数据未必是信息,只是信息的载体。例如,39 ℃只是一个数据,本身没有意义。若某个病人的体温是39 ℃,则说明病人正在发烧,这才是信息,是有意义的。

信息总是与环境、场合相关的,而数据只是用于产生信息的单纯符号。例如,10％是数据,但这一数据除了数字上的意义外,并不表示任何内容。而"股票涨了 10％"对于接收者是有意义的,它不仅仅是数据,更重要的是对数据有一定的解释,从而使接收者得到了股票信息。应该指出,有些场合的"数据"和"信息"被通用了,实际上二者是有区别的。简单地说,二者的区别是:信息有意义,而数据本身没有意义。

计算机的目的就是将数据转换成信息。即计算机通过接收数据(未经过处理的数字、符号、图表等),并对这些数据进行处理和操作,然后将它们转换为人们可以使用的信息(如概要、总计或报表等)。

4. 信息的特征

随着社会的进步,信息的许多特征已经为人类所认识并引起了人们的重视。

(1)信息的普遍客观性

信息是宇宙间的普遍现象,不以人的意志为转移而客观存在着。有的信息看得见、摸得着,如物体的形状、颜色等信息。有的信息是看不见、摸不着的抽象事物和概念,如商品的价格、各种科学理论等。信息就在我们身边,春暖花开是春天的信息,五谷丰登是秋天的信息,等等。

(2)信息的共享性

对于物质的分享,人越多每个人分得的越少。信息的分享不会引起信息的减少。例如,电视广播、网上资源不会因为人们的观看或下载而减少。同一条信息可供传播者和接收者共享,而且是"等量"的。

(3)信息的传递性

信息的传递打破了时间和空间的限制,可以在时空之间实现传递。例如,北京时间 2022年 6 月 5 日 10 时 44 分,神舟十四号载人飞船发射取得圆满成功,人们足不出户就可以收看发射直播,这说明了信息的传递性。

(4)信息的依附性

各种信息必须依附于一定的媒体介质才能表现出来,为人们所接受。如文字依附于纸张(还可依附于计算机磁盘等),颜色依附于物体表面,音乐依附于光盘等。可见,信息依附于载体,而且同一信息可以有不同的载体。

(5)信息的时效性

信息是事物的运动状态和变化方式,事物本身是在不断变化的,因此,信息也会随之变化。天气预报、股市行情、商品促销信息等类型信息的时效比较短,而一些科学原理、定理的时效就比较长。

(6)信息的可积累性(也称相对性、不完整性)

信息的可积累性表现在人们对信息的认识程度。人们对事物的认识是逐步深入的,所获得的信息也是逐渐增加的,一次就获取事物的全部信息是比较困难的,因为客观事物总是无限复杂与动态变化的。例如,"盲人摸象"的故事说明每个人所获得的信息是不完整的。

1.1.2 信息技术

1. 信息技术革命

信息作为一种社会资源自古就有,迄今为止,人类社会已经发生过 4 次信息技术革命。

第一次信息技术革命是人类创造了语言和文字,接着出现了文献。语言、文献是当时信息存在的形式,也是信息交流的工具。

第二次信息技术革命是造纸术和印刷术的出现。这次革命结束了人们单纯依靠手抄、篆刻文献的时代,使得知识可以大量生产、存储和传播,进一步扩大了信息交流的范围。

第三次信息技术革命是电报、电话、电视及其他通信技术的发明和应用。这次革命是信息传递手段的历史性变革,它结束了人们单纯依靠烽火和驿站等传递信息的历史,大大加快了信息传递的速度。

第四次信息技术革命是电子计算机和现代通信技术在信息处理中的应用(即网络技术的应用)。这次革命使信息的处理速度、传递速度得到了惊人的提高,人类处理信息的能力达到了空前的高度。

2. 信息技术的层次

信息技术是在信息加工和处理过程中所使用的各种科学技术和管理技巧的总称。一般来说,信息技术包含 3 个层次的内容:信息基础技术、信息系统技术和信息应用技术。

① 信息基础技术:信息技术的基础,包括新材料、新能源、新器件的开发和制造技术,如微电子技术用于集成电路、三极管等元器件的制造,扩展了人类对信息的使用和控制能力。在光电子技术中,光子是速度比电子快 3 个数量级的信息载体,其响应速度可达到飞秒(10^{-15} s)量级,为计算机技术的进一步变革提供了可能。

② 信息系统技术:指与信息的采集、传输、处理、控制的设备和系统有关的技术。其核心包括如下几种。

- 信息采集技术:也称为信息获取技术,是利用信息的先决条件,如利用传感器实现遥测和遥感等。各种红外、紫外、光敏、热敏元件具有信息采集(获取)的功能,反映了传感技术的最新发展,传感技术扩展了人类五官采集信息的功能。
- 信息处理技术:包括对信息的识别、转换等技术。过去以人工为主进行处理,现代则以计算机为技术核心。利用计算机处理信息,扩展了人类思维器官处理信息的功能。
- 信息传输技术:使信息在大范围内迅速、准确、有效地传递,如光纤通信、卫星通信、微波通信、电缆通信、双绞线通信等技术,有效地扩展了人类神经系统传递信息的功能。
- 信息控制技术:利用信息传递及反馈对目标进行控制,如导弹控制系统技术等,扩展了人类的信息效用和决策的能力。
- 信息存储技术:如纸张、磁盘、光盘等存储技术,扩展了人类的信息存储能力。

通常所说的 3C 是指其中的通信(communication)、计算机(computer)和控制(control)。

③ 信息应用技术:针对各种实用目的(如信息管理、控制、决策)而发展起来的具体的技术群类,如电厂的自动化、办公自动化等。信息应用技术是信息技术开发的目的所在,提高了信息的应用效率。

3. 信息技术的特点

随着信息技术不断发展,其表现出如下特点。

① 数字化:将信息用二进制编码进行处理,可以实现信息的高效压缩、数字传输等。数字传输的信息品质通常要好于模拟传输的信息品质,如数字电视等。

② 多媒体化:多媒体技术使得计算机的应用,由单纯的文字处理变为文、图、声、影等的集

成处理。

③ 高速化：计算机和通信的发展追求的是高速度、大容量。例如，每秒能运算千万次的计算机已进入普通家庭。5G 网络也就是第五代移动通信网络，其峰值理论传输速度可达每秒10 GB。

④ 网络化：信息网络可分为电信网、广电网和计算机网。三网有各自的形成过程，其服务对象、发展模式和功能等有所交叉，又互为补充。其中计算机网络的发展异常迅速，从局域网到广域网，再到国际互联网及有"信息高速公路"之称的高速信息传输网络，计算机网络在现代信息社会中发挥了重要的作用。

⑤ 智能化：智能化主要体现在利用计算机模拟人的智能，如机器人、专家系统等。

1.1.3 信息处理

1. 信息处理系统

信息技术可以应用在多个方面，其中最常用的是形成信息处理系统。

获取信息并对其进行加工处理、传递、存储、检索，使其成为有用信息并发布出去的过程称为信息处理。完成上述处理过程的系统称为信息处理系统。

- 信息获取：收集用于不同目的的原始数据。可以直接获取、间接获取、获得信息的数字化表示。
- 信息传输：把各种形式的信息从一处传递到另一处，有发送、传输、接收等环节。
- 信息加工：信息被加工处理后，提取需要的信息以便利用。例如：信息的筛选和判别、分类和排序、分析和研究等。
- 信息存储：加工后的多媒体信息存储到存储载体里。目前计算机系统主要有磁存储、光存储、半导体存储等。
- 信息组织与管理：用科学的方法对杂乱无序的信息进行加工整理、组织成序，以便存储和利用。数据管理经历了人工管理、文件系统、数据库系统等发展阶段。
- 信息利用：目前信息主要用于信息发布、决策、作为其他系统的信息源等。信息在利用中并非消耗，而是可以广为扩散，不断增值，产生新的信息。

2. 两个重要部分

在进行信息处理时，经常遇到的两个重要部分是计算机与通信。

计算机从诞生起就不停地为人们处理大量的信息，而且随着计算机技术的不断发展，计算机处理信息的能力在不断增强。曾有人说，机械放大了人类的体力，计算机放大了人类的智慧。随着计算机技术的进步，计算机可以控制机器，因此大量的体力劳动已经被计算机取代，危险和有害健康的工作逐渐被淘汰。从这个意义上讲，计算机放大了人类的体力和智慧。正如著名科幻小说作家艾萨克·阿西莫夫(Isaac Asimov)所说："21 世纪可能是创造的伟大时代，那时，机器将最终取代人去完成所有单调的任务，计算机将保障世界的运转。而人类则最终得以自由地做非他莫属的事情——创造。"

通信是人类多年以来一直都在使用的技术，有效、快捷、方便地进行通信是人类努力追求的目标。1865 年，美国总统林肯遇刺的消息经过 13 天才传到英国。而 1969 年，阿波罗火箭将宇航员送上月球的消息只用了 1.3 秒就传遍了全球。从传统的电话、电报、收音机、电视到如今的手机、卫星通信，这些人人可用的现代通信方式使数据和信息的传递效率得到了极大的提高。通信技术还要加上计算机之间的通信，当人们上网时就会产生这种通信方式。这意味着通过网络连接,人们使用计算机可以访问另一台计算机上的信息。网络是连接两台或多台计算机的通信系统。

1.2　计算机概述

大家都知道计算机的一些基础知识,例如,计算机从无到有、计算机技术的飞速发展等,计算机影响着人们的教育、健康、财产、休闲娱乐、职业等方面。更进一步的问题是,为什么会产生计算机?各种各样的计算机如何分类?计算机技术将如何发展?大家学习这样的基础知识有什么用?

不管是长时间使用过计算机的人(简称用户)还是完全没有使用过计算机的人,若想成为"计算机高手",都需要至少解决下面的问题:知道计算机可以做什么以及不可以做什么,如何处理常见的计算机问题,当不能处理问题时如何寻求帮助等。掌握计算机的基础知识,会带来如下帮助。

① 用户将明白如何处理常见的计算机问题。无论是获得软件的升级改进、替换打印机墨盒,还是从数码相机或手机中取出照片,在处理这些问题甚至是来自计算机不断出现的新问题时,用户都能够得心应手。同时,用户在处理问题时知道如何获取帮助。

② 用户会明白如何升级设备以及如何把旧设备与新产品进行集成。由于新的配件和软件不断出现,有一定知识的用户明白在什么情况下应升级旧的设备。此外,他们将知道何时需要购买新机器。

③ 用户会明白如何购买计算机。在购买计算机和软件时,用户会判断相关产品的质量和实用性,以追求高的性价比。

④ 用户会知道如何有效地使用网络。网上的数据和在线资源相当庞大,从中找出合适的信息,我们可能需要花费大量时间,通过特定的方法可有效降低时间成本。

⑤ 推进用户的职业发展。不论是从事何种职业的人,即使是高层领导也在使用计算机。从产品设计到生产过程控制,从天气预报到地质勘探,从警察工作到政治活动,从零售行业到休闲娱乐,计算机几乎无处不在。

通过这些基础知识,用户将明白在工作中如何更好地发挥计算机的作用。本节将从计算机的发展、分类及应用等方面进行讨论。

1.2.1　计算工具发展变迁

计算机的发展史充满了智慧的火花,了解计算机的发展史不仅有利于深刻地理解计算机的工作原理,而且可以以史为鉴,前辈们刻苦钻研、锐意创新的精神对所有人都具有启迪作用。

计算机是随着计算工具的逐步变化而产生的。计算工具的变化经历了手工计算工具、机械计算工具、机电计算机,并最终形成了电子计算机。

1. 手工计算工具

在该阶段,主要经历了如下计算工具。

(1)原始计算工具

计算是人的一种思维活动,最初的计算主要是计数。人类最早的计数方法是用双手或身边的小石块、贝壳等有形物计数。一个人有10根手指,记满10以后就要用身边的小石块等进一步计数,因此人们自然进入十进制计数法。

许多民族用小棍棒表示数字,这就是算筹。我国在春秋战国时期(公元前 770 年至公元前 221 年)已有算筹。算筹有用竹子制造的,以后也有木制、铁制、象牙制或玉制的,如图 1-1 所示。

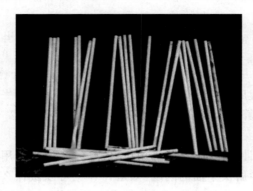

图 1-1　算筹

我国算筹的摆法有横式和纵式两种,如图 1-2 所示。

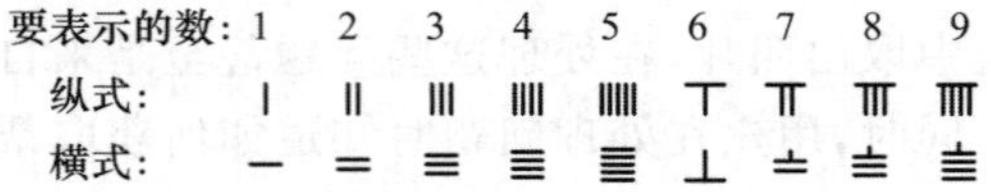

要表示的数: 1　2　3　4　5　6　7　8　9

纵式:　　　 丨 丨丨 丨丨丨 丨丨丨丨 丨丨丨丨丨 丅 丅丅 丅丅丅 丅丅丅丅

横式:　　　 一 二 三 亖 亖 ⊥ ⊥ ⊥ ⊥

图 1-2　算筹的摆法

当位数不止一位时,自个位起纵式与横式交替使用。例如,数值 386 的表示如图 1-3 所示。

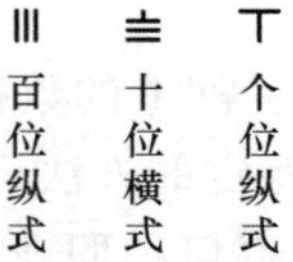

丨丨丨　亖　丅
百　　十　个
位　　位　位
纵　　横　纵
式　　式　式

图 1-3　算筹表示数值 386

我国古代数学家祖冲之就曾借助于算筹计算出圆周率的值,其精度是当时世界上最高的,介于 3.141 592 6 和 3.141 592 7 之间。

(2)算盘

算筹用起来极不方便,到了唐末人们创造出算盘,如图 1-4 所示,明朝以后,算盘在世界各地流传开来。算盘还与先进的计算技术结合制造出电子算盘,如图 1-5 所示。古老的算盘进行加、减运算比小型电子计算机快,而小型电子计算机进行乘、除运算较快。电子算盘兼有二者的长处,其左半部分是微型集成电路,右半部分是上一珠下四珠的算盘,做加、减法时用算盘拨珠运算,做乘、除法时用计算机按键运算。

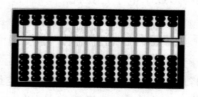

图 1-4　算盘

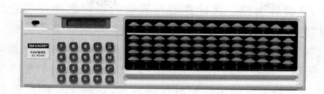

图 1-5 电子算盘

（3）计算尺

计算尺是根据对数原理制成的，也称为对数尺。早在两千多年前，人们就孕育着"对数"的思想。阿基米德研究过以下两个数列：

$$1,10,10^2,10^3,\cdots \qquad (1)$$
$$0,1,2,3,\cdots \qquad (2)$$

他指出了幂运算与指数运算的关系，如 $10^2 \times 10^3 = 10^{2+3}$，而后把乘、除法转换为加、减法，使运算大为简化。

1632 年，英国数学家威廉·奥特雷德（William Oughtred）发明了计算尺，他将计算好的对数刻在木板上，通过木板滑动找到所要求的对数。计算尺可以执行加、减、乘、除、指数、三角函数等运算，20 世纪 70 年代被计算器取代，如图 1-6 所示。

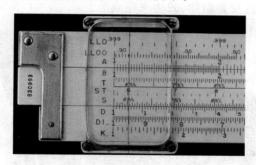

图 1-6 计算尺

2. 机械计算工具

机械计算工具具有体积大、机械部件多等特点，主要经历了如下几种计算工具。

（1）加减法计算器

1642 年，法国哲学家和数学家布莱兹·帕斯卡（Blaise Pascal）发明了加减法计算器，它是用手摇方式操作的齿轮式计算器，其外观和内部结构如图 1-7 所示。

(a) 外观　　　　　　　　　　　　　　　　(b) 内部结构

图 1-7 加减法计算器的外观和内部结构

齿轮顺时针为加,逆时针为减。该计算器与算盘的不同之处在于它能自动进位和借位。当某一位顺时针转过"9"时,咬合装置把相邻的高位齿轮顺时针转动一齿,相当于高位进"1";当某一位逆时针转过"0"时,咬合装置把相邻的高位齿轮逆时针转动一齿,相当于借位减"1"。其工作原理如图1-8所示。如要计算73+8,先把个位的齿轮顺时针转3齿,把十位的齿轮顺时针转7齿。因为加8,再将个位的齿轮顺时针转8齿,这时个位读出的数为1。同时由于顺时针转过了"9",所以进位给十位,带动十位的齿轮顺时针转动1齿,十位读出的数为8。

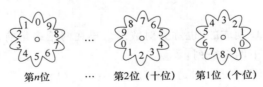

第n位 … 第2位(十位) 第1位(个位)

图1-8 加减法计算器原理图

读者可自行计算算式:107-9。

(2)机械乘除器

德国数学家戈特弗里德·威廉·莱布尼兹(Gottfried Wilhelm Leibniz)研究了Pascal的加减法计算器后,1674年开始设计一台机械乘除器,可以进行加、减、乘、除四则运算,如图1-9所示。其中,乘、除法是通过反复做加、减法来完成的。

图1-9 莱布尼兹机械乘除器

(3)差分机和分析机

上述的机械计算机还远远不是现代计算机。现代计算机与机械计算机的重要区别就是它能自动地进行一连串的计算,计算的每一步是在存放于机器内部的命令的控制下进行的,这种命令称为指令,指令的集合(一组按照一定计算任务编制好的指令)称为程序。如果每条指令都由人发出,这就不是自动运算,而莱布尼兹设计的计算器每一次运算都需要由人给出指令。因此,需要一种装置事先把这些指令存储起来,计算机在运算时逐一取出指令,然后根据指令进行计算,直到该组指令执行完毕,得出运算结果,这就是程序存储。解决程序存储问题是由机械计算机走向现代计算机的重大一步。

将程序存储引入计算机的是英国数学家查尔斯·巴贝奇(Charles Babbage)。1822年,巴贝奇制造出第一台差分机,这台机器基本上专供计算多项式,运算精度达到6位小数。1834年,巴贝奇受到提花机的影响,构思了一种新的计算装置——分析机。巴贝奇及其制造的差分机和分析机如图1-10所示。

(a) 巴贝奇

(b) 差分机

(c) 分析机

图 1-10 巴贝奇及其制造的差分机和分析机

提花机是一种纺织机械,能编织复杂的大花纹织物。提花机最早发明于中国,后经阿拉伯国家传到意大利、法国,经许多人改进,最终成为一台自动化的动力织机。

人们按照编织的花样把一些卡片穿孔,在编织过程中,织机用一种机械的方法来识别这些孔以指导梭子编织花样。识别的方法是:机内有连杆,根据连杆是否遇到卡片的某些孔,来决定梭子在每一行程中应该把哪些线织入花样。

巴贝奇的机器设计方案从现代的角度看尽管很原始,但他的构思很精巧,具备了现代计算机应具备的一切。分析机由以下 5 个基本部件组成。

① 存储库:可存储 1 000 个五十位数,由多排轮子组成,每个轮子刻有 10 个数。

② 运算室:进行四则运算,通过齿轮和轮子的旋转来进行。

③ 联系运算室和存储库的装置:在两部件间传送数据,由一组齿轮和杠杆组成。

④ 输入输出装置:数据和程序由穿孔卡片输入,输出借助于打印机和穿孔卡片。

⑤ 控制装置:控制计算顺序的装置,根据存储程序的穿孔卡片来控制计算顺序。

巴贝奇用了近 40 年的时间设计这台机器,尽管有些部件已经制成,但由于缺乏足够的经费,加之当时的技术条件不成熟(机械方式),这台机器始终没有成功。

巴贝奇的思想虽然有程序存储的概念,但还不是程序存储。巴贝奇计算机与现代计算机极为重要的区别在于:巴贝奇没有想到在存储数据的同一轮上存储指令。指令存储在卡片上,不是存储在机器内部的存储库中,对指令不能像数据那样进行处理加工,这影响了计算机的自动化程度。巴贝奇的计算机是一台卡片控制的自动计算机。

3. 机电计算机

机电计算机融入了电气控制技术,更加接近于真正的电子计算机,主要的机电计算机有如下几种。

(1) 制表机

19 世纪后期,随着电学技术的发展,计算工具开始从机械方面向电气控制方面发展。1884 年,美国德裔统计学家赫尔曼·霍勒瑞斯(Herman Hollerith)受提花机的启发,想到用穿孔卡片表示数据,发明了打孔卡片制表机。它采用专门的读卡设备将数据输入计算装置,利用电气控制技术取代机械装置,是计算机发展史上的第一次质变。这种计算设备成功地应用于 1890 年美国的人口普查,使各种数据的计算效率大幅提高。

（2）Z-3 机电式计算机

1941 年，德国工程师康拉德·楚泽（Konrad Zuse）制造出 Z-3 机电式计算机，如图 1-11 所示。

图 1-11　Z-3 机电式计算机

Z-3 机电式计算机可以在几秒钟之内进行加、减、乘、除四则运算，这台计算机由几个电路和 2 600 个继电器组成。可以说，Z-3 机电式计算机的出现标志着计算机时代的来临。

（3）马克 1 号（MARK-I）

美国哈佛大学应用数学教授霍华德·海撒威·艾肯（Howard Hathaway Aiken）受巴贝奇的思想启发，在 1937 年得到美国海军部的经费支持，开始设计"马克 1 号"（由 IBM 承建），于 1944 年交付使用。马克 1 号是美国第一台大尺度自动数位计算机，被认为是第一台万用型计算机。马克 1 号长 14.1 米，高 2.2 米，这台机器使用了三千多个继电器，故有继电器计算机之称，如图 1-12 所示。它的特点为全自动运算，一旦开始运算便无须人为介入。马克 1 号是第一台被实作出来的全自动计算机，同时，与当年的其他电子式计算机相比，它非常可靠。大家认为这是"现代计算机时代的开端"以及"真正的计算机时代的曙光"。

图 1-12　马克 1 号计算机

4. 电子计算机

在机电计算机诞生之后，随着电子管的发明（1906 年）和电子技术的发展，一些科学家开始考虑用先进的电子技术代替落后的机械技术，电子器件逐步成为计算机的主要器件，而机械部件变成了从属部件，机械计算机开始向电子计算机转变。在这一阶段，代表性的计算机有如下几种。

（1）ABC 计算机

ABC 计算机是指阿塔纳索夫-贝瑞计算机（Atanasoff-Berry Computer），常简称为 ABC 计算机，是世界上第一台电子数字计算设备。这台计算机在 1937 年由美国爱荷华州立大学物理系教授约翰·文森特·阿塔纳索夫（John Vincent Atanasoff）和其合作者克利福特·贝瑞（Clifford Berry，当时还是物理系的研究生）设计，不可编程，仅仅设计用于求解线性方程组，并在 1942 年成功进行了测试。这台计算机使用了 300 个电子管，能够做加、减法运算。不过这台机器还只是个模型机，并没有完全实现阿塔纳索夫的构想。但是 ABC 计算机的逻辑结构和电子电路的新颖设计思想却为后来电子计算机的研制工作提供了极大的启发，所以，阿塔纳索夫应该是公认的"电子数字计算机之父"。

（2）ENIAC

1946 年，宾夕法尼亚大学研制出 ENIAC（Electronic Numerical Integrator And Calculator），即电子数字积分计算机，这是第一台电子计算机。制造 ENIAC 是出于军事上的迫切需要，当时已具备了必要的物质条件（物理器件），并且从巴贝奇计算机到马克 1 号已为它建立了必要的理论准备。

ENIAC 可以在 1 秒内完成 5 000 次加、减法运算，3 毫秒可进行一次乘法运算，相比于手工计算速度大大提高，但也有明显的缺点，如体积庞大、耗电量大等。该机器中约有 18 800 只电子管、1 500 只继电器、70 000 只电阻及其他各类电子元件，运行时耗电量很大，如图 1-13 所示。尽管如此，ENIAC 的研制成功在人类文明史上具有划时代的意义，开辟了人类使用电子计算机的新纪元。

图 1-13　ENIAC

1.2.2　现代计算机理论的奠基人

如同一般科学技术转化为生产力必须经过基础理论研究到应用产品开发，直至演变为实用技术一样,计算机的发展也遵循这个规律。一般认为,在现代计算机的诞生和发展过程中有两位杰出的科学家做出了重大贡献,即艾兰·麦席森·图灵和约翰·冯·诺依曼,如图1-14所示。

(a) 艾兰·麦席森·图灵　　　　(b) 约翰·冯·诺依曼

图 1-14　现代计算机理论的奠基人

1. 图灵机与图灵测试

英国数学家、逻辑学家艾兰·麦席森·图灵(Alan Mathison Turing)1912年生于伦敦近郊的帕丁顿镇。1931年,图灵进入剑桥大学攻读数学学位,毕业后到美国普林斯顿大学攻读博士学位,第二次世界大战爆发后回到剑桥。他用继电器做成了名为"霹雳弹"的译码机(Bombe,因为继电器工作发出"霹雳啪啦"的声音而得名),破解了德国的著名密码系统Enigma,为盟军战胜德国法西斯立下了不少功劳。1943年,图灵又参与研制了译码机"巨人"(Colossus),"巨人"是将"霹雳弹"改用电子管,原来需要6~8周才能破译的密码,用"巨人"只需6~8小时。第二次世界大战结束后,图灵继续研究他的计算机项目,"自动程序控制"的思想被提出并用于计算机的研制。后来,著名的"图灵测试"被提出。

图灵在计算机科学方面的主要贡献有两个:一是提出"图灵机"模型,奠定了现代计算机理论的基石;二是提出"图灵测试",阐述了机器智能的概念。

1936年,图灵发表了论文《论可计算数及其在密码问题中的应用》,在这篇开创性的论文中,他提出了著名的"图灵机"(Turing Machine)的设想。

图灵机可以模拟人们用纸笔进行数学运算的过程,将人的这种运算过程看成两种简单的动作:①在纸上书写或擦除某个符号;②把注意力从纸的一个位置移动到另一个位置。而在每个阶段,人要决定下一步的动作,这依赖于此人当前所关注的纸上某个位置的符号以及此人当前思维的状态。

图灵构造出了一台图1-15所示的机器,该机器由以下三部分组成。

① 一条无限长的纸带(TAPE)。纸带被划分为一个一个的小格子,每个格子包含一个来自有限字母表的符号,字母表中有一个特殊的符号表示空白。纸带上的格子从左到右依次被编号为0,1,2,…,纸带的右端可以无限伸展。

② 一个读写头(HEAD)。该读写头可以在纸带上左右移动,它能读出当前所指的格子上的符号,并能改变当前格子上的符号。

③ 一套有限状态控制表(TABLE)。它根据当前机器所处的状态以及当前读写头所指的格子上的符号来确定读写头下一步的动作,令机器进入一个新的状态。

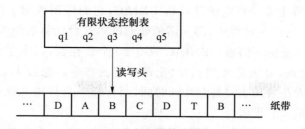

图 1-15 图灵机示意图

图灵机执行一步工作的过程如下。

① 读写头在所扫描的格子上写上符号,原有符号自然消除。

② 读写头向左或向右移动一个格子,机器由当前状态转向另一个状态,进入下一步工作。重复上述过程直到机器状态为停机状态为止。

注意,这台机器的每一部分都是有限的,但它有一个潜在的无限长的纸带,因此这台机器只是一个理想的设备。图灵认为这样的一台机器就能模拟人类所能进行的任何计算过程。

图灵还提出,存在着一种特殊的图灵机,它可以模拟任何图灵机,这种特殊的图灵机也被称为通用图灵机。一台电子计算机就是用物理的方式将通用图灵机具体化。因此,图灵机理论是现代计算机理论的基石。

1950 年 10 月,图灵又发表了一篇题为《计算机器与智能》的论文,成为划时代之作。也正是这篇文章为图灵赢得了一顶桂冠——“人工智能之父”。在这篇论文里,图灵第一次提出了“机器思维”的概念。他逐条反驳了机器不能思维的论调,做出了肯定的回答。他还对智能问题从行为主义的角度给出了定义,由此提出了一个假想:一个人在不接触对方的情况下,通过一种特殊的方式,和对方进行一系列的问答,如果在相当长时间内,他无法根据这些问题判断对方是人还是计算机,那么,就可以认为这台计算机具有同人相当的智力,即这台计算机是能思维的。这就是著名的“图灵测试”(Turing Testing)。当时全世界只有几台计算机,根本无法通过这一测试,但图灵预言,在 20 世纪末,一定会有计算机通过“图灵测试”。终于他的预言在计算机“深蓝”身上得到了彻底实现,在标准比赛时限内“深蓝”战胜了国际象棋大师卡加理·卡斯帕罗夫(Garry Kasparov)。“深蓝”是 IBM 公司生产的一台超级国际象棋计算机,重 1 270 kg,存储了一百多年来优秀棋手的两百多万局对局,有 32 个“大脑”(处理器),每秒能分析 2 亿步棋。

为纪念图灵对计算机科学做出的贡献,美国计算机协会(Association for Computing Machinery,ACM)于 1966 年设立了计算机世界的第一个奖项,命名为“图灵奖”。该奖专门奖励那些在计算机科学研究中做出创造性贡献、推动计算机科学技术发展的科学家,偏重于在计算机科学理论和软件方面做出贡献的科学家。

2. 冯·诺依曼结构计算机

现代计算机理论的另一位重要奠基人是美籍匈牙利数学家约翰·冯·诺依曼(John von Neumann),冯·诺依曼 1903 年生于匈牙利的布达佩斯,他从小聪颖过人,兴趣广泛。鉴于在发明电子计算机中所起到的关键性作用,他被誉为“计算机之父”。而在经济学方面,他也有突破性成就,被誉为“博弈论之父”。在物理学领域,他在 20 世纪 30 年代撰写的《量子力学的数学基础》已经被证明对原子物理学的发展有极其重要的价值。在化学方面,他也有相当的造诣,曾获苏黎世高等技术学院化学系学士学位。他无愧是 20 世纪最伟大的全才之一。

1946 年出现了世界上第一台电子计算机 ENIAC,它的研制成功为计算机科学的发展提供了契机。在 ENIAC 的研制过程中,冯·诺依曼通过对这台计算机的考察,敏锐地抓住了它的最大弱点——没有真正的存储器。ENIAC 只有 20 个暂存器,指令存储在计算机的其他电路中。这样,在解题之前,必须先按照程序(全部要用的指令),通过手工把相应的电路接通。这种准备工作要几个人花费几小时甚至几天时间,而计算本身只需几分钟。计算的高速与指令的手工装入存在着很大的矛盾。

针对这个问题,冯·诺依曼提出了"程序存储"的概念——指令和数据一起存储。即把要执行的指令和要处理的数据均按照顺序编成程序存储到计算机内部,计算机不断地取出下一条指令并执行指令,直到指令执行完毕,从而解决了程序的"内部存储"和"自动执行"问题。依照"程序存储"的思想,冯·诺依曼和他的同事研制了第二台计算机 EDVAC(Electronic Discrete Variable Automatic Computer),极大地提高了计算机的运算速度(是 ENIAC 的 20 倍)。这是一种全新的计算机方案,冯·诺依曼本人从来没有说过"程序存储"概念是他的发明,却不止一次地说过他的"程序存储"想法来自图灵。自计算机诞生以来,计算机技术有了飞速发展,但计算机的基本工作原理没有变,仍然沿袭着冯·诺依曼的构思和设计,人们将这种"程序存储"式的计算机统称为冯·诺依曼机。

1.2.3　电子计算机的发展阶段

世界上第一台计算机 ENIAC 的诞生与军事相关的研究成果密不可分。其计算速度大大提高,但体积庞大,重达 30 吨,占地 $170\ m^2$,是当前轻便的手持机器的祖先。计算机从诞生到现在,它的应用走出了科学家、工程师及军事家的高阁,进入企业、银行、商业、办公室、家庭等各个领域。计算机从无到有,从弱到强,按照所采用的物理器件的变化,计算机的发展经历了以下 4 个阶段。

1. 电子管计算机(1946—1957 年)

1904 年,世界上第一只电子管在英国物理学家约翰·安布罗斯·弗莱明(John Ambrose Fleming)的手中诞生。第一只电子管的出现标志着世界从此进入了电子时代。

电子管类似于灯泡,其中带有炽热的灯丝或者有线电路,以传输电子。ENIAC 使用了约 18 800 只电子管,但是每 7 分钟就会有一只电子管发生故障,人们需要至少 15 分钟的时间来查找并替换发生故障的电子管,这样很难有效地进行计算处理工作,ENIAC 一周中有 1/3 的时间处于停机状态。此外,由于 ENIAC 体积庞大,因此运行时耗电量也很大。

2. 晶体管计算机(1958—1964 年)

1947 年,贝尔实验室开发出了晶体管,第一只晶体管的大小只有电子管的 1/100～1/10,每秒能"开"或"关"百万次。它的耗电量低,寿命一般比电子管长 100～1 000 倍。用晶体管做基本元件组成了计算机的电路,此时的计算机速度加快、体积减小、功耗减小、可靠性提高且价格降低,计算机的应用进一步扩大。

3. 集成电路计算机(1965—1970 年)

晶体管刚出现时,每一只晶体管单独制造(例如,1960 年一只晶体管大约需要 $0.5\ cm^2$ 的空间),然后再使用金属丝与电烙铁加工成电子线路。但是以晶体管的出现为标志的小型化过程并没有结束,今天的晶体管更小,只有通过显微镜才可以看到。此外,可以将几百万只晶体管压缩到 $0.5\ cm^2$ 的空间中,这依赖于集成电路技术的发展。

集成电路是通过集成技术将许多晶体管、电阻等元器件组成的电路集中在一块很小的硅片上。这里的硅是半导体(导电性能介于导体和绝缘体之间),半导体具有部分电阻,因此可以将良性导体安放在硅上以制作集成电路的电子回路。我们通常所说的芯片就是含有多个电子回路的硅片。经过测试后,芯片安放在保护架上,保护架有突起的金属引脚可以与计算机相连,如图 1-16 所示。

图 1-16 芯片

这个阶段的计算机主要采用小规模和中规模集成电路作为基本电子元件,从而使得体积、功耗进一步减小,可靠性、速度进一步提高。

4. 大规模集成电路计算机(1971 年至今)

这个阶段的计算机又发生了重大变化,高度的集成化使得运算器、控制器等部件可以制作在一个集成电路芯片上,从而出现了微处理器。微处理器的出现使计算机走向微型化,出现了微型计算机。大规模集成电路计算机在实现体积微型化的同时,其性能得到进一步的提高。

在计算机的发展过程中,摩尔定律在一定程度上揭示了信息技术进步的速度。其核心内容为:集成电路上可以容纳的晶体管数目每经过大约 18 个月便会增加一倍。换言之,处理器的性能大约每 18 个月翻一倍,同时价格下降为之前的一半。

1.2.4 计算机的分类

自从现代计算机诞生以来,计算机的类型越来越多样化,计算机性能不断提高,应用范围扩展到各个领域,因此很难对计算机进行精确的类型划分。按照目前的市场情况,大致可以从以下两个角度分类。

1. 用途

计算机根据用途可分为专用计算机和通用计算机。

专用计算机用于解决某个特定方面的问题,适用于某一特定的应用领域,如卫星上使用的计算机以及前文所述的"深蓝"计算机。专用计算机有专用的硬件和软件,一般功能比较单一,不能当通用计算机使用。

通用计算机的主要特点是:满足大多数的应用场合,适用于多个领域,通用性强。它的系统一般比较复杂,功能全面,支持它的软件也多种多样。与专用计算机相比,通用计算机的应用更加广泛。

2. 综合性能

计算机根据综合性能可分为高性能计算机、微型计算机、工作站、嵌入式计算机。

（1）高性能计算机

高性能计算机包括超级计算机（也称巨型机）、大型集群计算机、大型服务器等。国际上每年都会进行计算机 500 强测试，凡是能够入围的计算机都可以称为超级计算机。超级计算机主要应用于科学技术、军事、石油勘探、人类遗传基因研究等领域。大型集群计算机技术是利用多台单独的计算机组成一个计算机集群，使多台计算机能够像一台机器那样工作或看起来像一台机器。大型服务器一般采用专业的系统结构，用于通信、网络、大型工程等。

（2）微型计算机（简称"微型机"或"微机"）

微型计算机的概念源自微处理器（Micro Processor Unit，MPU），以 MPU 为核心构成的计算机系统就称为微型计算机。由于它体积小、功耗低、功能强、可靠性高、结构灵活、对使用环境要求低、性价比高，因此得到了迅速普及和广泛应用。

随着计算机微型化的发展，微型计算机还可细分为一些新的类别，如台式计算机（即人们通常所说的微型计算机，也称桌面计算机）、笔记本计算机、掌上计算机（也称 PDA、个人数字助理、Palm-size PC、Pocket PC）等。

（3）工作站

工作站是一种高档的微机，通常配有高分辨率的大屏幕显示器及大容量的内、外存储器，并且具有较强的信息处理能力和高性能的图形、图像处理能力以及联网功能。

（4）嵌入式计算机

嵌入式计算机的应用几乎无处不在。例如：我们拿起遥控器打开电视机收看天气预报，随后，将餐具放入洗碗机，出门后，发动汽车，打开空调，驾车去工作地点，以上过程涉及多台嵌入式计算机。这些为人们所熟悉的用具，依赖于一种小的"计算机芯片"（微处理器）。嵌入式计算机的出现，目的就是把一切变得更加简单、方便和实用，它加速了自动化进程，提高了生产效率。

嵌入式计算机在应用数量上远远超过了各种通用计算机，制造工业、过程控制、网络、通信、仪器、仪表、汽车、船舶、航空、军事装备、消费类电子产品等均是嵌入式计算机的应用领域。可见，嵌入式计算机可以不以计算机的身份出现，其专用性很强。由于应用范围的扩大，嵌入式计算机更加难于明确定义，目前国内一个普遍被认同的定义是：以应用为中心，以计算机技术为基础，软件硬件可裁剪，适用于对功能、可靠性、成本、体积、功耗有严格要求的专用计算机系统。

1.2.5 计算机的应用

早期的计算机主要用于数值计算，如求解方程、计算函数值等。这时的计算机输入的是数值，处理的过程是数值计算的方法，输出结果也是数值，从"计算机"这个名词就可以看出。当时的计算机仅仅是少数科学家和工程师手中专用的、昂贵的仪器，或用于极为秘密的军事目的。

但是电子计算机出现后没多久，它就突破了数值计算的范围。人们发现计算机除了处理数值之外，还可以处理字符、符号、表格、图形、图像、文字、声音、视频等。另外，计算机也不限于对数值进行计算，还可以对一批数按大小排序，在一批数中查找某个数等。这些都是计算机的非数值应用，计算机的应用从数值发展到非数值，这在计算机发展史上是一个跃变。

随着微型计算机的出现，计算机迅速普及，而且计算机的维护使用日益方便。计算机的应用范围已推广到各个领域，计算机的主要应用领域如下。

1. 科学计算

科学计算也称数值计算,是指将计算机应用于解决科学研究和工程技术所提出的数学计算问题。科学计算是计算机最早的应用领域,该领域要求计算机具有速度快、精度高、存储容量大和连续运算的能力,可解决人工无法解决的各种科学计算问题,如高能物理、天气预报、航天器设计等。

2. 信息处理

计算机的主要功能是和"处理"这个词相关的。"处理"是比"计算"要广泛得多的概念。如将一本英文书译为中文出版,处理过程包括翻译、排版、印刷、装订等。再如做一顿午餐,则准备原料、按照制作过程进行烹调的过程就是处理。

信息处理是指用计算机对各种形式的信息资料进行收集、存储、加工、分类、排序、检索和发布等一系列工作,是目前计算机应用最广泛的领域。处理的信息有文字、图形、声音、图像等各种类型。按照应用场合,信息处理包括办公自动化(Office Automation,OA)、企业管理、物资管理、报表统计、账目计算、信息情报检索等。其特点是要处理的原始数据量大,而算术运算比科学计算要简单。

3. 过程控制

过程控制又称实时控制或自动控制,是指用计算机及时采集检测数据,迅速地对控制对象进行自动调节或自动控制。利用计算机进行过程控制,不仅可以大大提高控制的自动化水平,还可以提高控制的及时性和准确性,从而改善劳动条件,提高产品质量。计算机过程控制已在电力、航天、石油、化工、冶金、机械、纺织等领域得到广泛的应用。

4. 人工智能

人工智能通过利用计算机模拟人脑的智能行为,使机器具有类似于人的某些智能和行为。人工智能是研究如何构造智能计算机或智能系统,使其能模拟、延伸和扩展人类智能的学科。人类的许多活动,如解算式、猜谜语、下棋、讨论问题、编制计划、编写计算机程序,甚至驾驶汽车、骑自行车等都需要"智能",如果机器能够执行这种任务,就认为机器已具有某种性质的"人工智能"。

5. 计算机辅助技术

计算机辅助技术包括 CAD、CAM、CAI 等。

(1) 计算机辅助设计(Computer Aided Design,CAD)

计算机辅助设计是利用计算机强有力的计算功能和高效率的图形处理能力,进行工程和产品的设计与分析,以达到预期的目的或取得创新成果的一种技术。CAD 技术的应用领域很广,应用最为广泛的是二维和三维的几何形体建模、绘图、各种机器零部件的设计、电路设计、建筑结构设计以及力学分析等。

(2) 计算机辅助制造(Computer Aided Manufacturing,CAM)

计算机辅助制造是利用计算机进行生产设备的管理、控制和操作的过程。它的目标是开发一个集成的信息网络来监测一个广阔的相互关联的制造作业范围,并根据一个总体的管理策略控制每项作业。广义的 CAM 是指利用计算机辅助完成从原材料到产品的全部制造过程,其中包括直接制造过程和间接制造过程;狭义的 CAM 是指在制造过程中的某个环节应用计算机,通常是指计算机辅助机械加工。

(3) 计算机辅助教学(Computer Aided Instruction,CAI)

计算机辅助教学是利用计算机来辅助课堂或实验教学。将计算机技术应用于教学之中,可以使用大量的图形、声音等处理手段,图、文、声并茂,能够提高学生的学习兴趣。CAI 的优点是教学服务面宽,能更好地贯彻因材施教的原则。借助于计算机的帮助,学生可以根据自己的情况控制进度,提高学习效率。利用计算机网络和多媒体技术还可以实现远程教育。

6. 网络应用

计算机网络是计算机技术与通信技术结合的产物。应用计算机网络,能够使一个地区、一个国家甚至全世界范围内的计算机之间实现信息、软硬件资源和数据的共享,促进了相互间的文字、图像、声音、视频等各类数据的传输、处理与共享。人们可以通过网络"漫游世界"、收发电子邮件、搜索信息、传输文件、实时通信、共享资源、网上购物及网上办公等。网络的应用改变了人们的时空概念,现代计算机的应用已经离不开计算机网络。

7. 电子商务

电子商务(Electronic Commerce,EC 或 Electronic Business,EB)是指利用计算机和网络技术,在 Internet 环境下进行的新型商务活动。它为商务企业和客户提供信息服务,实现消费者的网上购物、商户之间的网上交易和在线电子支付,使人们不再受时间、地域的限制,以一种非常简捷的方式完成过去较为繁杂的商务活动。电子商务活动可以分为 3 个方面,即信息服务、电子交易和电子支付,主要内容包括电子商情广告、电子选购和交易、电子交易凭证的交换、电子支付和结算以及售后的网上服务等。

电子商务是 Internet 飞速发展的产物,是网络信息技术应用的全新发展方向。Internet 本身所具有的开放性、全球性、低成本以及高效率的特点,也成为电子商务的内在特征。电子商务不仅改变了企业本身的生产、经营及管理活动,而且影响了整个社会的经济运行和结构,对人们的生活方式也产生了深远的影响,网上购物使人们可以足不出户,货比多家。

8. 虚拟现实

虚拟现实(Virtual Reality,VR)是近年来出现的高新技术,也称临境技术或人工环境。虚拟现实利用计算机模拟产生一个三维空间的虚拟世界,向使用者提供关于视觉、听觉、触觉等感觉的模拟,让使用者如同身临其境一般,可以及时、没有限制地观察三维空间内的事物。

人在这个虚拟的世界中,作为参与者,通过适当的装置自然地对虚拟世界进行体验和交互作用。例如,当人进行位置移动时,计算机可以立即进行复杂的运算,将精确的三维世界影像传回产生临场感。与传统的人机界面(如键盘、鼠标以及流行的 Windows 等)相比,虚拟现实无论在技术上还是在思想上都有质的飞跃。

上述介绍的只是目前一些主要的应用领域,在现代社会中,计算机技术及应用已经渗透到各个领域,改变着人们传统的工作、学习和生活方式。随着计算机技术、网络技术的进一步发展,各行各业、各个领域都将不断出现新的需求、新的应用,使计算机的应用不断深入,且越来越普及。任何问题只要能用计算机语言进行描述,就都能在计算机上加以解决。作为信息化社会的大学生,应该熟悉计算机的应用,增强应用计算机解决问题的意识,不断提高自己的计算机应用能力。

1.2.6 未来计算机的发展

当代计算机的发展趋势表现在两个方面:一是在现有体系结构和电子技术的基础上向着巨型化、微型化、网络化、智能化、多媒体化等 5 种趋向发展;二是生物芯片、量子计算、光子计算、纳米等新技术的突破和应用,这将带来芯片制造技术的革命,从而推动计算机体系结构朝着非冯·诺依曼的结构模式发展。

1. 计算机发展的 5 种趋向

（1）巨型化

巨型化是指计算机向着运算速度更快、存储容量更大、功能更强的方向发展。巨型化的需求来自两个方面：一方面是高性能计算，如在航空航天、军事、气象服务、人工智能等领域，尤其是在复杂大型科学计算领域；另一方面与网络化有密切关系，因为网络化应用需要速度快、容量大、处理能力强的服务器。

（2）微型化

微型化是指依托电子技术的发展，进一步提高集成度，缩小体积。即利用高性能的超大规模集成电路，研制质量更加可靠、性能更加优良、价格更加低廉、整机更加小巧便携的微型计算机。微型计算机现已在仪器、仪表、家用电器等小型仪器设备中广泛应用，使仪器设备更具"智能化"；微型计算机也是工业过程控制的心脏。随着微电子技术的进一步发展，笔记本型、掌上型等微型计算机必将以更高的性价比受到人们的欢迎。

（3）网络化

网络使计算机互联起来，人们可以方便地使用网络。特别是近几年 Internet 飞速发展、网络带宽不断提高、多媒体技术日趋成熟，使得网络多媒体应用日益广泛，计算机网络化的趋势越来越明显。

（4）智能化

到目前为止，计算机在计算和信息处理方面已达到相当高的水平，是人力所不能及的，但在智能方面，计算机还远远不如人脑。智能化要求计算机不仅能够根据人的指挥去工作，而且具有推理、探索、联想、思维等功能，从而计算机能够越来越多地代替人类的脑力劳动，这从本质上扩充了计算机的能力。

（5）多媒体化

多媒体化使计算机具有处理图形、图像、文字、声音、视频等多种媒体的能力。目前多媒体计算机技术的应用领域在不断拓宽，除了网络多媒体教学、电子图书、商业及家庭应用外，其还在远程医疗、视频会议、虚拟现实中得到了广泛应用。

2. 未来的新型计算机

随着计算机技术的发展和应用领域的拓展，以及纳米、量子、光子和分子生物等技术领域的新突破，一方面人们发现冯·诺依曼结构的工作方式对某些应用（如人工智能）并不合适，另一方面这些新技术的突破为开发新的体系结构的计算机提供了可能性，所以科学家提出了制造非冯·诺依曼结构计算机的设想。

（1）纳米计算机

纳米技术是从 20 世纪 80 年代初迅速发展起来的新的前沿科研领域，$1\,nm = 10^{-9}\,m$，人的头发直径大约为 $80\,000\,nm$。应用纳米技术研制的计算机内存芯片，其工艺的线宽相当于人的头发直径的千分之一。纳米计算机几乎不需要耗费任何能源，其性能要比今天的计算机强许多倍。

（2）光子计算机

宇宙中最快的速度是光速，既然电子可以作为信息的载体，那么用光保存和传输信息也是可以的。光子计算机就是以光互连代替导线互连，以光硬件代替计算机中的电子硬件，利用光信号进行数值运算、信息处理的新型计算机。光的传播速度极快，在传输和转换时失真较小、能量消耗低，这决定了光子计算机将具有极强的信息处理能力和超高的运算速度。正像电子计算机的发展依赖于电子器件一样,光子计算机的发展也主要取决于光元件和存储元件的突破,用光来实现计算机内部部件的互连和信息的存储是实现光子计算机的第一步,当光计算技术和光交换技术也成熟后,光子计算机的问世就有可能了。

（3）量子计算机

量子计算机是一种基于量子力学原理,利用质子、电子等亚原子微粒的某些特性,采用深层次计算模式的计算机。这一模式只由物质世界中一个原子的行为决定,而不是像传统的二进制计算机那样将信息分为 0 和 1（对应于晶体管的开和关）来进行处理。在量子计算机中,最小的信息单元是一个量子比特。量子比特不只有开和关两种状态,还能以多种状态出现。这种结构对使用并行结构计算机来处理信息是非常有利的。量子计算机具有一些近乎神奇的性质,如信息传输可以不需要时间（超距作用）,信息处理所需能量可以近乎为零。

（4）生物计算机

人类有一门学科叫作仿生学,即通过对自然界生物特性的研究与模仿,来达到为人类社会更好地服务的目的。例如,人们通过研究蜻蜓的飞行制造出了直升机；通过对蝙蝠没有视力,靠发出超声波来定向飞行的特性进行研究,制造出了雷达、超声波定向仪等。仿生学同样可应用到计算机领域中。

研究人员发现,遗传基因——脱氧核糖核酸（Deoxyribo Nucleic Acid,DNA）的双螺旋结构能容纳大量信息,其存储量相当于半导体芯片的数百万倍。一个蛋白质分子就是一个存储体,而且阻抗低、能耗少、发热量极小。因此,利用蛋白质分子制造基因芯片,研制生物计算机（也称分子计算机、基因计算机）,已成为当今计算机技术的最前沿。生物计算机与晶体管计算机相比在速度和性能上有质的飞跃,研制中的生物计算机的存储能力巨大、处理速度极快、能量消耗极小,并且具有模拟部分人脑功能的能力。

（5）神经网络计算机

冯·诺依曼结构计算机只能被动地根据人们已经编制好的程序来执行相应的数值计算或信息处理,没有主动学习和联想创造的能力。

神经网络计算机是用许多微处理器或软件模拟的方法模拟人脑的神经元结构,采用大量的并行分布式网络构成的计算机系统。它除了有许多处理器之外,还有类似于神经的节点,每个节点与许多节点相连。它能模仿人脑的判断能力和适应能力,而且可以并行处理多种数据（它能同时接收几种信号并进行处理,而不像目前已有的计算机那样一次只能输入一个信号）,可以判断对象的性质与状态并能采取相应的行动。神经网络计算机的信息不是存储在存储器中,而是存储在神经元之间的联络网中。若有节点断裂,神经网络计算机仍有重建资料的能力。

1.3　计算机系统

计算机系统可分为硬件系统和软件系统两大部分。硬件系统是由电子、机械和光电等元件组成的各种计算机部件和设备的总称,是构成计算机系统各功能部件的集合,也是计算机完成各项工作的物质基础。软件系统是指与计算机系统操作有关的各种程序及任何与之有关的文档和数据的集合。其中,程序是用程序设计语言描述的可在计算机上执行的指令序列。

没有安装任何软件的计算机通常称为"裸机",而"裸机"是无法工作的。计算机的硬件系统没有软件系统的支持,就成为一台无用的机器。而计算机的软件系统必须以硬件系统为基础,没有硬件系统,计算机的软件就无法运行。所以说两者相互依存、缺一不可,共同构成完整的计算机系统,其构成关系如图1-17所示。

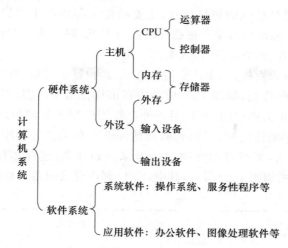

图1-17 计算机系统构成

从用户和计算机系统的关系来看,用户通常处于系统的最外层,如图1-18所示。

图1-18 用户和计算机系统的关系

1.3.1 硬件系统

1. 运算器

运算器也称算术逻辑单元(Arithmetic Logic Unit,ALU),其功能是进行算术运算和逻辑运算。算术运算是指加、减、乘、除及它们的组合运算,而逻辑运算是指与、或、非等逻辑操作。在计算机中,任何复杂运算都可转化为基本的算术运算与逻辑运算。

2. 控制器

控制器(Controller Unit,CU)是计算机的指挥系统,通常包括指令寄存器、指令译码器和控制电路等,基本功能是从内存中取指令和执行指令。指令是指示计算机如何工作的一步操作,由操作码和操作数两部分组成,操作码指明了操作的方法,如加、减运算,操作数则是操作码的执行对象。控制器通过地址访问存储器,逐条取出选中的指令、分析指令,并根据指令产生的控制信号作用于其他各部件来完成指令要求的工作。上述过程周而复始,保证了计算机的自动连续工作。

通常将运算器和控制器合称为中央处理器(Central Processing Unit,CPU),它是计算机的核心部件,被认为是计算机的"大脑",控制着计算机的运算、处理、输入和输出等工作。

CPU 的内部逻辑结构如图 1-19 中的 CPU 虚线框所示。

3. 存储器

存储器(Memory)是计算机的记忆装置,主要功能是存放程序和数据。程序是计算机操作的依据,数据是计算机操作的对象。根据存储器与 CPU 联系的密切程度,存储器又可细分为内存(也叫主存)和外存(也叫辅存)两大类。

内存在计算机主机内,直接与 CPU 交换信息,虽然容量小,但存取速度快,一般只存放正在运行的程序和待处理的数据,如图 1-19 中的内存虚线框所示。当计算机电源断开时,内存中的信息会丢失。为了扩大内存的容量,引入外存作为内存的延伸和后援,外存间接和 CPU 联系。外存容量大,但存取速度慢,可以长时间地保存大量信息。程序必须调入内存方可执行。为了避免信息的丢失,必须将内存中的结果保存到外存,这样才能在外存中长期保存。CPU 与内存、外存的关系如图 1-19 所示,其中,CPU 和内存之间通过总线进行信息的传递。

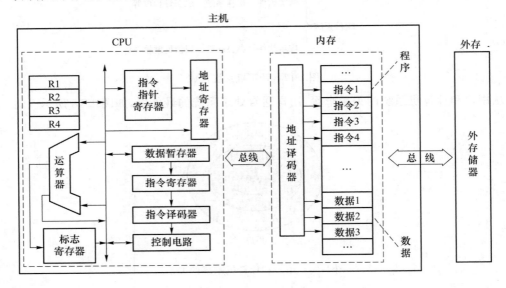

图 1-19 CPU 与内存、外存的关系

4. 输入/输出设备

输入/输出(Input/Output)设备是计算机输入设备和输出设备的总称,常简称为 I/O 设备。输入设备是从计算机外部向计算机内部传送信息的装置,其功能是将数据、程序及其他信息转换为计算机能够识别和处理的形式并输入计算机内部。例如:键盘、鼠标、扫描仪、手写数位板、触摸板、条形码阅读器等。输出设备是将计算机的处理结果传送到计算机外部供用户使用的装置,其功能是将计算机内部二进制形式的数据信息转换成人们所需要的或其他设备能接收和识别的信息形式。例如:显示器、打印机、绘图仪等。

计算机的 I/O 设备和外存统称为计算机的外设。主机和外设共同构成了计算机的硬件系统,其中的运算器、控制器、存储器、输入设备和输出设备称为计算机硬件系统的五大部(器)件。五大部件在控制器的统一控制下协调工作,如图 1-20 所示。首先,把表示计算步骤的程序和所需要的原始数据,在控制流的作用下,通过输入设备送入计算机的存储器。其次,在取指令的作用下把程序逐条送入控制器并对其进行译码,根据指令的操作要求向存储器和运算器发出存取和运算命令,经过存取和运算将结果存储在存储器中。最后,在控制器的取数和输出命令作用下,通过输出设备输出计算结果。

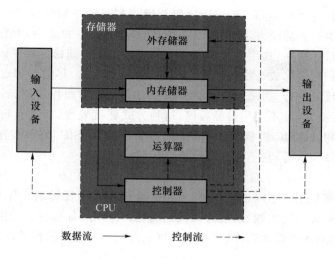

图 1-20 五大部件协调工作

1.3.2 软件系统

所谓软件是指程序,程序运行所需要的数据以及开发、使用和维护这些程序所需要的文档的集合。计算机软件系统可分为系统软件和应用软件。

1. 系统软件

系统软件是指管理、控制和维护计算机系统资源的程序集合,可为使用计算机提供方便。其主要功能包括:启动计算机;存储、加载和执行应用程序;对文件进行排序、检索;将程序语言翻译成机器语言;等等。实际上,系统软件可以看作用户和计算机的接口,它为应用软件和用户提供了控制、访问硬件的手段,这些功能主要由操作系统完成。常用的系统软件有各种操作系统、语言处理程序(翻译程序)等。

(1)操作系统

操作系统(Operating System,OS)是管理、控制和监督计算机软、硬件资源协调运行的程序系统,由一系列具有不同控制和管理功能的程序组成。它是直接运行在计算机硬件上的、最基本的系统软件,是系统软件的核心。操作系统是计算机发展的产物,它的产生有两个主要目的:一是方便用户使用计算机,是用户和计算机的接口;二是统一管理计算机的全部资源,合理组织计算机的工作流程,以便充分、合理地发挥计算机的效率。

(2)语言处理程序(翻译程序)

人和计算机交流信息而使用的语言称为计算机语言和程序设计语言。计算机语言通常分为机器语言、汇编语言和高级语言三类。机器语言采用0、1代码表示指令集合,具有执行速度快、难记忆、不通用等特点,但可以在计算机上直接执行。汇编语言采用助记符表示指令,具有便于记忆、不通用等特点,不能直接在计算机上执行。高级语言类似于人类的自然语言和数学语言,便于记忆、通用性好,但不能直接在计算机上执行。

由于计算机仅能直接执行机器语言,因此要执行用汇编语言和高级语言编写的源程序就必须配备相应的语言处理程序。语言处理程序是将汇编语言、高级语言源程序翻译成计算机能识别的机器语言程序的工具,即翻译程序。源程序经过语言处理程序翻译后得到的机器语言程序称为目标程序(以.obj 为扩展名)。

不同语言的翻译程序也不同。汇编程序将汇编语言源程序翻译成目标程序,这个翻译过程叫作汇编。高级语言的翻译方法有两种,一种是"编译",另一种是"解释"。编译程序将高级语言源程序翻译成目标程序,这个翻译过程叫作编译。编译得到目标程序后,通过连接程序把目标程序与库文件相连接形成可执行文件(以.exe 为扩展名)。尽管编译过程复杂,但它形成的可执行文件可以反复执行,速度较快。解释程序对高级语言源程序逐条语句进行翻译并执行,即翻译一句执行一句,并不产生目标程序,这种方式速度较慢,每次运行都要经过"解释",边解释边执行。例如,BASIC 源程序执行时,调用配备的 BASIC "解释程序",逐条对 BASIC 源程序语句进行解释和执行,它不保留目标程序代码。

2. 应用软件

应用软件是为满足用户不同领域、不同问题的应用需求而设计的程序系统集合。应用软件可以拓宽计算机系统的应用领域,放大硬件的功能。应用软件根据其使用的场合、目标群体可分为办公软件、图形图像处理软件、音视频处理软件和 Internet 软件等。

1.3.3 计算机的工作原理

计算机的工作过程就是执行程序的过程,现在的计算机都是基于"程序存储"概念制造出来的。自从冯·诺依曼 1946 年提出"程序存储"概念以来,尽管计算机制造技术发生了极大的变化,但就其体系结构而言,仍然没有本质的变化,这样的计算机简称为冯氏计算机。

冯氏计算机的设计原理包括下述 3 点。

① 计算机由运算器、控制器、存储器、输入设备和输出设备五大部件组成。

② 采用二进制编码形式表示数据和指令。

③ 采用存储程序方式,将要执行的指令和要处理的数据预先放入内存,计算机能够自动地从内存中取出指令并执行。

计算机的工作原理就是存储程序和控制程序,按照程序编制的顺序,逐步地取出指令、分析指令、自动完成指令规定的操作,直到遇到结束指令。换言之,程序的执行过程是控制器取指令、分析指令并且指挥协调各部件执行指令的过程,如图 1-21 所示。

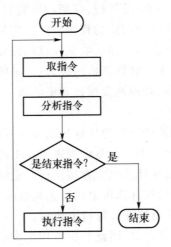

图 1-21 程序的执行过程

1.3.4　微型计算机

微型计算机又称个人计算机(Personal Computer,PC),其各个部件和设备相对独立,具有较好的扩展性和灵活性,接口种类丰富,方便接入各种外设,是人们学习、生活和工作中使用最多的一类计算机。

1. 基本硬件组成

(1) 主板

主板是计算机中各个部件工作的一个平台,其逻辑结构如图 1-22 所示。主板采用总线结构将计算机的各个部件连接起来,主板的工作稳定性影响着整机的工作稳定性。

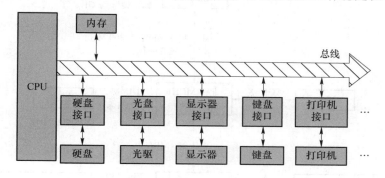

图 1-22　主板的逻辑结构

主板安装在主机箱中,各种接口、插槽、插座、引脚便于器件的连接。图 1-23 所示为某种类型的主板,其中的 CPU 插座和内存条插槽用于安装 CPU 和内存条。主板架构是对主板尺寸、形状、布局、排列方式和电源规格等制定的通用标准,所有主板厂商必须遵守。常用的主板架构有标准型(Advanced Technology Extended,ATX)、加强型(Extended-ATX,E-ATX)和紧凑型(Micro-ATX,M-ATX)等。

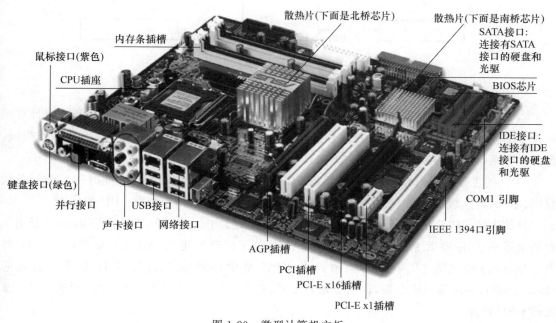

图 1-23　微型计算机主板

主板上的芯片组是其核心组成部分,可以比作 CPU 与周边设备沟通的桥梁。若将 CPU 看作"大脑",则芯片组为"心脏"。对主板而言,芯片组是主板的灵魂,几乎决定了这块主板的功能,进而影响到整个计算机系统性能的发挥。按照在主板上的位置排列,芯片组可分为北桥芯片和南桥芯片。北桥芯片提供对 CPU 类型和主频、内存类型和容量、视频 AGP 插槽等的支持,南桥芯片则用于管理中、低设备。其中的北桥芯片起着主导作用,也称为主桥。在图 1-23 中可以看到北桥芯片和南桥芯片所处的具体位置。图 1-24 所示为某类型主板中芯片组的逻辑结构。

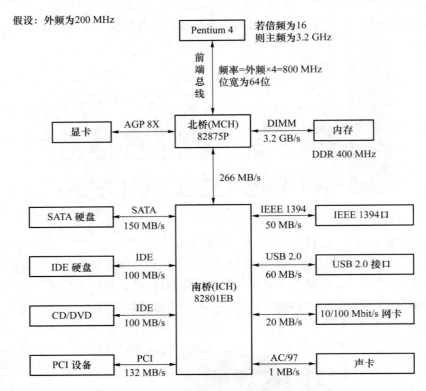

图 1-24　某类型主板中芯片组的逻辑结构

（2）CPU

CPU 是一台计算机的运算核心和控制核心,其功能主要是解释计算机指令及处理计算机软件中的数据。CPU 由运算器、控制器、寄存器、高速缓存及实现它们之间联系的总线构成。作为整个系统的核心,很多用户都以 CPU 为标准来判断计算机的档次。

CPU 的主要性能指标有主频、外频（CPU 外部频率,也是计算机的基准时钟）、前端总线频率、字长、高速缓存容量、核心数量、制造工艺等,这些指标常用于判断 CPU 的档次。

目前生产 CPU 的主要厂商有 Intel 公司和 AMD 公司。主流的 CPU 产品有 Intel 公司生产的至强系列、酷睿 X 系列和酷睿 S 系列,AMD 公司生产的速龙（Athon）、炫龙（Turion）、羿龙（Phenom）和锐龙（Ryzen）等。国产的 CPU 是中国科学院计算所自主开发的龙芯（Loongson）,采用简单指令集,目前有龙芯 1 号、龙芯 2 号和龙芯 3 号。图 1-25 所示为目前常见的 CPU 产品。

(a)

(b)

(c)

图 1-25 目前常见的 CPU 产品

（3）内存

内存是 CPU 可以直接访问的存储器，用于存放正在运行的程序和数据。内存也称主存，速度快，容量小，价格较高。内存可分为 3 种类型：随机存储器（Random Access Memory，RAM）、只读存储器（Read Only Memory，ROM）和高速缓冲存储器（Cache）。人们通常所说的内存是指 RAM。

RAM 中的内容可按其地址随机地进行存取，且存储时间与物理位置无关。尽管 RAM 中的数据存取速度较快，但由于掉电后其中的数据不能保存，因此需要经常进行保存操作，将修改后的数据保存到外存中。RAM 的主要性能指标有存储容量和存取速度。现在大多数微机使用同步动态 RAM（Synchronous Dynamic RAM，SDRAM），因其速度快且相对便宜，已经从 DDR（Double Data Rate）、DDR2、DDR3 发展至 DDR4。图 1-26 所示为某品牌的一款 DDR4 类型内存条。

图 1-26 DDR4 类型内存条

ROM 中的数据仅能被读取而不能写入，如果需要更改，就需要紫外线来擦除。由于其可以长期保存数据的特点，ROM 一般用来存放固定不变的程序，如计算机中的 BIOS（Basic Input Output System）程序。BIOS 程序是基本的输入输出系统程序，用于指示计算机如何访问硬盘、识别其他硬件及型号、加载操作系统并显示启动信息等。由于该过程长期不变，因此可利用 ROM 进行保存。当计算机开机时，CPU 加电并开始准备执行程序，此时 RAM 中没有任何程序和数据，所以 ROM 中的 BIOS 程序就可以发挥作用了。ROM 在主板上的位置及计算机启动的基本过程如图 1-27 所示。

Cache 是一种高速小容量的临时存储器，集成在 CPU 内部，存储 CPU 即将访问的指令或数据。Cache 采用静态随机存储器（Static RAM，SRAM）构成，其速度比 SDRAM 快。在计算机中，CPU 的速度很快而内存的速度相对较慢。为协调 CPU 与内存的速度，在 CPU 和内存

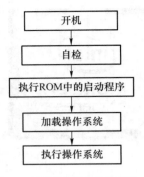

(a) ROM在主板上的位置　　　　　(b) 计算机启动的基本过程

图1-27　ROM在主板上的位置及计算机启动的基本过程

之间放置Cache,如图1-28所示,CPU访问它的速度比访问主板的速度快得多。在目前主流的CPU中,Cache一般可达到三级:L1 Cache(一级缓存)、L2 Cache(二级缓存)和L3 Cache(三级缓存)。例如,在Intel 12代酷睿i5-12400F CPU中的L2和L3,缓存可分别达到7.5 MB和18 MB。

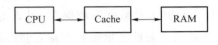

图1-28　Cache的位置

（4）外存

外存种类繁多,根据存储介质的不同,可分为磁盘、光盘和Flash存储器。磁盘是利用涂在圆形聚酯薄膜塑料片上的磁性材料存储信息,软盘、硬盘和移动硬盘等都属于该类。光盘则是利用盘片表面的凹凸点对光的反射的不同来存储信息,常见的有CD(Compact Disk)、DVD(Digital Versatile Disk)等。Flash存储器利用半导体技术存储信息,包含的种类有U盘、各种Flash卡(也称闪卡)和固态硬盘等。

接下来以3.5英寸软盘为例,说明磁盘的存储技术。图1-29所示为软盘的外观及内部盘片示意图。

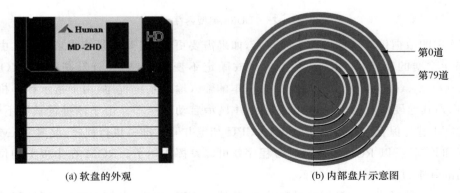

(a) 软盘的外观　　　　　　　　(b) 内部盘片示意图

图1-29　软盘的外观及内部盘片示意图

软盘内部是一块涂有磁性材料的塑料圆片,在圆片上划分出若干个同心圆,称为磁道。磁道从外向内编号,最外面是第0道。每个磁道又等分成若干段,每一段称为一个扇区,每一个

扇区存放 512 B 的数据。软盘的两面都可以存储数据,因此,磁盘容量的计算公式为

$$容量＝容量/扇区×扇区数/道×道数/面×面数$$

例如:3.5 英寸软盘格式化后上下两面都可以用来存储数据,每面有 80 个磁道,每个磁道有 18 个扇区,则其容量为 512 B×18×80×2＝1.44 MB。

硬盘一般固定在机箱中,内部封装有若干盘片、磁头、磁头臂及马达等驱动结构,硬盘内部结构及盘片组合结构示意图如图 1-30 所示。

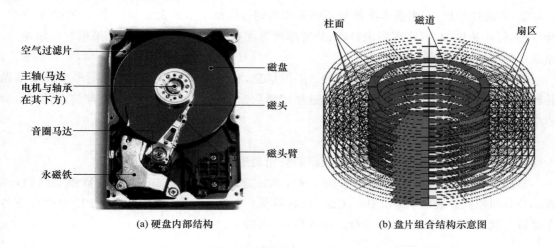

(a) 硬盘内部结构　　　　　　　　　　　(b) 盘片组合结构示意图

图 1-30　硬盘内部结构及盘片组合结构示意图

每个盘片可划分出若干个磁道并进行编号,具有相同编号的磁道形成一个圆柱,称之为磁盘的柱面。柱面数与一个盘面上的磁道数相等。每个盘面都有自己的磁头,因此,盘面数等于总的磁头数。由此,硬盘容量的计算公式为

$$容量＝磁头数×柱面数×扇区数×512 B$$

例如:某硬盘有 1 024 个柱面,每个磁道有 63 个扇区、每个扇区有 512 字节,有 64 个磁头,则硬盘容量为 64×1 024×63×512 B≈2 GB。

光盘具有容量大、价格低、体积小、易于长期保存等优点。光盘盘片是在有机塑料基底上加各种镀膜制作而成的,数据通过激光刻在盘片上。读取光盘的内容需要光盘驱动器(简称光驱)。光驱有 CD 驱动器和 DVD 驱动器两种,CD 驱动器只能读取 CD 光盘,而 DVD 驱动器能读取 CD 和 DVD 光盘。根据光驱能否将数据刻录到光盘上,光驱又分为两种:一种只能读取光盘里面的数据而不能将数据刻录到光盘上;另一种不仅能读取数据还能将数据刻录到光盘上,这种光驱称为刻录光驱。

U 盘是一种具有 USB(Universal Serial Bus,通用串行总线)接口的 Flash 存储器(简称闪存),因其容量大、价格便宜、小巧便于携带、即插即用,成为目前最常用的移动存储设备。而广泛应用在数码相机和手机上的存储卡也是闪存,它与 U 盘相比,存储原理相同而接口不同,若要在计算机上使用,则需要读卡器。

外存具有容量大、价格便宜、能长期保存数据等优点,但也存在存取速度慢、不能被 CPU 直接访问而只能与内存交换信息等不足,因此外存通常作为内存的后备和补充。

(5) I/O 设备

微机中的 I/O 设备多种多样,根据实际需要可以选择配备不同的 I/O 设备。其中基本的

输入设备是键盘和鼠标,基本的输出设备是显示器和打印机。目前使用的打印机主要有如下3类。

① 针式打印机:利用打印钢针按字符的点阵打印出文字和图形,根据钢针的针数可分为9针打印机、24针打印机等。针式打印机工作时噪声大,而且彩色输出能力差,但是具有价格便宜、多层打印、大幅面工程图打印、条形码打印、高速跳行打印等优点,被银行和超市广泛使用。

② 喷墨打印机:利用喷墨头把细小的墨水喷到打印纸上形成文字与图像,具有结构简单、噪声小、打印速度快、可实现彩色打印、分辨率高等优点,但是也存在耗材贵、喷嘴容易堵塞、打印成本高等缺点,适合小批量打印。

③ 激光打印机:利用激光扫描主机送来的信息,将要输出的信息在磁鼓上形成静电潜像并转换成磁信号,使碳粉吸附在纸上,经过热定影后输出。激光打印机具有速度快、品质好、噪声小等优点,但其耗材较贵。

(6) 总线

总线是计算机中各部件之间传输数据的公用通道。

总线根据传递信息的类型可分为 3 种:地址总线(Address Bus,AB)、数据总线(Data Bus,DB)和控制总线(Control Bus,CB),通常称为"三总线"。在计算机中,CPU 和内存及各个接口之间利用"三总线"结构进行数据的传递,如图 1-31 所示。

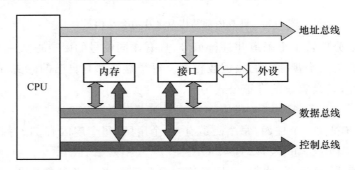

图 1-31　计算机中的"三总线"结构

总线根据传递信息的方式可分为 2 种:串行总线和并行总线。在串行总线中,二进制数据逐位通过一根数据线发送到目的部件。在并行总线中,数据线有多根,一次可发送多个二进制数据位。

总线的主要技术指标为总线频率、总线位宽和总线带宽。总线频率以 MHz 为单位,频率越高,总线的速度就越快。总线位宽是指总线能够同时传递的二进制位数,如 32 位总线可以同时传递 32 个二进制数。总线带宽是指单位时间内总线上传递的数据量,反映了总线数据的传输速率。总线带宽与总线频率、总线位宽之间的关系是:总线带宽＝总线频率×总线位宽×传输次数/8。其中传输次数是指每个时钟周期内的数据传输次数,一般为 1。

例如,常见的 PCI(Peripheral Component Interconnect,外设组件互连)总线的工作频率为33 M/s,总线位宽为 32 bit,一个时钟周期内数据传输一次,则该 PCI 总线的带宽 ＝ 33 M/s×32 bit×1/8＝132 MB/s。

系统总线在设计时,要求与 CPU 的具体型号无关,而是采用统一的标准,以便按照这种标准设计各种适配卡。

常见的系统总线有 PCI 总线、PCI-E(PCI Express,PCI 快速)总线和 AGP(Accelerated Graphics Port,图形加速端口)总线。

PCI 总线是一种 32 位数据的并行总线(可扩展为 64 位),总线频率为 33 MHz 或 66 MHz,最大传输速率=66 MHz×64 bit/8=528 MB/s。PCI 总线的优点是结构简单、成本低、设计容易,缺点是总线带宽有限(总线频率有限),同时多个设备是共享总带宽。

PCI-E 总线是一种串行总线,有多个通道(Lane),各个通道相互独立,共同组成一条总线。PCI-E 总线的优点是数据传输速率高,而且带宽是各个设备独享的。

AGP 总线是一种专为图形加速显示卡设计的总线。从本质上来说,AGP 不能称为总线,因为它提供了北桥和图形加速显示卡之间的专用通道,不能连接其他设备。AGP 总线的带宽比 PCI 总线高得多,可以达到 266 MB/s、532 MB/s、1 064 MB/s 或 2.13 GB/s。

(7) 接口

接口是指计算机中两个部件或两个系统之间按一定要求传送数据的电路部件,其功能是在各个部件之间进行数据交换,其在计算机中所处的位置如图 1-31 所示。

为什么要在总线和外设之间增加一个接口部件呢?计算机外设多种多样,在处理速度、数据转换等方面和 CPU 难以匹配,主要差别表现在以下 3 个方面。

① 外设的工作速度远低于 CPU,需要接口在 CPU 和外设之间起到缓冲和联络作用。

② CPU 只能处理数字信号,而外设输入的信号有数字信号也有模拟信号,需要接口进行转换。

③ CPU 以并行方式传送数据,而外设的工作模式有并行也有串行,需要接口来转换。

通过接口可以完成 CPU 和外设之间的数据缓冲、速度匹配和数据转换等工作,便于不同种类的外设接入微机。微机中常见的接口包括 USB 接口、PS/2(Personal System 2)接口、串行接口和并行接口等。

USB 接口是 1994 年由 Intel、Compaq、IBM 和 Microsoft 等多家公司联合提出的一种计算机新型接口技术,由于支持热插拔、传输速率较高等优点,其成为目前外设的主要接口方式。

PS/2 接口是一种 PC 兼容型计算机系统上的接口,可以用来连接键盘及鼠标。PS/2 的名称来自 1987 年 IBM 所推出的个人计算机:PS/2 系列。PS/2 接口已经慢慢地被 USB 接口取代,只有少部分的台式机仍然提供完整的 PS/2 键盘及鼠标接口。

串行接口在一个方向一次只能传输一位数据,因此一字节的数据需要传送 8 次。微机中的串行接口分为 9 针和 25 针两种,常被赋予专门的设备名,如 COM1、COM2 等。

并行接口可以同时传输 8 位数据,因此一字节的数据只需要并行传输一次即可完成。微机中的并行接口插座上有 25 个小孔,过去常用于连接打印机,所以也称为打印口。并行接口同样被赋予专门的设备名,如 LPT1、LPT2 等。

2. 性能指标与选配

一台微机的功能强弱或性能好坏,不是由某项指标来决定的,而是由它的系统结构、指令系统、硬件组成和软件配置等多方面的因素综合决定的。对于多数普通用户来说,可以从主频、字长、内存容量、外存容量等几个指标大致评价一台微机的性能。除了使用单项指标以外,还常把它们综合起来考虑,采用"性价比"(性能价格比)作为评价原则。

微机主要有台式机和笔记本计算机两种。台式机又分为品牌机和兼容机。所谓品牌机就是生产厂商把计算机整机配置好了,用户可以直接使用,常见的品牌有 Lenovo(联想)、DELL(戴尔)等。兼容机也叫作 DIY(Do It Yourself)机或攒机,就是根据自己的喜好选择各个部件,配置出自己的计算机。用户可以在自己配置的过程中,享受 DIY 的乐趣。笔记本计算机由于集成度和散热等方面的原因,技术要求较高,价格也较高,根据笔记本计算机的配置、品牌和尺寸,价格相差较大。

1.4　计算机中的信息表示

人类日常交流用的是十进制数,即用 0～9 这 10 个数字来表示数据,而且数据是逢十进一的。计算机用的是二进制数,即用 0、1 这两个数字来表示数据,而且数据是逢二进一的。计算机为什么使用二进制? 现实世界中的信息(如数据、文字、图像、声音等)如何转换成计算机中的二进制信息? 本节将讨论这些问题。

1.4.1　为何使用二进制?

为叙述方便,本节将数据和信息这两个概念通用化。计算机能处理各种数据和信息,如数值、字符、图像、声音等,那么计算机是如何表示和处理这些信息的呢?

计算机是使用电力运行的,有关电的基本特征是什么? 那就是电状态有通和断两种状态,计算机用二进制就可以表示这两种状态。

二进制使用两个数字:0 与 1。在计算机中,0 表示断电状态,1 表示通电状态。例如,字母"G"使用电信号 01000111,即断电-通电-断电-断电-断电-通电-通电-通电来表示。当用户在计算机键盘上按下"G"键时,这个字母会自动转换成一系列计算机可以识别的电脉冲,如图 1-32 所示。在计算机内部,"G"由 8 个晶体管组成的电路来表示〔前文说过,晶体管是很小的电子开关,用来表示数据的通/断(1/0)位〕。

0　1　0　0　0　1　1　1

图 1-32　二进制数表示的电脉冲信号

如果将各种信息表示成二进制数,即由代表通电/断电状态的 1 和 0 表示出来,那么计算机就可以识别和处理各种数据了。

1.4.2　模拟与数字的概念

计算机与通信在 20 世纪 90 年代才开始结合在一起,从而出现了网络,开始了信息时代的新纪元。为什么计算机与通信技术经过如此长的时间才走到一起? 这是因为计算机是数字的,而传统电话、无线电广播、有线电视所传输的电信号都是模拟的。什么是模拟,什么是数字? 下面将介绍数字与模拟的区别。

1. 模拟的含义

大多数现实世界中的现象都是模拟量,如速度、压力、温度、声音、位置等。它们的变化无论在时间上还是在数值上都是连续的。例如,温度从 1 ℃升到 2 ℃,这是一个连续变化的过程,不会从 1 ℃突变成 2 ℃,中间要经过无数个温度值的变化。测量模拟量的设备有速度计、温度计、压力表等,这些设备可以测量连续变化的量。

2．数字的含义

另一类物理量的变化在时间和数值上是不连续的(称离散变化的量),这一类物理量叫作数字量。例如,统计通过某一座桥梁的汽车数量,得到的数值(1,2,3,…)就是数字量,这时 1 与 2 之间的数值(如 1.3)、2 与 3 之间的数值已经没有任何物理意义。

计算机的基本原理是很简单的。因为计算机是基于通电/断电状态工作的,所以计算机使用二进制系统,二进制系统只包含 0 与 1 两个数字。0 与 1 之间的小数没有任何意义。

在计算机中,数字的含义是指使用一系列断续变化的电脉冲的两种状态(如图 1-32 用高电压表示 1,用低电压表示 0)来表示信息,即用一系列的 0 与 1 来表示各种信息。

3．将模拟量转换成数字量

为什么要费事地将模拟量转换成数字量呢?原因是数字量更易于以电子形式进行存储和处理。下面以温度变化为例,说明温度的模拟量存储和数字量存储的区别。

例如,记录某一天从上午 8:00 到 12:00 的温度变化,从 20 ℃升到 30 ℃,如果用模拟量来记录,则在温度从 20 ℃到 30 ℃的变化过程中,要经过无数个温度值的变化,如何存储这无数个温度值呢? 计算机存储容量再大,也只是存储了有限个数值,它不能存储和处理无限个数值。

如果用数字量来记录,就很容易实现,例如,可以在从 8:00 到 12:00 的时间段中,每隔 30 分钟记录一次温度值,这样总共记录了 8 个时刻的 8 个温度值,无论从时间上还是从数值上来说,都是一些离散的点,但这些点的数目是有限的,计算机就可以存储和处理这些有限个点的值。如果要进一步精确,可每隔 1 分钟记录一次温度值,这样就记录下 240 个时刻的 240 个温度值。缩小时间间隔还可以再精确,这样有限个点(数字量)就可以近似地描述真实温度的连续变化过程(模拟量)。

人们对于真实世界中的模拟量是容易理解和接受的。例如:看到的静态的物体形状、颜色,动态的日落、鸟的飞行等;听到的声音;感觉到的温度的高低、光的明暗、力量的大小等。这些都是连续变化的模拟量。

将真实世界中的模拟量(如声音、图像等)进行数字化后会导致人们错误地理解现实世界吗? 事实上,在很多年前计算机还没有出现的时候,人们就开始使用这种方式了。例如,电影就是每秒播放 24 幅画面,而电视每秒播放 30 幅画面,这些过程进行得很快,人们的眼睛与大脑很容易忽略中间的视觉间隔,认为播放的内容是连续的。将真实世界中的模拟量进行数字化的过程是描述或转化真实世界的另一种途径。

将模拟量转换为数字量为人们提供了很好的思路:文字、图像、声音等所有的信息形式都可以转换为数字形式,并且这些数字化的信息可以方便地在计算机上进行存储和处理(包括修改、传输、转换等)。1.5 节将会详细介绍转换过程。

1.5　各种信息的数字化表示

前文已述,计算机内部是二进制的数字量。而人们习惯用十进制数值、字符(文字和符号)、声音、图片、视频等信息来表达思想,因此上述信息都要经过数字化转换成二进制数,才能被计算机处理。

直观上,十进制数转换成二进制数按照转换规则即可进行转换;字符的个数是有限的而且我们看到这些字符就认识,每一个字符也可以转换成唯一的一个二进制数;而声音、图片、视频信息是如何转换成二进制数而在计算机上进行处理的,感觉有几分神秘。实际上,这些信息转换成二进制数的原理是类似的,都是将模拟量进行数字化的过程。

以下各节分别介绍各种信息〔包括数值、字符(中文和英文)、声音、图形/图像、视频信息〕的数字化过程。

1.5.1 数值信息的数字化

人们日常交流用的是十进制数,用 0、1、2、3、4、5、6、7、8、9 这 10 个数字就能表示,特点是加法逢十进一,减法借一当十,大家都比较熟悉。计算机用的是二进制数,用 0、1 两个数字表示,特点是加法逢二进一,减法借一当二。为表达方便,计算机还会用到八进制和十六进制,注意组成八进制的数字为 0、1、2、3、4、5、6、7,组成十六进制的为数字和字母(大、小写均可):0、1、2、3、4、5、6、7、8、9、A、B、C、D、E、F 或 0、1、2、3、4、5、6、7、8、9、a、b、c、d、e、f。这些不同进制数之间需要转换,下面分别介绍。

1. 十进制数转换成二进制数

十进制正整数转换成二进制数的方法是:除以 2 取余数,直到商为 0,余数从下到上排列。例如,将十进制的 100 转换成二进制数,过程如下:

```
2 │ 100
2 │ 50      0
2 │ 25      0
2 │ 12      1
2 │ 6       0
2 │ 3       0
2 │ 1       1
    0       1
```

将所有余数从下到上排列,二进制的结果为 1100100,二进制数用大写字母 B(Binary)表示,十进制数用大写字母 D(Decimal)表示,上述转换可写成 100(D)=1100100(B)或 1100100B。

为了加强记忆和理解,读者可模仿十进制数自身的特征。例如,十进制数 142 转换成十进制数,按照除以 10 取余数的方法,结果是 142。其实十进制数转换成八进制数、十六进制数、七进制数,道理是一样的。

十进制负整数转换成二进制数的过程是:将对应的正整数转换成二进制数,再取反,最后加 1。这里以 8 位二进制数表示,例如,-100 要转换成二进制数,先取得 100 的二进制数 01100100,再将所有位取反,得到 10011011,最后加 1,得到 10011100。因此 -100 的二进制数是 10011100。

十进制小数转换为二进制数的方法是:乘 2 取整,整数从上到下排列。例如,0.345 要转换成二进制小数,过程如下:

$$0.345$$
$$\times \qquad 2$$
$$\underline{0.690}$$
$$\times \qquad 2$$
$$\underline{1.380}$$
$$\times \qquad 2$$
$$\underline{0.760}$$
$$\times \qquad 2$$
$$\underline{1.520}$$
$$\times \qquad 2$$
$$\underline{1.04}$$

结果是 0.01011,显然后面再继续乘下去,0.04×2＝0.08……会无休止。但是 0.125 要转换成二进制数,过程如下:

$$0.125$$
$$\times \qquad 2$$
$$\underline{0.250}$$
$$\times \qquad 2$$
$$\underline{0.50}$$
$$\times \qquad 2$$
$$\underline{1.0}$$

结果是 0.001,因为 0.125 可以表示成 2^{-3}。

同理,0.625 可表示成 $2^{-1}+2^{-3}$,也可以精确转换成二进制小数;但是 0.345 不能表示成 2 的整数次方之和。

为了加强记忆和理解,读者可模仿十进制数自身的特征。例如,十进制数 0.142 转换成十进制数,按照乘 10 取整的方法,结果是 0.142。

2. 二进制数转换成十进制数

方法是按权展开。

二进制数 10101 转换成十进制结果是: $1\times2^4+0\times2^3+1\times2^2+0\times2^1+1\times2^0=21$。

二进制数 101.11 转换成十进制结果是: $2^2+1+2^{-1}+2^{-2}=5.75$。

其他进制数,如八进制数 103 转换成十进制结果是: $1\times8^2+0\times8^1+3\times8^0=67$。

3. 二进制数、八进制数、十六进制数之间的转换

(1) 二进制数转换成八进制数

整数:从低位开始 3 位 1 组,每组用 1 位八进制数表示。小数:从小数点向右 3 位 1 组,每组用 1 位八进制数表示。八进制数用大写字母 O(Octal)表示。

例如,将二进制数 1101101110.110101 转换成八进制数,先分组,用逗号隔开,最高位补两个 0,凑足 3 位:

$$001,101,101,110.110,101$$

八进制结果是 1556.65,还可写成 1556.65(O)。

（2）二进制数转换成十六进制数

4 位 1 组，每组转换成十六进制数。十六进制数用大写字母 H（Hexadecimal）表示。

将上述二进制数分组，用逗号隔开，最高位补两个 0，最低位补两个 0，凑足 4 位：

$$0011,0110,1110.1101,0100$$

十六进制结果是 36E.D4（H）。

（3）八进制数转换成二进制数

将每位八进制数字转换成 3 位二进制数。

例如，271.32（O）＝010 111 001.011 010（B），整数部分最高位的 0 去掉，中间的 0 不能去掉（如 1 转换成的 001 前边的两个 0 不能去掉）；小数部分末尾的 0 可以去掉。最终结果是 10 111 001.011 01（B）。

（4）十六进制数转换成二进制数

将每位十六进制数字或字母转换成 4 位二进制数。

例如，2C.1E（H）＝0010 1100.0001 1110（B），整数部分最高位的 0 去掉，中间部分的 0 不能去掉；小数部分末尾的 0 去掉。最终结果是 10 1100.0001 111（B）。

4. 信息的存储单位

计算机内部是二进制的世界，各种数值、程序都是二进制信息。二进制是一位一位的，二进制的单位可以是位，还有比位更大的单位，如字节、千字节、兆字节等，下面介绍这些存储单位及相关概念。

（1）位

位用 bit 表示，这是构成信息的最小单位。一位二进制数可表示 2 个信息（0 和 1），两位二进制数可表示 4 个信息（00、01、10、11），同理，n 位二进制数可表示 2^n 个信息，二进制数每增加一位，可表示的信息个数会增加一倍。

（2）字节

8 位二进制数是一字节，字节用 Byte 表示，简写为 B，是表示信息最常用的单位。更大的单位是 KB（千字节），1 KB＝1 024 B；还有 MB（兆字节），1 MB＝1 024 KB；还有 GB（吉字节），1 GB＝1 024 MB；还有 TB（太字节），1 TB＝1 024 GB。

注意换算单位是 1 024，不是 1 000。例如，3 MB 是多少 KB？多少 B？

$$3 MB＝3×1 024 KB＝3 072 KB$$
$$3 MB＝3×1 024×1 024 B＝3 145 728 B$$

（3）字

计算机在存储或计算信息时，会整体处理一组二进制数，这一组二进制数称为一个字，例如，在计算机存储器中，每个存储单元通常存储一字节的二进制数。

（4）字长

每个字所包含的二进制位数称为字长。字长是计算机一次可以处理的二进制位数，与计算机处理数据的速度有很大关系，计算机按字长分类，有 8 位机、16 位机、32 位机、64 位机。

各种字符、声音、图形/图像、视频转换成二进制后，都可以用上述单位描述其大小。

1.5.2　字符信息的数字化

计算机要处理的各种数值、操作指令以及输入、输出设备中大量使用的各种符号（字母、标点符号、汉字等）都是以字符形式出现的。字符是计算机处理的主要对象。无论是在计算机内部处理的字符,还是屏幕显示用的点阵信息,都是用二进制数来表示的。图 1-33 所示是字符 a 的点阵信息。

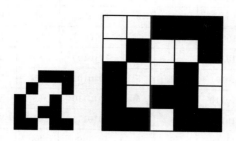

图 1-33　字符 a 的点阵信息

计算机内部数据是以字符编码形式存放的。字符编码是规定用来表示字母、数字及专用符号的若干位二进制数。为了能在全世界范围内进行信息交换与处理,字符编码通常都以国家标准或世界标准的形式颁布施行。一个英文字符的编码通常占一字节,而一个汉字的编码需要两字节甚至更多字节来存储。计算机中有许多不同的编码方式,其编码规则不同,也就具有不同的特性和应用场合。本书仅对常用的编码方式进行介绍。

1. ASCII 码

ASCII 码（American Standard Code for Information Interchange,美国标准信息交换码）是由美国国家标准局提出的一种信息交换标准代码。这种编码应用非常普遍,它使用 7 位二进制数来表示字符,共可表示 128 个字符。常用字符与 ASCII 码对照表如表 1-1 所示。

表 1-1　常用字符与 ASCII 码对照表

二进制	十进制	字符	二进制	十进制	字符	二进制	十进制	字符	二进制	十进制	字符
0000000	0	NUL	0100000	32	空格	1000000	64	@	1100000	96	`
0000001	1	SOH	0100001	33	!	1000001	65	A	1100001	97	a
0000010	2	STX	0100010	34	"	1000010	66	B	1100010	98	b
0000011	3	ETX	0100011	35	#	1000011	67	C	1100011	99	c
0000100	4	EOT	0100100	36	$	1000100	68	D	1100100	100	d
0000101	5	ENQ	0100101	37	%	1000101	69	E	1100101	101	e
0000110	6	ACK	0100110	38	&	1000110	70	F	1100110	102	f
0000111	7	BEL	0100111	39	'	1000111	71	G	1100111	103	g
0001000	8	BS	0101000	40	(	1001000	72	H	1101000	104	h
0001001	9	HT	0101001	41	)	1001001	73	I	1101001	105	i
0001010	10	LF	0101010	42	*	1001010	74	J	1101010	106	j
0001011	11	VT	0101011	43	+	1001011	75	K	1101011	107	k
0001100	12	FF	0101100	44	,	1001100	76	L	1101100	108	l
0001101	13	CR	0101101	45	-	1001101	77	M	1101101	109	m
0001110	14	SO	0101110	46	.	1001110	78	N	1101110	110	n
0001111	15	SI	0101111	47	/	1001111	79	O	1101111	111	o
0010000	16	DLE	0110000	48	0	1010000	80	P	1110000	112	p
0010001	17	DC1	0110001	49	1	1010001	81	Q	1110001	113	q

二进制	十进制	字符	二进制	十进制	字符	二进制	十进制	字符	二进制	十进制	字符
0010010	18	DC2	0110010	50	2	1010010	82	R	1110010	114	r
0010011	19	DC3	0110011	51	3	1010011	83	S	1110011	115	s
0010100	20	DC4	0110100	52	4	1010100	84	T	1110100	116	t
0010101	21	NAK	0110101	53	5	1010101	85	U	1110101	117	u
0010110	22	SYN	0110110	54	6	1010110	86	V	1110110	118	v
0010111	23	ETB	0110111	55	7	1010111	87	W	1110111	119	w
0011000	24	CAN	0111000	56	8	1011000	88	X	1111000	120	x
0011001	25	EM	0111001	57	9	1011001	89	Y	1111001	121	y
0011010	26	SUB	0111010	58	:	1011010	90	Z	1111010	122	z
0011011	27	ESC	0111011	59	;	1011011	91	[	1111011	123	{
0011100	28	FS	0111100	60	<	1011100	92	\	1111100	124	|
0011101	29	GS	0111101	61	=	1011101	93	]	1111101	125	}
0011110	30	RS	0111110	62	>	1011110	94	·	1111110	126	~
0011111	31	US	0111111	63	?	1011111	95	_	1111111	127	DEL

ASCII 码中前 32 个(0~31)和最后一个(127)是控制码,是用来控制输出设备的一些指令,这些字符不可以显示出来,如 7 代表的 BEL 是"响铃"的意思,127 代表的 DEL 是"删除"的意思。其余的都是可显示字符,如字符 a 的 ASCII 码为"1100001",该码对应的十进制数为97。注意其中大写字母排列在前,小写字母排列在后,同一字母的大小写 ASCII 编码值相差 32。

ASCII 码采用 7 位二进制数代码对字符进行编码。计算机内部处理每个字符实际上是存储它的 ASCII 码,每个 ASCII 码用一字节存储,一字节有 8 位二进制数,其中 ASCII 码的最高位(左边第一位)为 0。

扩充 ASCII 码使用 8 位二进制数表示一个字符,共可表示 256 个字符。当最高位为 0 时,编码与标准 ASCII 码相同,当最高位为 1 时,形成扩充 ASCII 码。其中大于 127 的编码用于表示制表符、欧洲文字中的特殊字母、数学符号和其他一些符号。

当从键盘键入 a 时,a 的 ASCII 码转换为 1100001 的电脉冲,计算机获得此信息后便知是 a 字符,计算机找到 a 的点阵信息,在显示器上输出 a。这就是输入、输出字符的过程。

2. 汉字编码

计算机在处理汉字信息时也要将其转换为二进制代码,因此也需要对汉字进行编码。汉字与西文字符比较起来,数量大、同音字多、字形复杂,因此汉字编码不能像西文字符编码一样,在计算机系统中输入、内部处理、输出过程使用同一代码。为了方便、确切地表示汉字,需要对汉字进行多种编码,如将汉字进行统一编码的汉字交换码、计算机内部处理使用的机内码、汉字输入使用的输入码、汉字输出使用的输出码。

(1) 汉字交换码

1980 年,我国制定了信息交换汉字编码国家标准,即《信息交换用汉字编码字符集基本集》,代号为 GB 2312—1980。这个字符集是我国中文信息处理技术的基础。

GB 2312—1980 基本字符集共包含 6 763 个汉字和 682 个非汉字图形符号(包括几种外文

字母、数字和符号),6 763 个汉字又按其使用频度、组词能力以及用途大小分成 3 755 个一级常用汉字和 3 008 个二级常用汉字。该字符集规定每个字符都用 2 字节表示,每个字节只占用低 7 位,最高位为 0。

GB 2312—1980 基本字符集将所有收录的汉字及图形符号组成一个 94×94 的矩阵,即有 94 行 94 列,这里每一行称为一个区,每一列称为一个位。因此,它有 94 个区(01~94),每个区有 94 个位(01~94),区码与位码组合在一起(高两位是区码,低两位是位码)称为区位码。由于是国家标准中规定的编码方法,因此区位码又称为国标区位码。例如,"啊"字位于 16 区的第 1 位,其区位码为 1601。

为了满足信息处理的需要,继 GB 2312—1980 标准后,又推出了新的国家标准 GB 18030《信息交换用汉字编码字符集基本集的扩充》,该标准共收录了 27 000 多个汉字,还包括主要少数民族文字,采用单、双、四字节混合编码,总编码空间超过 150 万个码位,被称为"大字库",基本上解决了计算机汉字和少数民族文字的使用标准问题。采用 GB 18030 的计算机系统可以轻易地识别和处理 GB 2312—1980 的编码。该标准是未来我国计算机系统必须遵循的基础性标准之一。

顺便指出,在文字信息处理中,"中文"和"汉字"的含义是不同的,中文不仅包括汉字,还包括我国少数民族文字。

(2)汉字输入码

汉字输入码是为输入汉字而设计的代码,又称汉字外码。目前我国推出的汉字输入编码方案很多,大致可分为音码、形码、形音(音形)码和对应码四类。

音码以汉语拼音为输入依据,如大家熟悉的全拼、双拼。其优点是简单易学,几乎不需要专门训练就可以掌握。其缺点是重码多、输入速度慢、对于不认识的字无法输入。

形码以汉字的字形为输入依据,如五笔字型输入法。其优点是输入速度快、见字识码、对不认识的字也能输入。其缺点是比较难掌握、需专门学习、无法输入不会写的字。

形音(音形)码是以汉字的基本形(音)为主,以读音(形)为辅的一种编码方法。其集中了音、形两种码的特点,取形简单、容易掌握,大大简化了形码的拆字难度,具有音码易学的优点,同时具有形码的速度。自然码就是以音为主,音形并存的输入法。

对应码是以编码表为依据,用"对号入座"的方法输入汉字,如区位码、电报码。其优点是无须学习,只要有一张码表就能输入码表内的所有汉字和符号,且没有重码。其缺点是输入慢,常用于特殊符号的输入。

汉字输入码位于人机界面上,所以要求它的码位要短、输入速度要快、重码率要低。另外,编码规则要简单易学、操作方便。

(3)汉字机内码

汉字机内码是指汉字信息处理系统内部存储和处理汉字而统一使用的二进制编码,简称内码。正是由于机内码的存在,输入汉字就可以使用不同的输入法,汉字进入计算机系统再统一转换成机内码。不同的计算机系统使用不同的机内码,应用较广泛的是最高位均为 1 的 2 字节机内码。该机内码与区位码稍有区别,其关系如下:

机内码高位字节=区码的十六进制表示+A0H(H 表示十六进制)

机内码低位字节=位码的十六进制表示+A0H

如果都以十六进制数表示,以上关系简写为机内码=区位码+A0A0H。

一般地,把区码、位码分别加 20H 后形成的编码称为国标码。因此区位码与国标码有以下关系:

$$国标码＝区位码＋2020H$$

其中,加 20H 是为了避开 ASCII 码的前 32 个控制字符(20H 对应十进制的 32)。

机内码与国标码的关系是:

$$机内码＝国标码＋8080H$$

其中,加 80H 是为了使编码的每一字节最高位为 1。

例如,"啊"的区位码是 1601,转换为十六进制数为 1001H,则其国标码为 3021H,机内码为 B0A1H。

(4) 汉字字形码

字形码是用于汉字输出时产生汉字字形的编码,目前汉字字形的产生方式大多是点阵方式,即不论一个字的笔画是多少,都可以用一组点阵表示,点阵中的每个点用二进制的一位"1"或"0"来表示。图 1-34 所示是 16×16"寸"字的字形点阵,其中有笔画的点(黑)用 1 表示,无笔画的点(白)用 0 表示。

假设存取字形的单位为字节(8 位),存取顺序为第 1 行到第 16 行,同一行左边 8 位为第一字节,右边 8 位为第二字节。对于 16×16 点阵的汉字字形码,显然有 16×16/8＝32 字节,"寸"字的字形码表示如下:

(1)00000000(00H)

(2)10000000(80H)

(3)00000000(00H)

(4)10000000(80H)

⋮

(31)00000001(01H)

(32)00000000(00H)

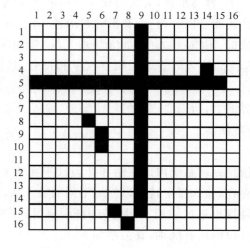

图 1-34 汉字的字形点阵示例

汉字的字形点阵有 24×24、32×32、64×64、128×128 等。点阵越大,点数越多,描绘的汉字越细腻,但占用的存储空间也越大。所有汉字字形码的集合构成汉字字库。

可见,汉字的输入、处理、输出的过程实际上是汉字的各种代码之间的转换过程。首先通过一定的输入码输入汉字,输入码再转换成机内码,计算机存储和加工汉字(如向硬盘存储汉字)是以机内码形式进行的,输出汉字时,计算机取出字形码以实现显示输出。

1.5.3 声音信息的数字化

1. 概述

人类很早就开始研究声音,并利用已掌握的声音规律来制造乐器或传声装置,使发出的声音可以传得更远。可是几千年来,人类只能凭耳朵辨别声音的高低、强弱,而不能把声音记录和存储起来。直到19世纪爱迪生发明了留声机,人们才能用机械的方法把各种声音记录在唱片上,可是机械方法不易放大也不易传递,因此很不方便。随着电子学的发展,人们把声音的振动转换成电信号,使声音的记录和传播得到了迅速发展。

声音的产生源于机械振动,也称波动,这种振动通过空气传播到人们的耳朵中,人们就听到了声音。声音的产生是一种物理现象,声音是一种连续变化的模拟量,可用一条连续的曲线来表示,称为声波。声波有两个基本参数:频率和振幅,如图1-35所示。声波在传播过程中经历的两个波峰(或波谷)之间的时间间隔称为声波的周期T。周期T的倒数称为声波的频率f,有$f=1/T$,频率是每秒钟声波波峰(或波谷)出现的次数,单位为赫兹(Hz)。频率表示音调的高低,声波振动得越快,频率越大,音调越高。声波的振幅指的是从声波的基线到波峰的距离。振幅表示声音的大小,振幅越大,声音越大。

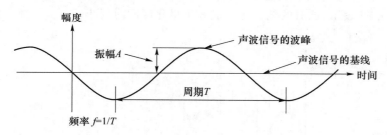

图1-35 声音的频率和振幅

正常人耳所能听到的声音的频率范围为20 Hz～20 kHz。单一频率的声波可以用一条正弦波表示,如图1-35所示,但是在正常情况下,人听到的声音是多种频率的声音混合在一起的,称为复合音。将声音信号通过麦克风等设备转换成电信号以后成为音频信号。

2. 音频信号的数字化

音频信号的数字化过程分为采样、量化、编码三步。

(1)采样

采样指每隔一段时间间隔在模拟的声音波形上获取瞬时幅度值的过程。采样后得到原来波形上一系列的离散点,这些离散点叫作样本值。每秒采集的样本个数称为采样频率,显然采样频率是采样时间间隔的倒数。

采样频率必须服从采样定理:采样频率必须大于或等于声音信号中所包含的最高频率的2倍,那么理论上才能完全恢复原来的声音信号。

采样的过程如图1-36所示。采样频率越高,则单位时间内得到的声音样本数据就越多,对声音波形的表示也越精确。

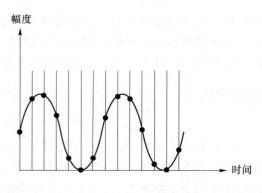

图 1-36　声音的采样

（2）量化

采样后，每个采样点的值是多大呢？这涉及"量化"的问题。具体过程是先将幅度值（简称幅值）在最大值和最小值之间划分 N 个区间，一般采用等分方式。图 1-37 所示的量化过程采用了 8 个量化区间（也称量化等级为 8），把位于一个量化区间内的采样点的值归为一类，即赋予相同的量化值。按照图 1-37，假设声音的幅值范围是 0～4，将 0～4 之间的幅值分成 8 等份，则 0～0.5 之间的所有数值均用 0 表示，0.5～1 之间的数值均用 0.5 表示，1～1.5 之间的数值均用 1 表示，…，3.5～4 之间的数值均用 3.5 表示。可见量化的作用是使幅值数字化，即把无限个数值用有限个数来表示。量化不可避免地存在偏差，如果分成 16 个量化区间（量化等级为 16），则 0～0.25 之间的数值用 0 表示，0.25～0.5 之间的数值用 0.25 表示，…，3.75～4 之间的数值用 3.75 表示，这时的偏差比分成 8 个量化区间时要小。

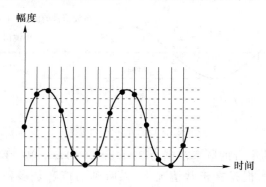

图 1-37　声音的量化

（3）编码

编码是指将量化后的样本值按照对应的量化等级用二进制表示的过程。因为 $2^3 = 8$，所以量化等级为 8，则用 3 位的二进制数来表示样本值的大小，如 000 表示 0，001 表示 0.5，010 表示 1，…，111 表示 3.5。同理，若量化等级为 16，则用 4 位的二进制数来表示样本值的大小。

3. 数字化音频的数据量

采样是对模拟信号在时间上进行数字化，而量化是对模拟信号在幅度上进行数字化，编码则是将量化后得到的数据表示成二进制数据，此过程涉及的采样频率、量化位数是数字化的指标。在具体应用中，数字化后的数据量还和声道数、采样时间有关。

单声道产生一组数据，双声道即立体声一次产生两组数据，分别送往左声道和右声道，根据声音到达人耳的时间差产生空间立体效果。因此，双声道立体声的数据量是单声道的两倍。

数字化后的数据量可按下列公式计算：

$$数据量(B)=采样频率×量化位数×采样时间×声道数/8$$

例如：人正常说话时的声音频率一般在 20 Hz～4 kHz,采样频率为 8 kHz,量化位数为 8 bit,求 1 秒的声音数字化后的数据量：

$$8×10^3×8×1×1/8=8\,000\,B≈7.8\,KB$$

如果是高质量的 CD 音质效果,采样频率为 44.1 kHz,量化位数为 16 bit,为双声道立体声,则 1 分钟的数据量为

$$44.1×10^3×16×60×2/8=10\,584\,000\,B≈10.09\,MB$$

4. 声音文件

目前主要使用的声音文件有如下几种。

（1）Wave 文件（.wav）

Wave 文件的形成是用麦克风录音后,经计算机的声卡完成数字化过程,形成扩展名为 .wav 的声音文件,存储在计算机的硬盘中。播放时由声卡还原成模拟信号经扬声器输出。Wave 文件记录了真实声音的二进制数据,通常文件较大,多用于存储简短的声音片段（Windows 系统自带一些 Wave 格式的声音文件,在 C:\WINDOWS\Media 文件夹中有 Windows 启动、关机等声音）。

（2）MIDI 文件（.mid）

MIDI 是乐器数字接口（Musical Instrument Digital Interface）的英文缩写,是声卡提供的一个接口,用于将电子乐器与计算机相连。当乐器弹奏时,声卡记录下乐器的音调、声音的强弱、使用的何种乐器等信息,这些信息形成一连串的二进制数字,从而形成 MIDI 文件。播放 MIDI 格式的声音时,声卡根据数字代表的含义进行声音合成后由扬声器输出。可见,MIDI 文件存放的不是声音的采样信息。相对于 Wave 文件,MIDI 文件要小得多,同样是 10 分钟的立体声音乐,MIDI 文件的大小不到 70 KB,而 Wave 文件的大小为 100 MB 左右。

（3）MPEG 音频文件（.mp1、.mp2、.mp3）

这是将 Wave 文件进行压缩后的文件格式,压缩是将文件的数据量变小的一种技术,文件大小可以压缩为原来的 1/10 甚至更小。mp1、mp2、mp3 分别减小到原来的 1/4、1/8～1/6、1/12～1/10,也就是说,一分钟的 CD 音乐未经压缩需要 10 MB 的存储空间,而压缩成 mp3 格式后只有 1 MB 左右,同时,其音质基本保持不失真,mp3 格式是使用较多的一种文件格式。

1.5.4　图形、图像信息的数字化

1. 概述

图形与图像在计算机上的显示结果基本相似,但实现方法完全不同,如图 1-38 所示。一般把矢量图称为图形,把位图称为图像。

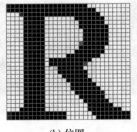

(a) 矢量图　　　　　　　　　　(b) 位图

图 1-38　矢量图和位图

（1）矢量图

矢量图用一组指令集合来描述图形的内容，这些描述包括图形的形状（如直线、圆、圆弧、矩形、任意曲线等）、位置（如 x、y、z 坐标）、大小、色彩等特征。例如：点 (x_1, y_1) 到点 (x_2, y_2) 的一条直线可以用 Line(x1,y1,x2,y2) 表示；Circle(x,y,r) 表示圆心位置为 (x, y)、半径为 r 的一个圆。

矢量图是通过绘图软件由人工设计制作的，常见的矢量图文件格式如下。

① CDR 格式：矢量图形软件 CorelDRAW 专用格式。

② AI 格式：Adobe 公司矢量图形软件 Illustrator 专用格式。

③ DWG 格式：计算机辅助设计软件 Auto CAD 专用格式。

④ 3DS 格式：三维动画设计软件 3DS MAX 专用格式。

⑤ FLA 格式：Flash 动画设计软件专用格式。

⑥ VSD 格式：微软公司绘图软件 Visio 专用格式。

矢量图的优点如下：

① 由于矢量图的特点，通过图形处理软件可方便地对矢量图进行缩放、移动、旋转等。矢量图的尺寸可以任意变化而不会损坏图形的质量。

② 由于矢量图只保存算法和特征点参数，因此占用的存储空间较小。

矢量图也存在一些缺点：

① 当图形复杂时，计算时间较长。

② 某些复杂的彩色照片（如真实世界的照片）很难用数学公式来描述图形的构造，而采用位图来表示。

矢量图主要用于表示线框形图片、工程制图、二维动画设计、三维物体造型、美术字体设计等。

（2）位图

自然界中的真实景象可以被记录下来，既可以画出来（用矢量图），又可以用相机拍照记录下来，这种拍照记录下来的景象在计算机中表示，就称为位图。

自然界的景象一般称为图像，图像是人类视觉所感受到的画面，其最大的特点就是直观可见、形象生动。图像包含颜色和亮度信息，本质上是一种光学信息，因此图像是一种颜色和亮度变化连续的模拟量。

数码相机、扫描仪等设备可以捕获自然图像（因为这些设备含有光电转换元件），并将其转换为数字图像。数字图像（即相片）可被保存在相机自带的存储卡中，用时可将数码相机与计算机相连，将相片保存至计算机。扫描仪直接与计算机相连，将图像扫描后形成数字图像保存至计算机。通过以上方式得到的数字图像如图 1-39 所示，一幅图像可以有黑白二值图像、灰度图像、彩色图像 3 种色彩模式。

　　（a）黑白二值图像　　　　（b）灰度图像　　　　　（c）彩色图像

图 1-39　图像的 3 种色彩模式（彩图可扫描二维码）　　　　　图 1-39 彩图

彩色图像失去了颜色信息就变成了灰度图像,灰度图像失去了亮度信息就变成了黑白二值图像。二值的含义是用 1 代表白,用 0 代表黑。

位图是由一个个的小色块拼起来的,这样的小色块也称为像素点,类似于汉字字形点阵,将图 1-39 中的图片放大后可看到一个个的像素点,如图 1-40 所示。

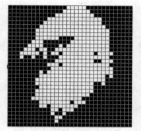
(a) 黑白二值图像

(b) 灰度图像

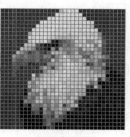
(c) 彩色图像

图 1-40 彩图

图 1-40　放大后的位图(彩图可扫描二维码)

计算机要保存位图中每一个像素点的颜色和亮度信息,因此与矢量图相比,位图占用的存储空间大。位图能够表现颜色变化丰富的图像,计算机处理位图时不需要计算时间,因此处理速度快。

（3）色彩的三原色

三原色(也称三基色)是指红(R)、绿(G)、蓝(B)3 种颜色。自然界中的各种颜色都可以由红、绿、蓝 3 种颜色按一定比例混合而成,但这 3 种颜色相互独立,其中任意一种颜色不能由另外两种颜色混合而成,因此称红、绿、蓝为色彩的三原色。

下式是三原色合成颜色的方法:

$$颜色＝红＋绿＋蓝$$

当三原色相加时,得到白色,红绿相加得到黄色,红蓝相加得到品红色,蓝绿相加得到青色,如图 1-41 所示。

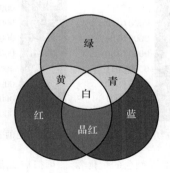

图 1-41　颜色的合成

2. 图像的数字化

图像的数字化过程也是经过采样、量化、编码三步。

（1）采样

采样的实质是把图像在空间上分割成 N 行 M 列的网格,每一个网格就是一个像素点,也代表一个采样点。也就是说,每行获取 M 个像素点,总共采样 N 行。$M \times N$ 代表总的像素数,也称为图像的分辨率。例如一幅 $1\,024 \times 768$ 的图像,代表水平方向(横)上有 $1\,024$ 个像素点,垂直方向(竖)上有 768 个像素点,图像的分辨率为 1 024×768。对于同一幅图像,分辨率越高则描述的图像细节越丰富,图像越细腻、逼真,但所需的存储空间也越大。

(2) 量化

量化是把每一个采样点用数值来表示。

如果是黑白图像,如图 1-40(a)所示,则图像中的每个像素点用 1 位二进制数表示,其中白色用 1 表示,黑色用 0 表示。

如果是灰度图像,如图 1-40(b)所示,则图像是由不同深度的灰色组成的,这时要把黑色和白色之间的颜色用不同的灰色表示出来,如果分为 256 种灰色,则需要 8 位二进制数表示,即量化位数为 8。如图 1-42(a)所示,用 0(二进制 00000000)代表黑,用 255(11111111)代表白,0~255 之间的数代表灰,显然数值越大,灰度越浅。

如果是彩色图像,如图 1-40(c)所示,当量化位数为 24 位时,其中红色用 8 位,绿色用 8 位,蓝色用 8 位,这样可以有 256 种红色(R)、256 种绿色(G)、256 种蓝色(B),如图 1-42(b)、图 1-42(c)、图 1-42(d)所示,根据色彩形成原理,不同取值的 R、G、B 可表示 256×256×256(约 1 670 万)种色彩。特殊情况:R=0,G=0,B=0 表示黑色;R=255,G=255,B=255 表示白色。

图 1-42 彩图

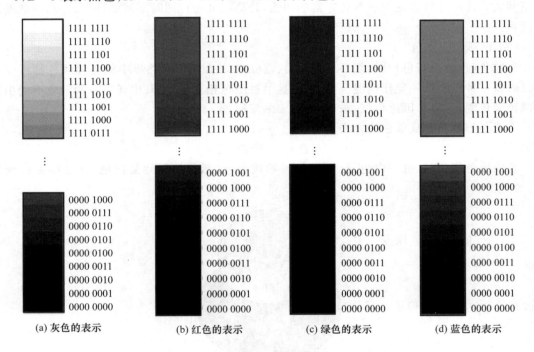

(a) 灰色的表示　　(b) 红色的表示　　(c) 绿色的表示　　(d) 蓝色的表示

图 1-42　颜色的量化(彩图可扫描二维码)

上述 24 位表示法所表示的颜色称为真彩色。还可以有 16 位色,其中 R、G、B 分别为 5、6、5 位(因人眼对绿色比较敏感,所以绿色多用 1 位),可表示 $2^{16}=65\ 536$ 种颜色。显然量化位数越多,所能表现的色彩数越多,色彩也越逼真。通常量化位数也称为色彩深度。

(3) 编码

编码是指将每个像素点的颜色用其对应的二进制编码表示的过程。

3. 数字化图像的数据量

图像文件占用的存储空间与图像分辨率和量化位数有关。计算公式如下:

16. 在总线和外设之间增加一个接口部件的原因有哪几个方面？

17. 微机的主要硬件构成有哪些？

18. 将下列十进制数分别转换为二进制数（保留 4 位小数）、八进制数、十六进制数。

(1) 125.74　　　　　(2) 513.85　　　　　(3) 742.24　　　　　(4) 69.357

19. 将下列二进制数分别转换为十进制数、八进制数和十六进制数。

(1) 101011.101B　　　　　　　　　(2) 110110.1101B

(3) 1001.11001B　　　　　　　　　(4) 100111.0101B

20. 将下列十六进制数分别转换为二进制数、八进制数和十进制数。

(1) 5A.26H　　　　(2) 143.B5H　　　　(3) 6CB.24H　　　　(4) E2F3.2CH

21. ASCII 码由几位二进制数组成？它能表示多少个信息？

22. 已知 $2^9=512$，写出 511 和 1 024 的二进制形式。

23. 已知"啊"字位于汉字区位码表第 16 区的第 1 位，即其区位码为 1601，求其国标码和机内码。

24. 一幅彩色图片的分辨率为 $800×600$，色彩深度为 16 位，不压缩，存储这样的图片需要多大的存储容量？

第 2 章　操作系统基础

操作系统(Operating System,OS)是配置在计算机硬件上的第一层软件,是对硬件系统的首次扩充。它在计算机系统中占据了重要的地位,而其他的诸如汇编程序、编译程序、数据库管理系统等系统软件,以及大量的应用软件,都将依赖于操作系统的支持。操作系统已成为现代计算机系统(大、中、小及微型机)、多处理机系统、计算机网络、多媒体系统以及嵌入式系统都必须配置的、最重要的系统软件。本章首先介绍操作系统的基本知识和概念,之后重点介绍Windows 主流版本 Windows 7 和 Windows 10 的使用与操作。

2.1　基本概念

2.1.1　什么是操作系统?

操作系统是一组控制和管理计算机软、硬件资源并帮助用户便捷使用计算机的程序集合。它是配置在计算机上的第一层软件,是对硬件系统的扩充。它不仅是硬件与其他软件系统的接口,也是用户和计算机之间进行交流的界面。操作系统是计算机软件系统的核心,是计算机发展的产物。引入操作系统主要有两个目的:一是方便用户使用计算机,用户输入一条简单的指令就能自动完成复杂的功能,操作系统启动相应的程序,调度合适的资源;二是统一管理计算机系统的软、硬件资源,合理组织计算机的工作流程,以便更有效地发挥计算机的效能。从资源管理的角度来看,其功能主要包括处理机(CPU)管理、存储器管理、设备管理以及文件管理等。

操作系统是用户和计算机之间的接口,为用户和应用程序提供进入硬件的桥梁。图 2-1所示为计算机硬件、操作系统、系统应用程序以及用户程序之间的层次关系。

图 2-1　计算机系统的层次结构

2.1.2　操作系统的分类

根据操作系统的功能,可以把操作系统分为批处理操作系统、分时操作系统、实时操作系统、个人计算机操作系统和网络操作系统,主要特点如下所述。

① 批处理(Batch Processing)操作系统:其工作方式是用户将作业交给系统操作员,系统操作员将许多用户的作业组成一批作业,之后输入计算机中,在系统中形成一个自动转接的连

续作业流,然后启动操作系统,系统自动、依次执行每个作业,最后由系统操作员将作业结果交给用户。批处理操作系统的特点是多道和成批处理,批处理系统分为单道批处理系统和多道批处理系统。

② 分时(Time Sharing)操作系统:其工作方式为一台主机连接若干个终端,每个终端有一个用户在使用,用户交互式地向系统提出命令请求,系统接受每个用户的命令,采用时间片轮转方式处理服务请求,并通过交互方式在终端上向用户显示结果。用户根据上步结果发出下道命令。分时操作系统将 CPU 的时间划分成若干个片段,称为时间片,操作系统以时间片为单位,轮流为每个终端用户服务。

③ 实时(Real Time)操作系统:指计算机能及时响应外部事件的请求,并在规定的严格时间内完成对该事件的处理,控制所有实时设备和实时任务协调一致地工作的操作系统。实时操作系统追求的目标是对外部请求在严格时间范围内做出反应,有高可靠性和完整性。其主要特点是资源的分配和调度首先要考虑实时性,然后才是效率。此外,实时操作系统应有较强的容错能力。

④ 个人计算机操作系统:主要供个人使用,功能强、价格便宜,可以在几乎任何地方安装使用。它能满足一般人员的工作、学习、游戏、娱乐等方面的需求。

⑤ 网络操作系统:基于计算机网络在各种计算机操作系统上按网络体系结构协议标准开发的软件,涉及网络管理、通信、安全、资源共享和各种网络应用,其目标是相互通信及共享资源。在其支持下,网络中的各台计算机能相互通信和共享资源。其主要特点是与网络硬件相结合来完成网络的通信任务。

除了按系统功能分类以外,还可以按其他特征进行分类。例如,按用户界面可分为命令行界面操作系统(如 MS-DOS)和图形用户界面操作系统(如 Windows 等),按用户数可分为单用户操作系统(如 Windows 7)和多用户操作系统(如 UNIX),按任务数可分为单任务操作系统(如 MS-DOS)和多任务操作系统(如 Windows 7 和 UNIX)。

单用户操作系统是指一台计算机在同一时间只能由一个用户使用,一个用户独自享用系统的全部硬件和软件资源;而如果在同一时间允许多个用户同时使用计算机,则称为多用户操作系统。如果用户在同一时间可以运行多个应用程序(每个应用程序被称作一个任务),则这样的操作系统称为多任务操作系统;如果一个用户在同一时间只能运行一个应用程序,则对应的操作系统称为单任务操作系统。早期的 DOS 操作系统是单用户单任务操作系统,Windows 7则是单用户多任务操作系统,Linux、UNIX 是多用户多任务操作系统。虽然 Windows 7 可以切换用户,但是切换用户之后原来的用户应用程序全部停止处理,所以也是单用户多任务操作系统。

随着计算机体系结构的发展,又出现了其他类型的操作系统,如分布式操作系统和嵌入式操作系统。分布式操作系统是为分布式计算系统配置的操作系统,大量的计算机通过网络连接在一起,可以获得极高的运算能力及广泛的数据共享能力,这种系统称为分布式操作系统。嵌入式操作系统是将计算机嵌入其他设备上,这些设备无处不在,大到汽车发动机、机器人,小到电视机、微波炉、移动电话,运行在其上的操作系统称为嵌入式操作系统,这种操作系统比较简单,只实现所要求的基本控制功能。

2.2 常用操作系统

在计算机的发展过程中出现过许多不同的操作系统,产生重要影响的有 DOS、Windows、UNIX/XENIX、Linux 和 macOS 等。

2.2.1 DOS

DOS(Disk Operating System,磁盘操作系统)是早期个人计算机上的一类操作系统。DOS 作为微软公司在个人计算机上使用的一个操作系统,在 1981 年推出了 MS-DOS 1.0,随后不断更新发展,直到 2000 年的最后一个版本 MS-DOS 8.0。DOS 直接操纵管理硬盘中的文件,一般都是黑底白色文字的界面。除微软公司的 MS-DOS 以外,DOS 还有许多种,如 PC-DOS、DR-DOS、FreeDOS 等。微软在看到了 Windows 的曙光后,主动放弃了 DOS。

2.2.2 Windows

Windows 是微软公司研发的一套操作系统,于 1985 年开始发行。作为 Windows 系列的第一个产品,Windows 1.0 仍然是基于 MS-DOS 操作系统的。后续版本不断更新升级,从最初的 Windows 1.0 逐步升级为 Windows 7 和 Windows 10 等。

作为目前市场上主流的 Windows 版本,Windows 7 和 Windows 10 的主要特性如下所述。

Microsoft Windows 的
发展历程

1. Windows 7 的新特性

① 快捷的响应速度:用户希望操作系统能够随时待命,并能够快速响应请求,因此 Windows 7 在设计时更加注重了可用性和响应性。Windows 7 减少了后台活动并支持通过触发启动系统服务(即系统服务仅在需要时才会启动),这样 Windows 7 默认启动的服务更少,而计算机的启动速度更快,也更加稳定。

② 程序兼容性好:Windows 7 提供了高度的应用程序兼容性,同时微软公司扩展了能与 Windows 7 兼容的设备和外围设备列表。数以千计的设备通过从"用户体验改善计划"收集到的数据以及设备和计算机制造商的不懈努力,得以被 Windows 7 识别。

③ 安全可靠的性能:Windows 7 被设计为相当可靠的 Windows 版本,用户将遇到更少的中断,并且能在问题发生时迅速恢复,因为 Windows 7 将帮助用户修复它们。同时,Windows 7 还有强大的 Process Reflection 功能。使用 Process Reflection,Windows 7 可以捕获系统中失败进程的内存内容,同时通过"克隆"功能恢复该失败进程,从而减少由诊断造成的中断。

④ 延长了电池使用时间:Windows 7 延长了移动计算机的电池寿命,能让用户在获得性能的同时延长工作时间。这些省电功能包括增加处理器的空闲时间、优化磁盘的读取、自动关闭显示器以及能效更高的 DVD 播放等。

⑤ 媒体带来的乐趣:使用 Windows 7 中的 Windows Media Player 新功能,用户可以在家中或城镇区域内欣赏自己的媒体库。其播放功能可以用媒体流方式将音乐、视频和照片从用户计算机传输到立体声设备或电视上(可能需要其他硬件)。

⑥ 日常工作更轻松:在 Windows 7 中,用户的工作将更加简单和易于操作。用户界面更加精巧、更具响应性,导航也比以往的版本更加便捷。Windows 7 将新技术以全新的方式呈现

给用户。

2. Windows 10 的新功能

① 窗口程序化：在 Windows 应用商店中打开的程序，可以如同计算机中的窗口一样随意拖曳并改变大小，还可以实现最大化、最小化和关闭操作。

② 虚拟桌面功能：Multiple Desktops 功能又称为虚拟桌面功能，即用户根据自己的需要，在同一个操作系统中创建多个桌面，并可以快速地在不同桌面之间进行切换。

③ 全新的操作中心：新的操作中心将所有软件和系统的通知都集中在一起，在操作中心的底部还有一些常用的开关按钮，照顾手机或移动设备的操作习惯。

④ 设备与平台的统一：Windows 10 操作系统为所有的硬件提供了一个统一的平台，支持多种设备类型。Windows 10 覆盖了当前几乎所有尺寸和种类的设备，所有设备都共用一个应用商店。启用 Windows Run Time 后，用户可以在 Windows 设备上实现跨平台运行同一个应用。

⑤ 语音助手 Cortana：语音助手在任务栏左侧，支持语音开启。它不仅可以与用户进行简单的语音交流，还可以帮助用户查找资料、搜索文件、聊天等。

⑥ Microsoft Edge 浏览器：Windows 10 操作系统默认的浏览器是 Microsoft Edge，该浏览器拥有全新内核，能更好地支持 HTML5 等新标准或新媒体，并且增加了多项功能。

2.2.3　UNIX/XENIX

UNIX 操作系统是 1969 年在贝尔实验室诞生的，最初是在中小型计算机上运行。其优点是具有较好的可移植性，可运行于不同的计算机上，可靠性和安全性高，支持多任务、多处理、多用户、网络管理和网络应用。其缺点是缺乏统一的标准，应用程序不够丰富，不易学习，这些都限制了它的应用。

XENIX 操作系统是在 IBM/PC 机及其兼容机上使用的多用户、多任务的分时操作系统，它使一台主机可供多个用户同时使用，并可同时运行多道程序。XENIX 操作系统的组成不同于 DOS，它由内、外两层组成。内层包含文件管理程序、输入/输出设备管理程序、进程管理程序、存储器管理程序等，主要功能是调度作业和管理数据的存贮。外层包含各种高级语言处理程序及其他实用程序，它支持各种程序设计语言，如 C 语言、BASIC 语言等，具有各类软件开发工具和数据库管理系统、网络通信软件等。

2.2.4　Linux

Linux 的源代码开放，用户可通过 Internet 免费获取 Linux 及生成工具的源代码，然后进行修改，建立一个自己的 Linux 开发平台。Linux 是从 UNIX 发展而来，与 UNIX 的兼容性好，继承了 UNIX 以网络为核心的设计思想。Linux 是一个性能稳定的多用户网络操作系统，支持多用户、多任务、多进程和多 CPU。

2.2.5　macOS

macOS 是运行在 Apple 公司的 Macintosh 系列计算机上的操作系统，也是首个在商用领域获得成功的图形用户界面。其优点是具有较强的图形处理能力，其缺点是与 Windows 缺乏较好的兼容性，影响了它的普及。

2.2.6 智能手机操作系统 iOS

iOS 的原名为 iPhoneOS,其核心与 macOS 的核心都源自 Apple Darwin。iOS 主要是给 iPhone 和 iPod touch 使用。iOS 的系统架构分为 4 个层次:核心操作系统层(the Core OS layer)、核心服务层(the Core Services layer)、媒体层(the Media layer)、可轻触层(the Cocoa Touch layer)。

iOS 由两部分组成:操作系统和能在 iPhone 和 iPod touch 设备上运行原生程序的技术。由于 iOS 是为移动终端而开发,所以要解决的用户需求就与 macOS 有些不同,尽管在底层的实现上 iOS 与 macOS 共享了一些底层技术。如果你是一名 Mac 开发人员,你可以在 iOS 中发现很多熟悉的技术,同时也会注意到 iOS 的独特之处,如多触点接口(Multi-Touch interface)和加速器(Accelerometer)。

2.3 Windows 的桌面与窗口

2.3.1 桌面

Windows 系统成功启动后,屏幕上显示的整个区域即为桌面。桌面由图标、背景和任务栏构成。图标包括系统程序图标、应用程序图标、文件或文件夹图标以及快捷方式图标。背景通常为图片,可以通过右击背景,在弹出的快捷菜单中选择"个性化"命令进行修改。任务栏通常位于屏幕底部,自左向右依次包括"开始"按钮、快速启动区域、任务区域、通知区域和"显示桌面"按钮。

"开始"按钮中包括系统中的所有程序及各种系统功能命令按钮,查看"开始"按钮的内容通常可采用下面的几种方法:使用鼠标单击、组合键 Ctrl+ESC 或者 Windows 徽标键■。

快速启动区域紧邻"开始"按钮,其中存放一些常用程序的图标,单击图标就可以运行相应的应用程序。每个运行中的程序在任务区域上都有一个相应的按钮,单击相应按钮可以对该程序进行显示与隐藏的切换。通知区域在任务栏右侧,通常显示时间和快捷方式图标。在任务栏的最右端是"显示桌面"按钮,单击该按钮可以直接显示桌面,若已经打开其他程序,反复单击该按钮,则可实现桌面和当前程序的切换。使用组合键■+D 也可实现前述的操作。

2.3.2 窗口

窗口是程序运行的界面,不同程序对应的窗口也不尽相同,但也有很多相似之处。从外观上看,窗口是桌面上用来显示程序和文档等信息的矩形区域,用户的许多操作都是在窗口中进行的。一个窗口通常包括标题栏、菜单栏、工具栏、地址栏、状态栏、滚动条、应用程序工作区等。可以使用鼠标实现移动窗口、调整窗口的大小、滚动窗口显示内容等操作。

若打开了多个窗口,在任务栏的任务区域中将对应多个按钮。处于最上层的窗口为活动窗口,若要切换到其他窗口,可以采用下面的几种方法:在任务栏单击对应的图标,使用组合键 Alt+Tab、Alt+Esc 或■+Tab,单击目标窗口未被遮挡的部分。若要最小化所有窗口,可使用组合键■+M。

关闭窗口时,可直接单击窗口右上角的关闭按钮,也可使用组合键 Alt+F4。在桌面状态下,使用组合键 Alt+F4 将打开关闭 Windows 的对话框,实现关机、重新启动等功能。

菜单栏是窗口的一个主要组成部分,也是用户指挥计算机执行操作的主要途径之一。将所有命令以菜单形式供用户选择使用,具有直观、易操作的优点。菜单有 3 种形式,分别是"开始"菜单、窗口菜单和快捷菜单。单击"开始"按钮弹出的菜单即为"开始"菜单。窗口菜单也叫作下拉菜单,利用鼠标单击某一菜单名可以出现若干个菜单项。也可以利用 Alt 键和菜单上对应的字母打开某个菜单,再使用方向键选择执行。使用功能键 F10 结合菜单上对应的字母也可以打开某个菜单,其余操作类似。

对话框是操作系统和用户交互的一种特殊窗口,其中通常包含标签、单选按钮、复选框、文本框、下拉列表框、滑动条、命令按钮和选项卡等元素,用户可以通过相关元素实现与系统的交互。

如果想要获得系统帮助,可以单击菜单栏中的"帮助"菜单,也可以使用功能键 F1 或组合键 ■ ＋F1。

2.4　Windows 的文件管理

2.4.1　文件管理基本概念

文件和文件夹是文件管理中的两个非常重要的对象,所以首先介绍这两个基本概念。另外,在对文件和文件夹的操作过程中经常要完成文件和文件夹的复制、移动和删除等操作,因此这里还涉及两个重要对象,即剪贴板和回收站。

1. 文件

文件是计算机的一个非常重要的概念,它是操作系统用来存储和管理信息的基本单位。文件可以保存各种信息,是具有名字的一组相关信息的集合。编制的程序、文档以及用计算机处理的图像、声音信息等都要以文件的形式存放到磁盘中。

(1) 文件的命名

每个文件都必须有一个确定的名字,这样才能实现对文件按名存取的操作。通常,文件名称由文件名和扩展名两部分组成,而文件名最多可由 225 个字符组成(包含文件的路径名),文件名不能包含"\""/"":"" * ""＜""＞""|""、"等字符。

计算机中的所有信息都以文件的形式进行存储,如程序、文档、图像、声音信息等。由于不同类型的信息有不同的存储格式与要求,相应地就会有多种不同的文件类型,这些不同的文件类型一般通过扩展名来表明。表 2-1 列出了常见的扩展名及其含义。

表 2-1　常见的扩展名及其含义

扩展名	含 义	扩展名	含 义
.com	系统命令文件	.exe	可执行文件
.txt	文本文件	.swf	Flash 动画发布文件
.sys	系统文件	.rtf	带格式的文本文件
.docx	Word 2010 文档	.obj	目标文件
.html	网页文件	.cpp	C＋＋源程序
.bak	备份文件	.java	Java 语言源程序
.xlsx	Excel 2010 文档	.zip	ZIP 格式的压缩文件
.pptx	Power Point 2010 文档	.rar	RAR 格式的压缩文件

（2）文件通配符

在文件操作中有时需要一次处理多个文件，这时就会用到文件通配符"＊"和"？"。在文件操作中使用"＊"代表任意多个 ASCII 字符；在文件操作中使用"？"代表任意一个字符。在文件搜索等操作中，灵活地使用通配符可以很快地匹配出含有某些特征的多个文件或文件夹。例如，"＊.exe"表示所有的可执行文件，"a?.＊"表示以字母 a 为开头并且文件名长度为 2 的任意类型文件。请思考一下，"＊.＊"代表的是什么文件呢？

（3）文件属性

文件属性是用于反映该文件的一些特征的信息，常见的文件属性一般分为以下 3 类。

① 时间属性

- 文件的创建时间：该属性记录了文件被创建的时间。
- 文件的修改时间：文件可能经常被修改，文件的修改时间属性记录了文件最近一次被修改的时间。
- 文件的访问时间：文件会经常被访问，文件的访问时间属性记录了文件最近一次被访问的时间。

② 空间属性

- 文件的位置：文件所在的位置，一般包含盘符、文件夹。
- 文件的大小：文件的实际大小。
- 文件所占的磁盘空间：文件实际所占的磁盘空间。由于文件的存储以磁盘簇为单位，因此文件的实际大小与文件所占的磁盘空间在很多情况下是不同的。

③ 操作属性

- 文件的只读属性：为防止文件被意外修改，可以将文件设为只读属性。具有只读属性的文件仅可以被打开，除非将文件另存为新的文件，否则不能将修改的内容保存下来。
- 文件的隐藏属性：对重要文件可以将其设为隐藏属性。在一般情况下，具有隐藏属性的文件是不显示的，这样可以防止文件被误删除、被破坏等。
- 文件的系统属性：操作系统文件或操作系统所需要的文件具有系统属性，具有系统属性的文件一般存放在磁盘上的固定位置。
- 文件的存档属性：当建立一个新文件或者修改旧的文件时系统会把存档属性赋予这个文件，当备份程序备份文件时会取消存档属性，这时如果又修改了这个文件，则它又获得了存档属性。所以，备份程序可以通过文件的存档属性识别出该文件是否备份过或做过修改。

2. 文件夹（目录）

为了便于对文件的管理，Windows 操作系统采用类似于图书馆管理图书的方法，按照一定的层次目录结构对文件进行管理，称为树形目录结构。

所谓的树形目录结构就像一棵倒挂的树，树根在顶层，称为根目录，根目录下可以有若干个（第一级）子目录或文件，在子目录下还可以有若干个子目录或文件，一直可以嵌套若干级。

在 Windows 中，这些子目录称为文件夹，文件夹用于存放文件和子文件夹。用户可以根据需要把文件分成不同的组并存放到不同的文件夹中。

在对文件夹中的文件进行操作时，系统应该知道这个文件的位置，即它在哪个磁盘的哪个文件夹中。对文件位置的描述称为路径。例如，"D:\Test\Sub1\会议记录.docx"表明"会议记录.docx"文件在 D 盘的 Test 文件夹下的 Sub1 子文件夹中。

3. 剪贴板

为了在应用程序之间交换信息,Windows 提供了剪贴板的机制。剪贴板是内存中的一个临时数据存储区。在进行剪贴板的操作时总是通过"复制"或"剪切"命令将选定的对象送入剪贴板,然后在需要接收信息的窗口内通过"粘贴"命令从剪贴板中取出信息。例如,使用位于键盘右上方的 PrintScreen 键可以将当前屏幕的内容"复制"到剪贴板,然后在画图程序中再使用"粘贴"命令得到整个屏幕。若仅复制当前的活动窗口,可使用组合键 Alt+PrintScreen。

虽然"复制"和"剪切"命令都是将选定的对象送入剪贴板,但这两个命令是有区别的。"复制"命令是将选定的对象复制到剪贴板,因此执行完"复制"命令后原来的信息仍然保留,同时剪贴板中也具有该信息。"剪切"命令是将选定的对象移动到剪贴板,执行完"剪切"命令后,剪贴板中具有该信息,而原来的信息将被删除。

如果进行多次"复制"或"剪切"操作,剪贴板总是保留最后一次操作时送入的内容。但是,一旦向剪贴板中送入了信息,在下一次"复制"或"剪切"操作之前剪贴板中的内容将保持不变。这意味着可以反复使用"粘贴"命令,将剪贴板中的信息送至不同的程序或同一程序的不同地方。

4. 回收站

回收站是硬盘上的一块存储区,被删除的对象往往先放入回收站,并没有被真正删除。将所选文件移到回收站中是一次不完全的删除。如果下次需要使用这个被删除的文件,可以利用回收站的"还原"命令将其恢复成正常的文件,自动放回原来的位置。当确定不再需要该文件时,可以利用回收站的"删除"命令将其真正从回收站中删除。还可以使用回收站的"清空回收站"命令,将回收站中的全部内容删除。

2.4.2　文件和文件夹的操作

文件和文件夹的操作主要包括选定、复制、移动、删除、撤销与恢复、搜索等,这些是人们在日常工作中经常进行的基本操作。

1. 选定

在 Windows 中进行操作,首先必须选定对象,再对选定的对象进行操作。下面介绍选定对象的几种方法。

(1) 选定单个对象

单击文件、文件夹或快捷方式图标,则选定被单击的对象。

(2) 同时选定多个对象

① 按住 Ctrl 键,依次单击要选定的对象,则这些对象均被选定。

② 用鼠标左键拖动形成矩形区域,区域内的对象均被选定。

③ 如果选定的对象连续排列,则先单击第一个对象,然后在按住 Shift 键的同时单击最后一个对象,则从第一个对象到最后一个对象之间的所有对象均被选定。

④ 在文件夹窗口中按 Ctrl+A 组合键,则当前窗口中的所有对象均被选定。

2. 移动与复制

有多种方法可以完成移动和复制文件和文件夹的操作,即利用鼠标右键或左键拖动以及利用 Windows 的剪贴板。

(1) 鼠标右键操作

首先选定要移动或复制的文件或文件夹,按住鼠标右键不放拖动至目标位置,然后释放按键,此时会弹出菜单,其中包含命令"复制到当前位置""移动到当前位置""在当前位置创建快捷方式"和"取消",根据要做的操作选择其一即可,如图 2-2 所示。

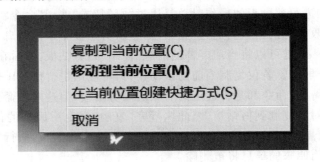

图 2-2　用鼠标右键拖动后弹出的菜单

（2）鼠标左键操作

首先选定要移动或复制的文件或文件夹,按住鼠标左键不放拖动至目标位置,然后释放按键。左键拖动不会出现菜单,但根据不同的情况所做的操作可能是移动或复制。

① 对于多个对象或单个非程序文件,如果在同一盘区拖动,如从 F 盘的一个文件夹拖到 F 盘的另一个文件夹,则为移动,在拖动的同时按住 Ctrl 键则为复制。

② 如果在不同盘区拖动,如从 F 盘的一个文件夹拖到 E 盘的一个文件夹,则为复制,在拖动的同时按住 Shift 键则为移动。

（3）利用 Windows 剪贴板的操作

利用剪贴板进行文件和文件夹的移动或复制的常规操作如下。

① 选定要移动或复制的文件和文件夹。

② 如果是复制,则选择"复制"命令或按 Ctrl＋C 组合键;如果是移动,则选择"剪切"命令或按 Ctrl＋X 组合键。

③ 选定接收对象的位置,即打开目标位置的文件夹窗口。

④ 选择"粘贴"命令或按 Ctrl＋V 组合键。

3. 撤销与恢复

在执行了移动、复制、更名等操作后,如果用户又改变了主意,可以按 Ctrl＋Z 组合键,这样就可以取消刚才的操作。如果在取消了刚才的操作后又想恢复刚才的操作,则可以按 Ctrl＋Y组合键,这样又恢复了刚才被撤销的操作。也可以在相应的菜单中找到"撤销"与"恢复"命令,执行效果相同。

4. 删除及其恢复

删除文件或文件夹最快捷的方法就是用 Delete 键。首先选定要删除的对象,再按 Delete 键,然后在弹出的"删除文件"或"删除文件夹"对话框中单击"是"按钮即可删除。此外还可以用以下方法删除。

- 右击要删除的对象,在弹出的快捷菜单中选择"删除"命令。
- 选定要删除的对象,然后将其直接拖至回收站。

不论采用哪种方法,在进行删除之前系统都会给出确认信息让用户确认,确认后系统才会将文件或文件夹删除。在删除文件或文件夹时,如果是在按住 Shift 键的同时按 Delete 键删除,则被删除的文件或文件夹不进入回收站,而是真正被物理删除了,在进行该操作时一定要慎重。需要说明的是,从 U 盘或网络服务中删除的项目都不保存在回收站中。

此外,当回收站中的内容过多时,最先进入回收站的项目将被真正地从硬盘中删除,所以在回收站中只能保存最近删除的项目。如果回收站中的文件过多,也会占用磁盘空间。因此,如果某些文件确实不需要了,应该将其从回收站中消除(真正删除),这样就可以释放一些磁盘空间。

在"回收站"窗口中选定需要删除的文件,按 Delete 键,在回答了确认信息后就完成了真正删除。如果要清空回收站,单击工具栏上的"清空回收站"按钮或选择"清空回收站"命令即可。

在一般情况下,Windows 并不真正地删除文件或文件夹,而是将被删除的项目暂时放在回收站中。回收站是硬盘上的一块区域,被删除的文件或文件夹会被暂时地放在这里,如果发现删除有误,可以通过回收站恢复。如果用户在删除后立即改变了主意,可通过选择"撤销"命令来恢复。但是对于已经删除一段时间的文件和文件夹,需要到回收站中查找并进行恢复。

双击"回收站"图标,打开"回收站"窗口,其中会显示最近删除项目的名称、原位置、删除日期、类型和大小等信息。选定需要恢复的对象,在工具栏中单击"还原此项目"按钮或选择"还原"命令,即可将文件或文件夹恢复至原来的位置。还可以右击要恢复的对象,在弹出的快捷菜单中选择"还原"命令。如果在恢复过程中原来的文件夹不存在,则 Windows 会要求重新创建文件夹。

5. 设置文件或文件夹的属性

具体操作为右击文件或文件夹,在弹出的快捷菜单中选择"属性"命令,打开其属性对话框,图 2-3 所示为文件属性和文件夹属性对话框,然后在属性对话框中选择需要设置的"只读"属性和"隐藏"属性,若要设置"存档"属性,则需要单击"高级"按钮,在打开的"高级属性"对话框中进行相应设置,然后单击"确定"或"应用"按钮。

(a) 文件属性对话框

(b) 文件夹属性对话框

图 2-3 文件属性和文件夹属性对话框

从图 2-3 中可以看出,在属性对话框中还显示了文件或文件夹许多重要的统计信息,如大小、创建或修改的时间、位置、类型等。

6. 文件和文件夹的搜索

当计算机中的文件和文件夹过多时,用户在短时间内难以找到,这时用户可以借助于

Windows 的搜索功能快速地搜索到需要使用的文件或文件夹。

（1）使用"开始"菜单上的搜索框

在 Windows 7 中，单击"开始"按钮，弹出"开始"菜单，在"搜索程序和文件"文本框中输入想要查找的信息，例如，想要查找计算机中所有的"图表"信息，只要在文本框中输入"图表"，之后系统便立即开始查找，并将与输入文本相匹配的项都显示在"开始"菜单中。在 Windows 10 中，右击"开始"菜单，选择"搜索"命令后的操作与上述操作类似。

需要说明的是，通过"开始"菜单进行搜索时搜索结果中仅显示已建立索引的文件。计算机上的大多数文件会自动建立索引。例如，包含在库中的所有内容都会自动建立索引。索引就是一个有关计算机中的文件的详细信息的集合，通过索引可以使用文件的相关信息快速、准确地搜索到想要的文件。

（2）使用文件夹窗口中的搜索栏

如果想要查找的文件或文件夹位于某个特定的文件夹中，则可打开某个特定的文件夹窗口，然后在窗口顶部的搜索栏（又称"搜索"文本框）中进行查找。

例如，在 Windows 7 中，查找 C 盘中所有的文本文件，则首先需要打开 C 盘文件夹窗口，然后在"搜索"文本框中输入"＊.txt"，之后系统立即开始搜索，并将搜索结果显示于右窗格，如图 2-4 所示。

图 2-4　在 C 盘中搜索文本文件

如果用户想要基于一个或多个属性搜索文件或文件夹，则搜索时可以在文件夹窗口的"搜索"文本框中使用搜索筛选器指定属性，从而更加快速地查找到指定属性的文件或文件夹。

例如，查找 C 盘上的上星期修改过的所有"＊.jpg"文件，首先需要打开 C 盘文件夹窗口，然后在"搜索"文本框中输入"＊.jpg"，并单击"搜索"文本框，从弹出的下拉列表中选择"修改日期"→"上星期"，如图 2-5 所示，则系统立即开始搜索，并将搜索结果显示于右窗格。也可以在打开窗口后使用组合键 Ctrl＋F 或功能键 F3 直接定位到"搜索"文本框，其余操作类似。或者直接使用组合键 ■＋F 打开新的搜索窗口进行操作。

又如，查找计算机上所有大于 128 MB 的文件，应该打开"计算机"窗口，在"搜索"文本框中单击，在弹出的下拉列表中选择"大小"→"巨大（＞128 MB）"，则系统立即开始搜索，并将搜索结果显示于右窗格，如图 2-6 所示。

图 2-5　在 C 盘上搜索上星期修改过的 .jpg 文件

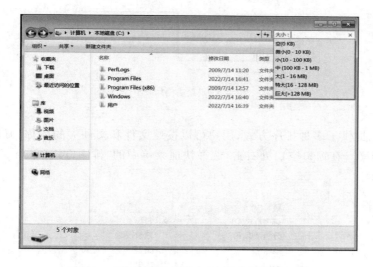

图 2-6　查找计算机上所有大于 128 MB 的文件

在 Windows 10 中,操作过程与上述过程类似。所不同的是,需要在"搜索"选项卡中选择对应的选项,如图 2-7 所示。

图 2-7　Windows 10 中的"搜索"选项卡

2.4.3　资源管理器

利用组合键 ＋E 可以快速打开"资源管理器",在"资源管理器"窗口中,单击左侧导航窗格中的任意一个目录即可打开对应的文件夹窗口,在文件夹窗口中可以对文件和文件夹进行分类查看、排序、显示与隐藏等操作,具体如下所述。

1. 显示与排序

(1) 显示方式

Windows 提供了多种方式来显示文件或文件夹。在文件夹窗口中的空白处右击并选择"查看"命令,弹出其下一级子菜单,其中包括"超大图标""大图标""中等图标""小图标""列表""详细信息""平铺"和"内容"8 种方式,如图 2-8 所示。选择其中任意一个选项即可按要求显示文件夹窗口中的文件和文件夹。也可以在工具栏中选择相关命令实现同样的效果。

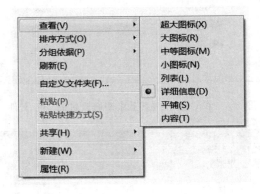

图 2-8 "查看"子菜单

(2) 排序方式

Windows 也提供了多种排序方式,用户可以按照文件和文件夹的名称、修改日期、类型和大小对其进行排序。在窗口空白处右击,选择快捷菜单中的"排序方式"命令,即可完成排序操作,如图 2-9 所示。

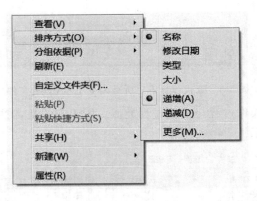

图 2-9 "排序方式"子菜单

2. 显示与隐藏

(1) 显示/隐藏文件和文件夹

用户在文件夹窗口中看到的可能并不是全部的内容,有些内容当前可能没有显示出来,这是因为 Windows 在默认情况下会将某些文件(如隐藏文件)隐藏起来不显示。为了能够显示所有文件和文件夹,在 Windows 7 中可进行如下设置。

① 选择"组织"→"文件夹和搜索选项"命令或选择"工具"→"文件夹选项"命令,弹出"文

件夹选项"对话框。

② 选择"查看"选项卡。

③ 在"隐藏文件和文件夹"复选框下选中"显示隐藏的文件、文件夹和驱动器"单选按钮,如图 2-10 所示。

在 Windows 10 中,可依次选择"查看"→"选项"命令,其余操作类似。

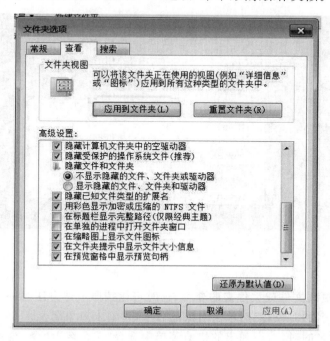

图 2-10 "文件夹选项"对话框

上述设置是对整个系统而言的,即如果在任何一个文件夹窗口中进行了上述设置,在之后打开的其他文件夹窗口中都能看到所有文件和文件夹。

(2)显示/隐藏文件的扩展名

通常情况下,在文件夹窗口中看到的大部分文件只显示了文件名信息,而其扩展名并没有显示。这是因为在默认情况下 Windows 对于已在注册表中登记的文件只显示文件名,而不显示扩展名。也就是说,Windows 是通过文件的图标来区分不同类型的文件的,只有那些未被登记的文件才能在文件夹窗口中显示其扩展名。

如果想看到所有文件的扩展名,需要在"查看"选项卡中取消选中"隐藏已知文件类型的扩展名"复选框,如图 2-10 所示。该项设置也是对整个系统而言的,不是针对当前文件夹窗口。

3. 新建文件和文件夹

新建文件和文件夹最简便的方法如下。

① 右击文件夹窗口的空白处或桌面,在弹出的快捷菜单中选择"新建"命令。

② 在下一级菜单中选择某一类型的文件或文件夹命令。

③ 输入文件名或文件夹名。新建文件和新建文件夹的名字默认为"新建××"。

4. 创建文件或文件夹的快捷方式

用户可以为自己经常使用的文件或文件夹创建快捷方式,快捷方式只是将对象(文件或文件夹)直接链接到桌面或计算机中的任意位置,其使用和一般图标一样,这就减少了查找资源的操作,提高了用户的工作效率。创建快捷方式的操作如下。

① 右击要创建快捷方式的文件或文件夹。

② 在弹出的快捷菜单中选择"创建快捷方式"命令或选择"发送到"→"桌面快捷方式"命令,如图 2-11 所示。前者创建的快捷方式与对象同处一个位置,后者创建的快捷方式在桌面上。

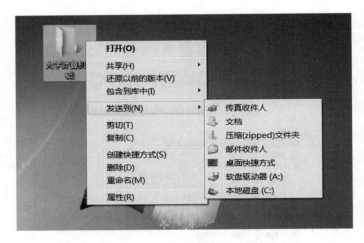

图 2-11 创建文件或文件夹的快捷方式

5. 重命名

用户有时需要更改文件或文件夹的名字,这时可以按照下述方法之一进行操作。

① 选定要重命名的对象,然后单击对象的名字,再输入对象名。

② 右击要重命名的对象,在弹出的快捷菜单中选择"重命名"命令,然后输入对象名。

③ 选定要重命名的对象,在 Windows 7 中选择"组织"→"重命名"命令,再输入对象名,在 Windows 10 中,则应选择"主页"→"重命名"命令。

④ 选定要重命名的对象,然后按 F2 键,再输入对象名。

文件的扩展名一般是默认的,例如,Word 2010 文件的扩展名是.docx,当更改文件名时只需更改它的名字部分,而不需要更改扩展名。例如,"计算机应用基础.docx"改名为"大学计算机基础.docx",只需将"计算机应用基础"改为"大学计算机基础"即可。

2.5 程序及任务管理

Windows 系统本身提供了很多实用的程序,可以方便用户直接使用,如画图程序(mspaint)、计算器(calc)、命令窗口(cmd)、控制面板(control)和放大镜(magnify)等,使用组合键 +R 可以快速打开运行窗口,输入相应命令即可打开对应的程序。还有一些可直接使用的命令,如组合键 +L 用于锁定当前用户的屏幕,组合键 +Pause/Break 用于查看当前的系统信息等。用户还可以根据自己的需要,选择安装相应的应用程序。若程序出现问题或不再需要,也可对其进行修复或卸载。

为了查看当前系统中正在运行的进程等内容,可以使用任务管理器窗口,其打开方法有如下几种。

① 按下组合键 Ctrl + Alt+Delete(Del),在弹出的界面中单击"任务管理器"即可打开,打

开后能看到计算机当前所有运行的程序,包括后台隐藏运行的程序。

② 按下组合键 Ctrl＋Shift＋Esc 可直接打开"任务管理器"窗口。

③ 在任务栏上的空白处右击,在弹出的菜单中单击"任务管理器"即可。

④ 按下组合键 ■＋R 打开运行窗口,在运行框中输入"taskmgr",单击"确定"即可。

库及其创建和设置、Windows 应用程序管理、Windows 的系统设置相关内容请扫描二维码。

库及其创建和设置　　　　Windows 应用程序管理　　　　Windows 的系统设置

习 题 2

1. 什么是操作系统?其目的是什么?

2. 操作系统按系统功能可分为哪几类?各有什么特点?

3. 除了按系统功能分类以外,还可以按哪些特征进行分类?

4. 单用户操作系统和多用户操作系统有什么区别?请举例说明。

5. 单任务操作系统和多任务操作系统有什么区别?请举例说明。

6. DOS 是什么?

7. Windows 7 操作系统有哪些新特性?

8. Windows 10 操作系统有哪些新功能?

9. UNIX/XENIX 分别是什么操作系统?

10. Linux 有什么特点?

11. 请描述查看"开始"菜单的 3 种方法。

12. 若想快速查看桌面,常用的有哪几种方法?

13. 在多个窗口之间切换活动窗口,常用的有哪几种方法?

14. 什么是下拉菜单?使用菜单通常有哪几种方法?

15. 文件名称由哪几个部分构成?各有什么特点?

16. 常用的文件通配符有哪些?分别表示什么含义?

17. 请利用 PrintScreen 键将计算机的桌面截图并保存到画图程序中,并命名为 MyDesktop.jpg,存放位置任意。

18. 利用系统的放大镜程序对计算机的当前内容进行放大,并使用组合键 Alt＋PrintScreen 截图,图片的名称、类型及存放位置任意。

19. 查看当前计算机的"文件夹选项"对话框,确认"显示隐藏的文件、文件夹和驱动器"选项是否选中,并截图保存,图片的名称、类型及存放位置任意。

20. 描述打开任务管理器窗口的常用方法。

21. Windows 基本操作题一。

(1)修改当前的主题及屏幕保护程序。

（2）任务栏设置：改变任务栏的位置，将任务栏设置为自动隐藏。

（3）设置系统日期和时间到下一年。

（4）查看并设置屏幕分辨率和颜色。

① 设置当前屏幕分辨率：若为 1 280×768，则设置为 800×600，再恢复设置为 1 280×768，观察桌面图标大小的变化。

② 查看当前屏幕的刷新频率和设置屏幕颜色。

（5）创建用户名为 Student 的账户并为该账户设置 8 位密码。

（6）在桌面上添加"图片拼图板""时钟""日历"等小工具。

22．Windows 基本操作题二。

（1）在 D 盘根目录下建立两个一级文件夹"Jsj1"和"Jsj2"，然后在 Jsj1 文件夹下建立两个二级文件夹"mmm"和"nnn"。

（2）在 Jsj2 文件夹中新建文件名分别为"wj1. txt""wj2. txt""wj3. txt""wj4. txt"的 4 个文件，并在每个文件中分别输入以"个人简介""我的家乡""最喜欢的科技""我的理想"为题目的内容，字数不少于 300 字。

要、目录、正文、设计图纸说明、参考文献、附录、致谢、封底等,下面主要说明如何实现纸张规格、章节标题及图表题注等的设置。

（1）纸张规格设置

在"页面布局"选项卡的"页面设置"功能区,选择"页边距"→"自定义边距"命令可进行页面的相关设置,如图 3-10 所示。Word 中默认的纸张类型是 A4,若需要修改可在"纸张"选项卡中进行设置。也可以通过调整标尺的位置,实现对页边距的调整。在使用标尺进行调整时,按住 Alt 键可实现精确调整的功能。

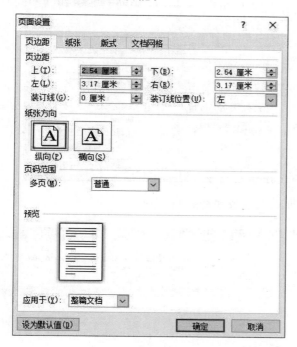

纸张规格设置

图 3-10 页边距大小设置

（2）章节标题设置

在"开始"选项卡的"段落"功能区,选择"多级列表"→"定义新的多级列表"命令,打开图 3-11所示的设置界面。可以通过单击左下角的"更多"/"更少"按钮,切换界面显示内容。

在"输入编号的格式"中,分别在已有的格式前后输入"第"和"章",使得和数字共同形成图 3-11所示的格式。同时,在右上方的"将级别链接到样式"中选择"标题 1",其他选项保持默认即可。

接下来单击界面左上方的级别 2,此时"输入编号的格式"中的内容会自动修改为 1.1。再在右上方的"将级别链接到样式"中选择"标题 2"。类似地,按上述方法单击左上方的级别 3,并在右上方的"将级别链接到样式"中选择"标题 3",最后单击"确定"按钮即可完成三级标题的设置过程。

上述设置过程完成后,即可输入各级章节标题的内容。将光标定位到待设置标题所在行,并在"开始"选项卡的"样式"功能区选择不同的样式"标题 1""标题 2"或"标题 3",可完成标题格式的设置。设置好的部分章节如图 3-12 所示。为了更清晰地看到设置效果,可以在"视图"选项卡的"显示"功能区选中"导航窗格"。

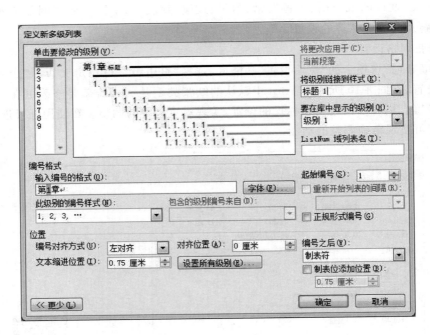

图 3-11　定义新多级列表设置

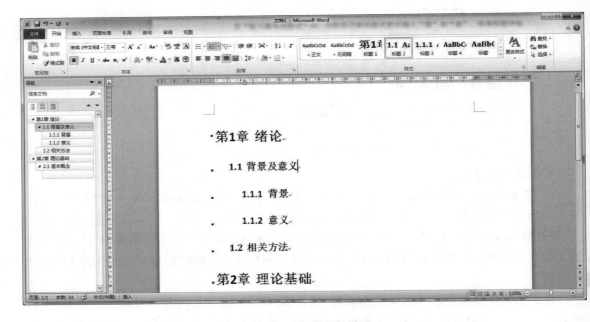

图 3-12　多级标题的设置

　　若要进一步修改标题的格式,可在"样式"功能区对应的标题上右击,在弹出的快捷菜单中选择"修改"命令,即可弹出修改界面,如图 3-13 所示。基本的格式(如字体、字号等)可直接在界面中修改,更多的格式可通过左下角的"格式"按钮进行修改。

　　通常要求每一章从新的一页开始,先将光标定位在某一章的开始位置,接着在"页面布局"选项卡的"页面设置"功能区,选择"分隔符"→"分页符"命令,即可实现上述要求。

图 3-20　Excel"插入"选项卡

（4）公式

Excel 公式是对 Excel 工作表中的值进行计算的等式。在 Excel 中可以使用常量和算术运算符创建简单的公式，也可以直接插入系统定义的公式。复杂一些的公式可能包含函数、引用、运算符和常量等。

Excel 的"公式"选项卡下包括函数库、定义的名称、公式审核和计算等功能，如图 3-21 所示。函数库收纳了常用的各类函数，供用户直接使用，同时，为确保计算的结果正确，减小公式出错的可能性，Excel 提供了公式审核功能，可以检查公式与单元格之间的关系，并快速找到出错的原因。

图 3-21　Excel"公式"选项卡

下面，我们以计算 A1～F1 的平均值，并显示在 G1 单元格为例，演示 Excel 公式的使用。

方法一：首先选中要显示计算结果的单元格，即 G1；单击"公式"→"插入函数"，选择公式类别为"常用函数"，再选择"AVERAGE"函数，单击"确定"按钮插入平均值公式，如图 3-22 所示；长按鼠标左键选中要计算平均值的数据区域，即 A1～F1 单元格，可向平均值公式中插入参数；按 Enter 键，计算结果，G1 中即显示 A1～F1 的平均值。

图 3-22　方法一示意图

方法二:在要显示计算结果的单元格中输入"="符号;输入左括号→单击 A1 单元格→输入"+"符号→单击 B1 单元格→输入"+"符号→…→单击 F1 单元格→输入右括号→输入"/"符号→输入"6",即手动选择参与计算的区域并穿插输入符号,得到自定义公式,如图 3-23 所示;按 Enter 键,计算结果,G1 中即显示 A1~F1 的平均值。

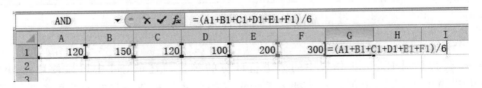

图 3-23　方法二示意图

（5）数据

通过 Excel 的"数据"选项卡,用户可以连接数据源,获取外部数据,如来自 Access、文本、网站、SQL Server 等的数据,通过刷新连接保持与数据源的同步。此外,"数据"选项卡还提供了排序筛选工具和数据工具,单击"排序和筛选"→"筛选",则每一列上方都会出现一个下箭头,单击下箭头可以在下拉框选择按照本列升序和降序排列,也可以输入筛选条件进行筛选。"数据工具"部分则提供了分列、删除重复项、数据有效性处理、合并计算、模拟分析等较高级的数据处理工具,可以大大提升数据处理的效率。"分级显示"部分则可以为选中的单元格创建组,将某个范围内的单元格关联起来,实现该部分数据的折叠或展开,使表中数据可以分级展示,更加清晰明了。以上各部分如图 3-24 所示。

图 3-24　Excel"数据"选项卡

3. Excel 综合实践

（1）基础练习

新建 Excel 工作表,输入图 3-25 中的"期末考试成绩表"内容,并完成下面的要求。

	A	语文	数学	英语	物理	化学	生物	总分
1	期末考试成绩表							
3	张三	90	88	75	86	89	78	506
4	李四	92	98	95	96	92	90	563
5	王五	88	87	80	85	90	90	520
6	小明	65	60	64	70	68	75	402
7	乔治	70	75	73	78	66	82	444
8	平均分	81.00	81.60	77.40	83.00	81.00	83.00	

图 3-25　Excel 公式的使用

① 合并 A1~H1 单元格,并将表标题设置为 14 号字、黑体。

② 在 H3~H7 中利用 SUM 函数计算每个学生的总分。

③ 在 B8～G8 单元格通过输入"＝"和手动输入计算公式,得到各科目的平均分。

④ 按总分从高到低进行排序。

⑤ 将表格行高设置为 18,列宽设置为 10。

⑥ 将所有文字居中,为表格区域添加框线。

单元格的合并

公式的使用

排序设置

(2) 图表的使用

新建 Excel 工作表,输入图 3-26 所示的数据,并建立对应的柱形图。

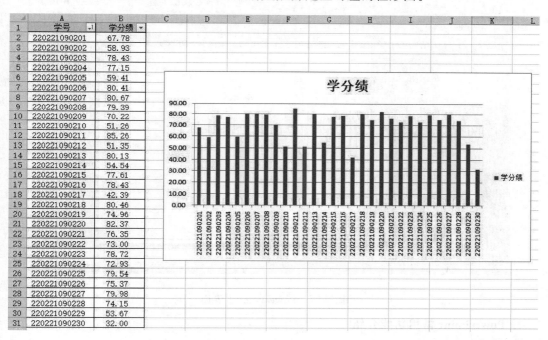

图 3-26　Excel 图表的使用

3.1.3　PowerPoint

PowerPoint(PPT)是 Microsoft Office 中的演示文稿软件。演示文稿指的是把静态文件制作成动态文件浏览,把复杂的问题变得通俗易懂,使之更加生动,给人留下更为深刻印象的幻灯片。一套完整的演示文稿文件一般包含片头动画、封面、前言、目录、过渡页、图表页、图片页、文字页、封底、片尾动画等元素。

PowerPoint 是一种图形程序,它增强了多媒体支持功能,可协助用户独自或联机创建永恒的视觉效果。利用演示文稿制作的文稿,可以通过不同的方式播放,也可将演示文稿打印成一页一页的幻灯片,使用幻灯片机或投影仪播放。因此,PowerPoint 在学术报告、工作汇报、企业宣传、产品推介、教育培训等领域有着广泛的应用。

1．PowerPoint 主界面介绍

PowerPoint 主界面如图 3-27 所示，上半部分与 Word 和 Excel 类似，中间为编辑区，显示当前一张幻灯片的内容。创建文件后编辑区默认有两个文本框，分别是标题框和副标题框。编辑区的左侧为视图区，视图区的默认视图模式为"幻灯片"视图，单击"大纲"按钮可以切换到"大纲"视图。"幻灯片"视图模式将以单张幻灯片的缩略图为基本单元进行排列，当前正在编辑的幻灯片以着重色标出。在视图区中可以轻松实现幻灯片的整张复制与粘贴以及幻灯片的插入、删除、样式更改等操作。"大纲"视图模式将以每张幻灯片所包含的内容为列表进行展示，单击列表中的内容项可以对幻灯片内容进行快速编辑。编辑区下方为备注区，在备注区可以为当前幻灯片添加备注和说明，备注和说明在幻灯片放映时不显示。

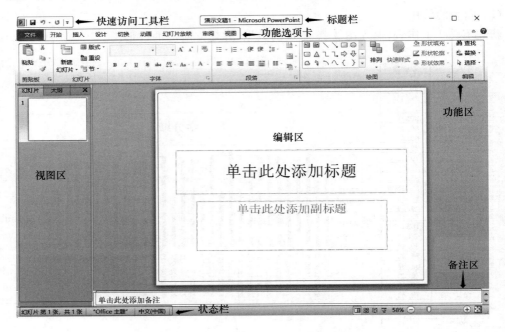

图 3-27　PowerPoint 主界面

2．PowerPoint 常用功能介绍

（1）文件、开始、插入

PowerPoint 的文件、开始、插入与 Word 和 Excel 的相似，不同的是 PowerPoint 的"开始"选项卡包含绘图功能和幻灯片功能。通过绘图功能可以插入各种图形并调节图形排列，绘制示意图或流程图等，通过幻灯片功能可以新建幻灯片、修改幻灯片版式，如图 3-28 所示。

图 3-28　PowerPoint"开始"选项卡

此外，PowerPoint 的"插入"选项卡可以插入视频和音频，使 PowerPoint 具有更加丰富和生动的表现能力，如图 3-29 所示。

图 3-29 PowerPoint"插入"选项卡

（2）设计和切换

PowerPoint 的"设计"选项卡包括页面设置、主题设置和背景设置功能，如图 3-30 所示。"页面设置"功能区可设置幻灯片的方向、大小、边距等。"主题"功能区附带了系统定义的主题供用户选用，可改变幻灯片整体的文字、颜色和效果，同时用户也可通过右侧的颜色、字体和效果工具自己设置主题。"背景"功能区可以设置背景样式。

图 3-30 PowerPoint"设计"选项卡

"切换"选项卡主要负责幻灯片的切换方式设置和切换计时，如图 3-31 所示。PowerPoint 为幻灯片的切换设置了多种效果，如淡出、擦除、分割、百叶窗等，设置效果后可通过预览功能预览。"计时"功能区可以设置幻灯片切换声音、切换时间以及换片方式。

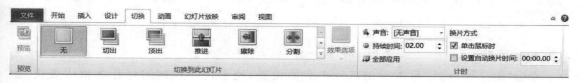

图 3-31 PowerPoint"切换"选项卡

（3）动画

PowerPoint 的"动画"选项卡为幻灯片元素的出现、移动和消失添加动画效果，其功能区如图 3-32 所示。这些效果包括进入、强调、退出以及路径等多种形式。例如，进入动画是最基本的动画效果，用户可以根据需要，将文本、图形或图片等元素以飞入、淡出、浮入等方式显示在幻灯片中，实现对象从无到有、陆续展现的动画效果。在实操过程中，选中对象后，切换至"动画"选项卡，在"动画"列表中选择进入动画效果选项即可。另外，动画功能也可以设置动画的开始条件、持续时间和延迟等，使对象按照顺序和要求出现。

图 3-32 PowerPoint"动画"选项卡

（4）幻灯片放映

"幻灯片放映"选项卡包含幻灯片放映、设置和监视器等功能，如图 3-33 所示。幻灯片的放映可以选择从当前页开始播放、从头播放、自定义播放以及向可以在 Web 浏览器中观看的远程观众广播幻灯片等方式。"设置"功能区则可以选择放映类型、放映方式、放映选项等。如常用的放映类型为演讲者放映,单击"幻灯片放映"→"设置幻灯片放映"→在"放映类型"中选择"演讲者放映(全屏幕)"→勾选"显示演示者视图",再次放映即可进入演讲者模式。在此模式下,讲解人的界面左边显示幻灯片,右边显示该幻灯片的备注,相当于有了一个提词器,而观众看到的界面只有幻灯片。此外,"设置"功能区还提供了排练计时功能,它可以把 PPT 演示过程中每一页的播放时间记录下来,保存后进行自动播放,无须再手动切换幻灯片。

图 3-33　PowerPoint"幻灯片放映"选项卡

（5）视图

"视图"选项卡包含演示文稿视图、母版视图、显示和显示比例等,如图 3-34 所示。演示文稿视图用于切换不同的查看方式,母版视图用于修改使用的版式,显示和显示比例则用于控制不同的显示内容和显示比例等。

图 3-34　PowerPoint"视图"选项卡

单击"幻灯片母版"可进行幻灯片母版的设置,便于统一控制幻灯片的整体版式,如图 3-35 所示。其中包括编辑母版、母版版式和编辑主题等功能,可用于设置统一的颜色、字体等内容,使得风格统一、整齐。也可以在单击状态栏右侧"普通视图"按钮的同时,按下 Shift 键,快速打开幻灯片母版视图。

图 3-35　PowerPoint 幻灯片母版设置

3．PowerPoint 制作技巧

PowerPoint 演示文稿的制作是一门上限很高的技术,优秀的演示文稿内容充实、画面精美、播放流畅、易于观看和理解、表现形式多样,可以大大提高演讲效果,吸引观众。而想要达到这样的效果,必须深入学习幻灯片制作技术,勤加练习。下面分享一些有助于做好演示文稿的小技巧。

① 合理规划演示文稿结构,划分章节,添加封面和结语。清晰的文稿结构有助于观众理解,同时也便于演讲者讲解。

② 调整文字大小和颜色。文字过小会使观众无法看清,过大会显得不美观。字体颜色应

与幻灯片背景色对比明显。

③ 提取凝练文字。演示文稿中的文字应精炼且突出主旨,尽量不要有大篇幅的文字,可将非核心语句写到备注中用于辅助讲解。

④ 多用图形化表达。将一些文字用图形、箭头、图标、形状、结构等表示出来,会更加一目了然,更加生动,有助于观众理解。

⑤ 保持图片清晰度。在选择文稿插图时应尽量选择清晰度高的原图,在编辑时应注意不要拉伸过度导致图片模糊。

⑥ 善用PPT模板。在网络上可以下载各种类型的PPT模板,选择并使用合适的模板可以达到事半功倍的效果。

⑦ 风格大体上应保持一致。在同一个演示文稿中风格太多样容易显得突兀和混乱。

4. PowerPoint 综合实践

根据图 3-36 所示的效果,完成 PowerPoint 的下述要求。

① 插入标题和正文文本框,输入对应的文字,标题为黑体 24 号字,正文为宋体 18 号字,并调整文本框位置。

② 在标题下插入直线,设置直线宽度为 2.25 磅,颜色为黑色。

③ 插入图片,调整图片大小。

④ 设置幻灯片背景为纯色填充,幻灯片切换方式为"百叶窗"。

⑤ 为标题和直线添加"浮入"动画,开始条件为单击,动画排序为"1"。为正文和图片添加"擦除"动画,开始条件为单击,动画排序为"2"。

⑥ 完成上述操作后,在幻灯片放映时,首先幻灯片以"百叶窗"形式出现,单击后,标题和直线"浮入"出现,再次单击后,正文和图片"擦除"出现。

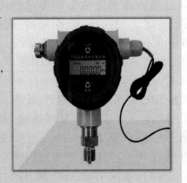

幻灯片动画

幻灯片切换

图 3-36 PowerPoint 实践效果图

3.1.4 Visio 和 Access

1. Visio

Visio 是 Microsoft Office 软件系列中负责绘制流程图和示意图的软件,是一款便于 IT 人员和商务人员就复杂信息、系统和流程进行可视化处理、分析和交流的软件。使用 Visio 可以创建具有专业外观的图表,以便理解、记录和分析信息、数据、系统和过程。大多数图形软件程序依赖于结构技能,而 Visio 以可视方式传递重要信息,就像打开模板、将形状拖放到绘图中以及对即将完成的工作应用主题一样轻松。Visio 2010 中的新增功能和增强功能使得创建 Visio 图表更为简单、快捷,令人印象更加深刻。Visio 的具体功能介绍如下。

① 图表类型多样化。使用 Visio 可以通过多种图表(如业务流程图、软件界面、网络图、工作流图表、数据库模型和软件图表等)直观地记录、设计和完全了解业务流程和系统的状态。通过 Visio Professional 版本还可以将图表链接至基础数据,以提供更完整的画面,从而使图表更智能、更实用。

② 借助于模板实现快速入门。Visio 支持用户使用结合了强大的搜索功能的预定义 Microsoft SmartShapes 符号来查找计算机上或网络上的合适形状,从而轻松创建图表,同时提供了特定工具来支持 IT 人员和商务人员的不同图表制作需要。

③ 示例图表提供灵感。在 Visio 中打开新的"入门教程"窗口和使用新的"示例"类别,可以更方便地查找新的示例图表。查看与数据集成的示例图表,可为创建自己的图表获得思路,认识到数据为众多图表类型提供更多上下文的方式,以及确定要使用的模板。

④ 无须绘制连接线便可连接形状。只需单击一次,Visio 的自动连接功能就可以将形状连接、使形状均匀分布并使它们对齐。移动连接的形状时,这些形状会保持连接,连接线会在形状之间自动重排。

⑤ 轻松将数据链接至图表,并将数据链接至形状。Visio 提供了数据链接功能,可自动将图表连接至一个或多个数据源,如 Excel 电子表格或 Access 数据库。使用直观的新链接方法,用数据值填充每个形状属性(也称为形状数据)来节省数据与形状关联的时间。例如,通过使用新增的自动链接向导,可将图表中所有形状链接到已连接的数据源中的数据行。

⑥ 使数据在图表中更引人注目。使用 Visio 的数据图形功能,可以从多个数据格式设置选项中进行选择,轻松以引人注目的方式显示与形状关联的数据。只需单击一次,便可将数据字段显示为形状旁边的标注。根据需要,可将数据字段拖放到形状的其他位置。

⑦ 分析信息。使用 Visio 可以直观地查看复杂信息,以识别关键趋势、异常和详细信息。通过分析、查看详细信息和创建业务数据的多个视图可以更深入地了解业务数据,使用丰富的图标和标志库可以轻松确定关键问题、跟踪趋势并标记异常。

⑧ 使业务数据可视化。使用数据透视关系图,可以直观地查看通常以静态文本和表格形式显示的业务数据。创建相同数据的不同视图可以更全面地了解问题。

2. Access

Access 是由微软发布的关系数据库管理系统。它把数据库引擎的图形用户界面和软件开发工具结合在一起形成了一个数据库管理系统,是 Microsoft Office 中的程序之一。Access 以它自己的格式,将数据存储在基于 Access Jet 的数据库引擎里。它还可以直接导入或者链接数据,这些数据可存储在其他应用程序和数据库中。Access 的用途体现在如下两个方面。

① 数据分析。Access 有强大的数据处理、统计分析能力,利用 Access 的查询功能,可以方便地进行各类汇总、平均等统计,并可灵活设置统计的条件。Access 在统计分析上万条记录、十几万条记录及以上的数据时速度快且操作方便,这一点是 Excel 无法与之相比的。

② 开发软件。Access 可以用来开发软件,如生产管理、销售管理、库存管理等各类企业管理软件,其最大的优点是易学,非计算机专业的人员也能学会。Access 低成本地满足了从事企业管理工作的人员的管理需要,使其能够通过软件来规范同事、下属的行为,推行其管理思想。

3.2　WPS Office

WPS Office 是由北京金山办公软件股份有限公司自主研发的一款办公软件套装,主要包含 WPS 文字、WPS 表格、WPS 演示三大功能模块,另外有 PDF 阅读功能,具有内存占用低、运行速度快、云功能多、强大插件平台支持、免费提供在线存储空间及文档模板的优点。WPS Office 支持阅读和输出 PDF 文件,全面兼容 Microsoft Office 格式(doc/docx/xls/xlsx/ppt/pptx 等),覆盖 Windows、Linux、Android、iOS 等多个平台。WPS Office 支持桌面和移动办公,且 WPS 移动版通过 Google Play 平台,已覆盖 50 多个国家和地区。

WPS 文字、WPS 表格、WPS 演示与 Microsoft Office 中的 Word、Excel、PowerPoint 一一对应,应用 XML 数据交换技术,无障碍兼容 docx、xlsx、pptx、pdf 等文件格式。WPS Office 可以直接保存、打开和编辑 Microsoft Word、Excel 和 PowerPoint 文件,反之,用 Microsoft Office 也可以轻松编辑 WPS 系列文档。所以说从对文档、表格和演示文稿的处理功能上来看,Microsoft Office 和 WPS Office 基本没有多大区别,甚至二者在布局、选项卡以及按钮设置上也十分相似。

相比之下,Microsoft Office 更加经典,用户基数大,其可编程性、库文件、资源文件等要比 WPS Office 更加丰富,然而在运行方面相对要求计算机配置较高,并且一些操作需要系统地学习后才能掌握。WPS Office 软件体积小,运行占用内存低,运行更流畅,且 WPS Office 包含强大的云功能等特色功能,在操作方面更适合国人的习惯,个人版可免费使用。但 WPS Office 在兼容性方面还有待提高,且个人免费版会弹出广告。

下面,本节将以 WPS Office 2022 为例,对 WPS Office 进行介绍。

3.2.1 WPS 文字

1. WPS 文字主界面介绍

WPS 文字主界面由若干选项卡构成,包括开始、插入、页面布局和引用等,如图 3-37 所示。单击每个选项卡后,会出现对应的功能区,从中可以选择相关功能,具体操作与 Word 类似。在文件菜单右侧还隐藏了编辑、格式、表格等菜单,用户可以单击打开。

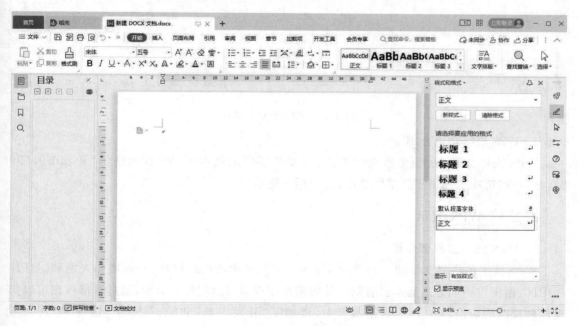

图 3-37　WPS 文字主界面

2．WPS 文字功能介绍

WPS 文字的功能与 Word 的功能很相似，故仅介绍以下部分不同点。

- WPS 文字的文件部分多了输出为 PDF、输出为图片、备份与恢复等操作。
- WPS 文字的开发工具更加丰富，包括 VB 宏、XML 映射窗格等。
- WPS 文字提供会员专享服务，可以提供论文查重、屏幕录制等功能，但需要额外付费。

3.2.2　WPS 表格

1．WPS 表格主界面介绍

WPS 表格的主界面和 WPS 文字的主界面类似，如图 3-38 所示。除了中间的工作区和工作区上方的编辑栏，WPS 表格与 WPS 文字的布局一致，去掉了"引用"选项卡，同时增加了"公式"和"数据"选项卡，且部分选项卡中的功能有一定的区别。

图 3-38　WPS 表格主界面

2．WPS 表格功能介绍

WPS 表格与 Excel 的多数功能类似，主要的不同之处在于，WPS 表格的"开发工具"和"会员专享"选项卡提供了更多的功能，便于用户使用。

3.2.3　WPS 演示

1．WPS 演示主界面介绍

WPS 演示的主界面如图 3-39 所示，在窗口中间提示添加幻灯片，左侧增加大纲和幻灯片视图区，用于按不同方式显示已有幻灯片的缩略图或者显示幻灯片大纲，通过顶部按钮可以实现两种视图的切换。在上方的选项卡中，增加了"开发工具"和"会员专享"选项卡，其余与 PowerPoint 基本一致。

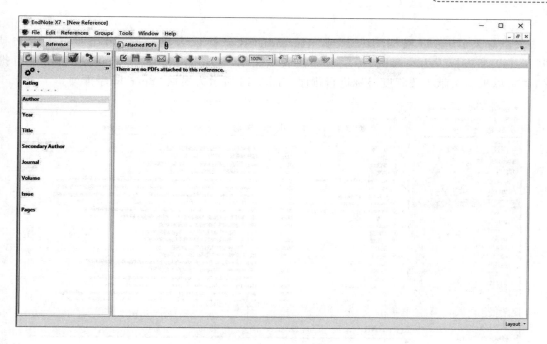

图 3-46 手动添加文献

3.3.3 文献数据库的管理

1. 添加文献信息

当导入文献后,部分信息如 PDF 文件、图片等可进一步添加。选中文献数据库中需要添加信息的文献,双击即可进入图 3-47 所示的界面,在空白处右击,在出现的快捷菜单中选择"File Attachments"或"Figure"命令,可以添加 PDF 全文或图片,便于日后查看阅读。

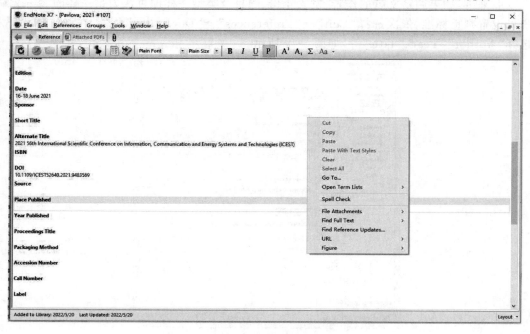

图 3-47 添加文献信息

2. 排序

文献导入后,可以根据"Read"或"Unread"(状态标识为实心圆、标题加粗表示文献"Unread";状态标识为空心圆、标题未加粗表示文献"Read")、Author、Year、Title 等进行排序,也可以根据文献重要程度星标进行排序。图 3-48 所示为根据"Year"降序排列。

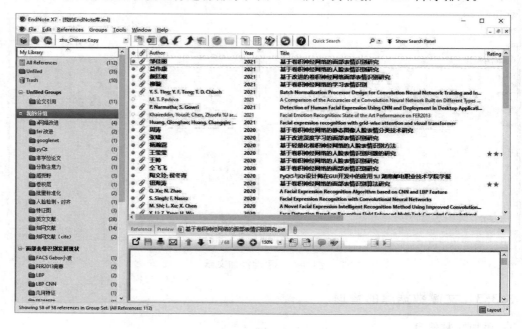

图 3-48　按文献年份降序排列

3. 去重

（1）手动去重

一般来讲,如果两篇文献的作者、发表年份、题目及类型一样即可认为是一样的参考文献。用户可设置判重标准,依次选择"Edit"→"Preferences"→"Duplicates"命令,在弹出的对话框中选择"Author""Year""Title"等,如图 3-49 所示。

图 3-49　设置判重标准

设置完成判重标准,即可查找重复的文献。依次选择"References"→"Find Duplicates"命令,在弹出的对话框中会以双列显示重复的文献,如图 3-50 所示,然后选择保留哪一个,如果单击"Cancel"按钮则可返回到 EndNote,一次性删除重复的文献。

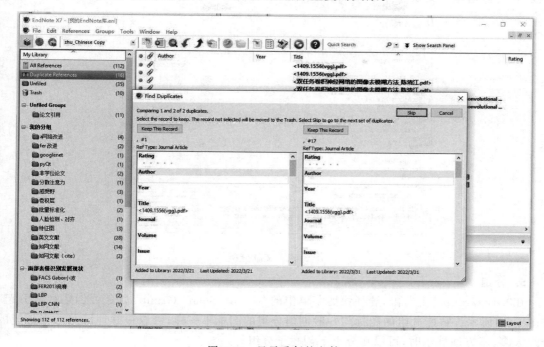

图 3-50 显示重复的文献

（2）自动去重

在 EndNote 主界面依次选择"Edit"→"Preferences"→"Duplicates"命令,打开图 3-51 所示的对话框,在"Automatically discard duplicates"选项前打钩,再单击"确定"按钮,EndNote 在查询文献或者导入文献时,就会自动把重复的文献丢弃。

图 3-51 自动去重

4. 文献分析

在 EndNote 中依次选择"Tools"→"Subject Bibliography"命令,可打开图 3-52 所示的对话框,可对数据库的文献进行分析,以便找出文章发表在哪些期刊、发表论文最多的作者等。

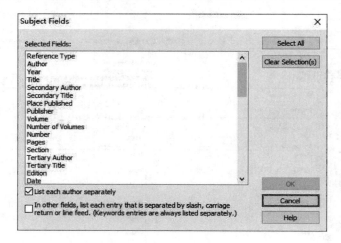

图 3-52　文献分析

5. 分组

在"My Groups"上右击,选择快捷菜单中的"Create Smart Group"命令可创建智能分组,如图 3-53 所示。智能分组的图标与一般创建分组的图标不一样,可以很好地区分。当创建的分组太多,不方便展示时,可以在分组下创建子分组。

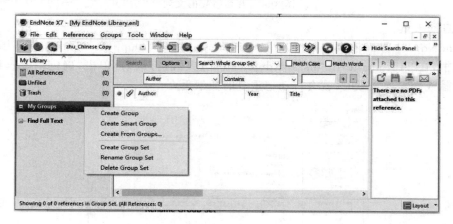

图 3-53　创建智能分组

6. 文献格式的选择与修改

EndNote 提供了约 500 种参考文献格式,供用户选择使用。在 EndNote 中依次选择 "Edit"→"Output Styles"→"Open Style Manager…"命令,即可打开 EndNote Styles 窗口,根据需要选择使用。

若未能找到完全符合要求的文献格式,可对任一类似文献格式进行修改。例如,当前使用的格式名称为"Annotated",在 EndNote 中,依次选择"Edit"→"Output Styles"→"Edit Annotated"命令,即可进入该格式的修改窗口。

3.3.4 EndNote 在文章中的使用

当 EndNote 安装完成后,可在 Word 或 WPS 文字软件主界面上方找到对应的选项卡。结合 EndNote,可在文章中灵活管理各种文献。

1. 引用参考文献

将光标定位到待插入参考文献的位置,返回到 EndNote 中,选择待插入的参考文献并单击工具栏中"Insert Citation"命令对应的图标,即可完成参考文献的插入。也可在 Word 或 WPS 文字的"EndNote X7"选项卡中,找到"Insert Citation"命令实现文献的插入。

2. 批量修改文章中引用的格式

若文章中使用的参考文献格式需要修改,可在"EndNote X7"选项卡中找到"Style"下拉列表框,从中选择新的文献格式。

3. 中英文混排

在写作学位论文或科技论文时,根据 GB/T 7714—2005 的要求,3 人以上作者可只录入前 3 人,中文后加",等",外文后加",et al"。使用 EndNote 处理英文文献时,能够满足上述要求。而对于中文文献,由于使用的文献类型和英文文献一样,同为"Journal Article"类型,因此在中文文献中当作者为 3 人以上时也出现后面加",et al"的情况。为此,需要将中英文文献分别设置。

(1)建立"中文文献"类型

打开 EndNote,依次选择"Edit"→"Preferences"→"Reference Types"命令,在"Default Reference Type"下拉列表框中选择"Unused 1",如图 3-54 所示。

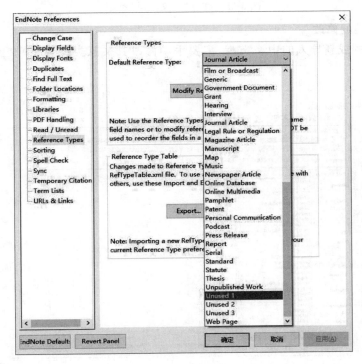

图 3-54 Unused 1 类型的选择

单击"Modify Reference Types"按钮将弹出修改对话框,按图 3-55 所示修改对应内容,并单击"OK"按钮。

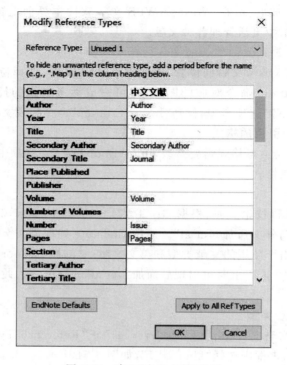

图 3-55 建立"中文文献"类型

（2）文献类型的修改

对已经导入的或新导入的中文文献,需要手动修改其文献类型为"中文文献",如图 3-56 所示。

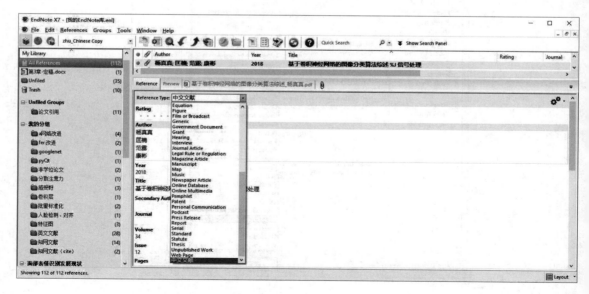

图 3-56 修改文献类型

（3）设置"Secondary Author"

选中要修改的中文文献，依次选择"Tools"→"Change/Move/Copy Fields"命令，按图 3-57 所示进行修改后单击"确定"按钮。

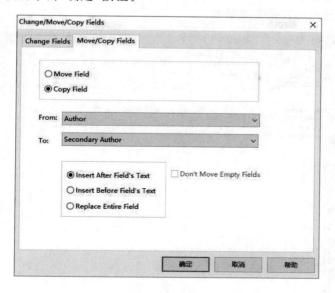

图 3-57 作者的复制

（4）新建文献 Style

在 EndNote 的菜单中依次选择"Edit"→"Output Styles"→"New Style…"命令，打开图 3-58 所示的对话框。选择左侧的"Citations"→"Templates"，单击中间的 Citation 输入框，在"Insert Field"中选择添加"Bibliography Number"，将其用方括号括起来，更改字体、字号，并设置上标。

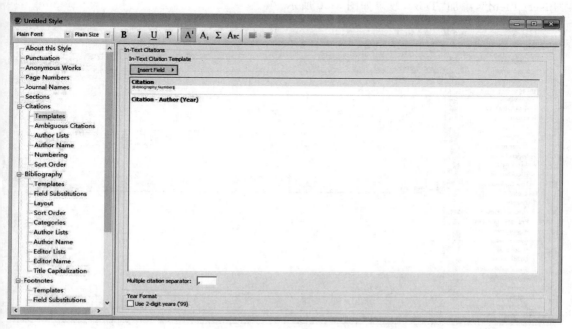

图 3-58 新建 Style

在图 3-58 中选择"Bibliography"→"Templates",单击"Reference Types"选择"Journal Article",单击右上方的"Insert Field",根据需求选择添加的顺序和格式。重复之前的步骤,单击"Reference Types"选择"中文文献",剩余操作类似。添加后的效果如图 3-59 所示,用户可根据自己的需要继续添加其他文献类型。

图 3-59　文献类型的添加

选择"Bibliography"→"Layout",选中"Start each reference with"窗口,单击右上方的"Insert Field",添加"Bibliography Number",用方括号括起来,更改字体、字号。再次单击"Insert Field",添加"Tab",效果如图 3-60 所示。

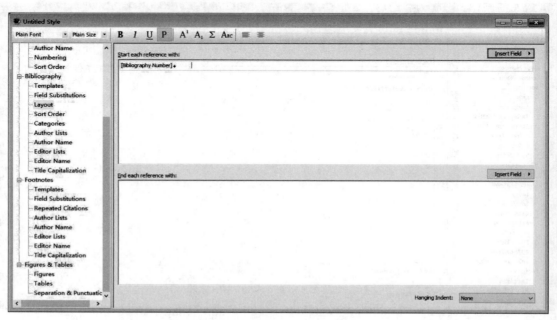

图 3-60　设置 Layout

选择"Bibliography"→"Author Lists"，按图 3-61 所示修改"Abbreviated Author List"选项。

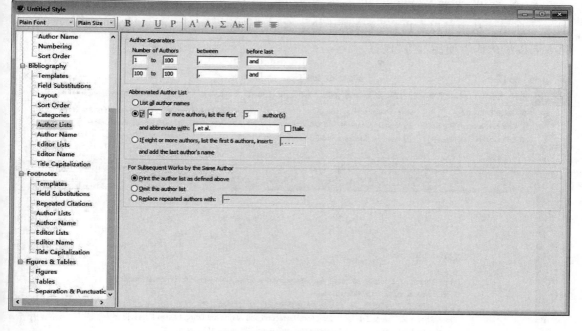

图 3-61　设置 Author Lists

选择"Bibliography"→"Editor Lists"，按图 3-62 所示修改"Editor Separators"和"Abbreviated Editor List"选项。

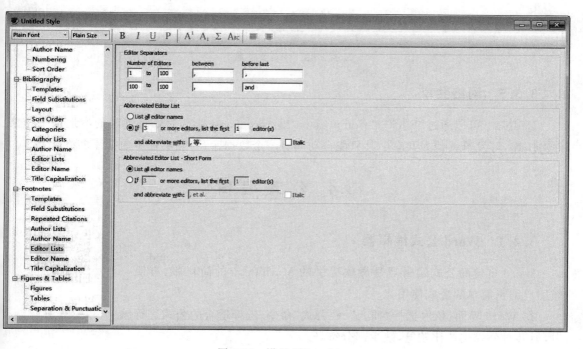

图 3-62　设置 Editor Lists

关闭保存该 Style 并命名为"Chinese-English"。

（5）在文章中使用新建立的文献 Style

在 Word 中，设置 EndNote 的 Style 为"Chinese-English"，并插入中英文文献，效果如图 3-63 所示。从中可以看出，英文文献中第 3 名以后的作者使用"，et al"代替，而中文文献中第 3 名以后的作者使用"，等"代替。

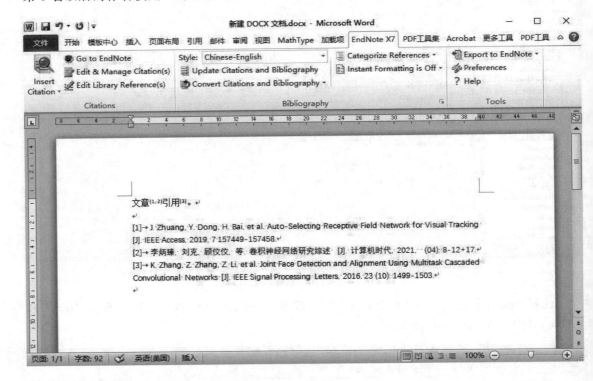

图 3-63　中英文文献

3.3.5　网络共享

EndNote 可以通过"File"→"Compressed Library（enlx）…"命令将创建的本地图书馆文件夹压缩，可发给其他人共享。其只能自动同步一个数据库，不能实现多数据库多终端共享。

3.4　公式编辑

3.4.1　Word 公式编辑器

Word 自带的公式编辑器是微软提供的 MathType 的简化版，方便一般用户编辑简单的公式使用。

Word 自带的公式编辑器

在 Word 界面，依次选择"插入"→"公式"命令，选择适合的公式进行编辑，但其对公式支持比较差，缺少部分符号。

3.4.2　MathType

1. 功能简介

MathType 是一款对公式支持友好，功能强大的公式编辑器，界面如图 3-64 所示，可以在各种文档中加入复杂的数学公式和符号，是编辑公式的得力工具。其可以独立使用，且对 Word 及 WPS 文字的支持也比较好。

MathType 支持"所见即所得"的工作模式，通过拖动鼠标的方式，可以方便地添加或移除符号、表达式等模板，还可以根据实际需要修改模板，编辑好的公式可以直接保存成多种图片格式，以供使用。

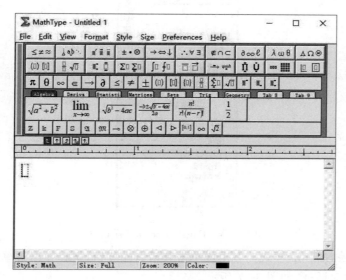

图 3-64　MathType 主界面

2. 嵌入 Word 2010

为了更方便地使用 MathType，在安装完成后可以将其嵌入 Word 中，随着 Word 一起启动。这里以 Word 2010 和 MathType 6.5 为例说明其配置过程。MathType 6.5 安装完成后，需要在其安装路径中找到下面的两个文件，其中，＜MathType 安装路径＞是指计算机上 MathType 6.5 的具体安装路径。

- ＜MathType 安装路径＞\MathPage\MathPage. wll
- ＜MathType 安装路径＞\Office support\MathType Commands 6 For Word. dotm

将上述两个文件复制到 Microsoft Office 2010 的安装路径下：＜Microsoft Office 安装路径＞\Office14\STARTUP\。这样，当 Word 启动后，就会在界面上方出现 MathType 选项卡，包括各种功能，如图 3-65 所示。

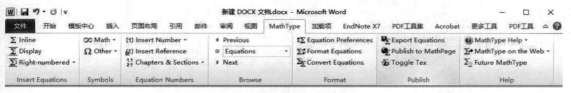

图 3-65　Word 中的 MathType 选项卡

3. 样式设置

当 MathType 成功嵌入 Word 中以后，需要根据章节号对公式进行编号。在执行"Insert Break…"命令后，为了将章节号隐藏，需要首先设置其对应的样式。单击"开始"选项卡"样式"功能区右下角的样式按钮，打开图 3-66 所示的样式设置对话框。

图 3-66　MTEquationSection 样式设置

在 MTEquationSection 样式上右击或单击其最右端按钮，选择弹出菜单中的"修改"命令，即可打开修改样式对话框，如图 3-67 所示。

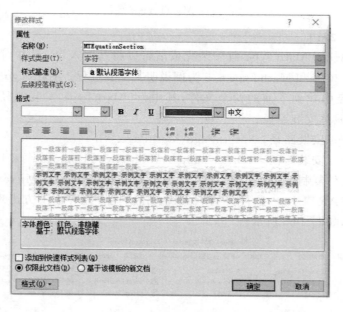

图 3-67　修改样式对话框

单击左下角的"格式"按钮并选择"字体"选项卡,在效果选项"隐藏"前打钩,如图 3-68 所示。

MathType 章节号的
隐藏效果

图 3-68　字体隐藏效果

这样,在插入章节号后可以实现章节号的隐藏效果。

4. 公式自动编号及引用

在文章标题设置完成后,可在其后面插入章节号,实现对该章使用公式的自动编号。

首先选中"Equation Numbers"功能区"Insert Number"下拉框中的"Format…"命令,打开图 3-69 所示的格式设置对话框,并勾选"Chapter Number",同时取消勾选"Section Number"。

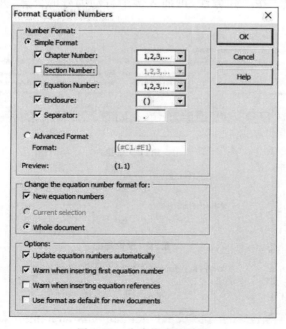

图 3-69　公式格式的设置

然后在图 3-70 所示的文章中，将光标定位在"第 1 章 绪论"后面，在"Equation Numbers"功能区"Chapters & Sections"下拉框中选中"Insert Break…"命令，打开编号设置对话框并按图 3-70 所示设置后，单击"OK"按钮。类似地，可在"第 2 章 理论基础"后面设置 Chapter Number 为 2。

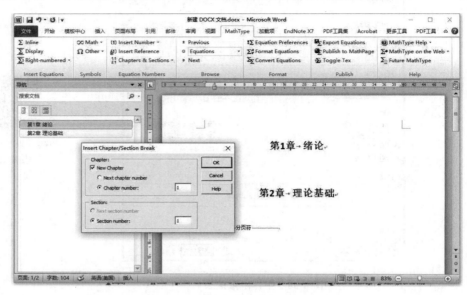

图 3-70　插入章节号

设置好编号后，会发现红色字体的章节号一闪即消失，这是因为前面设置了隐藏的效果。定位光标到目标位置，在"Insert Equations"功能区中选择执行"Right-numbered"命令，即可插入自动编号的公式。在需要引用公式的位置选择执行"Equation Numbers"功能区的"Insert Reference"命令，会出现"equation reference goes here"字样。然后，双击待插入的公式编号，即可将编号插入该位置。按上述方法，可插入多个自动编号的公式，并在需要的地方进行引用，效果如图 3-71 所示。

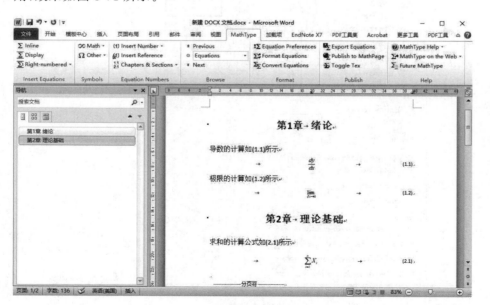

MathType 自动
编号公式的
插入与引用

图 3-71　自动编号公式的插入与引用

3.4.3　LaTeX

LaTeX 由美国计算机学家莱斯利·兰伯特在 20 世纪 80 年代初期开发,是一款免费易用的、功能全面和强大的、基于 TEX 的排版系统,它集成了所需的开发工具和许多 LaTeX 文档。LaTeX 可以轻松编写含有大量复杂公式的科学技术文档,是排版高质量文档的有力工具,非常适用于生成高印刷质量的科技类和数学类文档。

LaTeX 语法的一大优点是仅通过键盘输入各种标签和命令编辑符号和字符,就可以完成公式的编辑,大大提高了编辑效率。

常用的 LaTeX 公式编辑语法如下。

① _ 表示下标,^ 表示上标,{ } 表示一个整体。

② \${公式内容}\$ 表示行内公式,\$\${公式内容}\$\$ 表示该公式独占一行。

③ \frac{分子}{分母} 表示分式,\sqrt{表达式} 表示开平方,\sqrt[n]{表达式} 表示开 n 次方。

④ \int 表示积分符号,\iint 表示二重积分,\iiint 表示三重积分,oint 表示环路积分。

⑤ \boldsymol{表达式} 表示字体加粗,\rm 表示直立字体,\it 表示斜体。

⑥ \limits 命令可强制使上下标位于符号的正上方和正下方。

⑦ 普通字符在数学公式中含义一样,除了 ♯ \$ ％ & ～ ^ \{}。若要在数学环境中表示这些符号,需要分别在字符前加上 \。

例如:

指数:\exp_a b = a^b, \exp b = e^b 分别对应 $\exp_a b = a^b$,$\exp b = e^b$。

根号:\sqrt{2}, \sqrt[3]{\frac{x^3+y^3}{2}} 分别对应 $\sqrt{2}$,$\sqrt[3]{\dfrac{x^3+y^3}{2}}$。

3.4.4　AxMath

AxMath 界面如图 3-72 所示,右侧栏罗列了一些常用的公式,如麦克斯韦方程、欧拉公式、薛定谔方程等,可以直接拖拽使用。通过单击右侧栏的笔记键,可以查看历史输入公式,能够直接再次使用。在下方的编辑栏中,一些常用的符号排序罗列,单击符号就可以键入公式。AxMath 也提供了单独的 LaTeX 语法脚本编辑器,在公式编辑区中可采用 LaTeX 语法来输入数学符号。

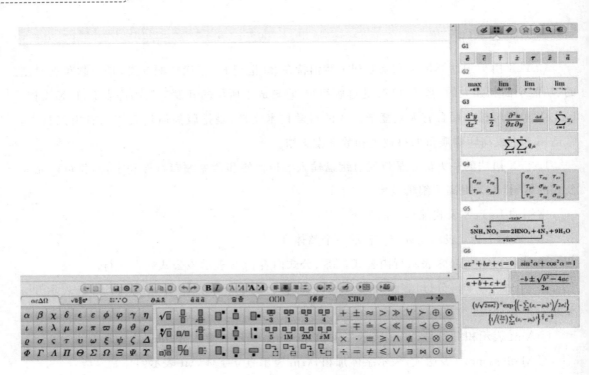

图 3-72　AxMath 界面

3.4.5　MathPix

MathPix 是一款可以运行在主流平台上的公式提取软件,其底层使用机器学习算法进行识别,准确率相当高。可以通过图片,直接快速且准确地识别出里面的复杂公式,并将公式自动转化为 LaTeX 代码表达式,只需要简单地修改就可以将公式直接插入 LaTeX 或 Word 中。而且 MathPix 可以识别手写的公式,其界面如图 3-73 所示。

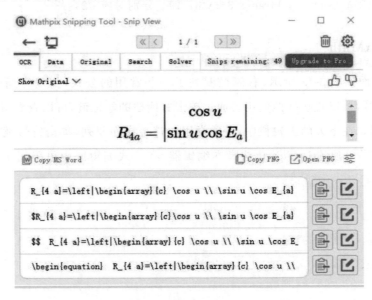

图 3-73　MathPix 界面

习 题 3

1. 简述 Microsoft Office 都有哪些组件，它们各自的作用是什么。

2. 按下述要求完成练习，达到图 3-74 所示的效果。

Word 文档分栏及
添加分隔线

（1）新建 Word 文档，输入标题和三段正文文字。

（2）将标题设置为小三号字、黑体、居中对齐、2 倍行距。

（3）将正文设置为五号字、宋体、1.5 倍行距、首行缩进 2 字符。

（4）插入一张图片，将图片设置为合适大小、嵌入式、居中。

（5）为图片插入题注，标签为"图"。

（6）将第三段分为两栏，并添加分隔线。

传感器

人们为了从外界获取信息，必须借助于感觉器官。而单靠人们自身的感觉器官，在研究自然现象和规律以及生产活动中就远远不够了。为适应这种情况，就需要传感器。因此可以说，传感器是人类五官的延长，又称之为电五官。图 1 所示为一种无线压力传感器。

新技术革命的到来，世界开始进入信息时代。在利用信息的过程中，首先要解决的就是要获取准确可靠的信息，而传感器是获取自然和生产领域中信息的主要途径与手段。

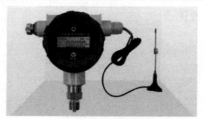

图 1 无线压力传感器

在基础学科研究中，传感器更具有突出的地位。现代科学技术的发展，进入了许多新领域，这些领域的研究，要获取大量人类感官无法直接获取的信息，没有相适应的传感器是不可能的。许多基础科学研究的障碍，首先就在于对象信息的获取存在困难，而一些新机理和高灵敏度的检测传感器的出现，往往会导致该领域内的突破。一些传感器的发展，往往是一些边缘学科开发的先驱。

图 3-74 Word 实操效果图

3. 建立一个 Word 文档，满足下述要求。

（1）至少有三章内容，每章要求至少有两个小节，章节的名称自定。

（2）在各小节中添加适当文字、图和表等内容，为图和表添加题注并进行交叉引用。其中，表格的框线设置为三线表格式。

（3）在首页插入目录，并采用罗马数字格式设置目录的页码。

（4）自定义一个封面，要求封面页无页码。

4. 利用图 3-25 所示的数据，将平均分利用 AVERAGE 函数进行计算，并将姓名列和科目行添加浅灰色底纹。

5. 利用图 3-26 所示的数据，建立折线图。要求水平坐标轴为学号，垂直坐标轴为学分绩。

6. 什么是演示文稿？一个完整的演示文稿通常包含哪些元素？

7. 幻灯片有哪些常用的制作技巧？

8. 请以"我的大学"为主题建立一个完整的演示文稿，要求至少 10 页，包括封面、目录等元素，并自行设计各种动画效果。

9. 查阅资料，了解和操作宏。

10. 简述 WPS 的组件及其作用。

11. 探索 WPS 特色功能的使用。

12. 请使用 WPS 相应软件完成前面的第 2、3、4、5、8 题。

13. 在 EndNote 中建立一个以"学号姓名"格式（如 123 张三）命名的文献数据库，并向其中导入 10 条文献，至少分 3 组。

14. 建立一个 Word 文档，添加一段文字并利用 EndNote 为其插入第 13 题建立的 10 条参考文献。

15. 在 EndNote 中自己建立一个文献 Style（名称自定），能够实现中英文混排时，中文文献作者名在第 3 名后面的使用"，等"代替，英文文献作者名在第 3 名后面的使用"，et al"代替。建立一个 Word 文档，插入 5 条中英文参考文献，满足上述的要求。

16. 使用 MathType 在 Word 中插入可以自动编号的 3 个公式，公式具体形式自选，并在不同的位置进行引用。

17. 简述各类公式编辑器的优点。

第 4 章　MatLab 基础

　　自 20 世纪 80 年代以来,出现了科学计算软件,亦称数学软件,比较流行的有 MatLab、Mathematica、Mathcad、Maple 等。目前流行的几种科学计算软件各有特点,而且都在不断发展,新的版本不断涌现,但其中影响最大、流行最广的当属 MatLab 软件。本章将主要介绍 MatLab 的使用环境、数值计算方法以及 MatLab 图形绘制的基本应用等。

4.1　MatLab 操作基础

4.1.1　MatLab 概述

　　MatLab 是 Matrix Laboratory(矩阵实验室)的缩写,它的产生是与数学计算紧密联系在一起的。1980 年,美国新墨西哥州大学数学与计算机科学教授 Cleve Moler 为了解决线性方程和特征值问题,和他的同事开发了 Linpack 和 Eispack 的 Fortran 子程序库,后来又编写了接口程序并取名为 MatLab,从此开始应用于数学界,这便是 MatLab 的雏形。

　　经过数十年的发展和完善,MatLab 已经成为一个包含众多工程计算与仿真功能的庞大系统。MatLab 是一个交互式开发系统,其基本数据要素是矩阵。其数据类型丰富,语法规则简单,面向对象的功能突出,更适合于专业科技人员的思维方式和书写习惯。它采用解释方式工作,编写程序和运行同步,键入程序立即得到结果,因此人机交互更加简洁和智能化。而且 MatLab 可适用于多种平台,随着计算机软、硬件的不断更新而及时升级,使得编程和调试效率大大提高。

　　目前,MatLab 已经成为应用代数、自动控制理论、数理统计、数字信号处理、动态系统仿真和金融等专业的基本数学工具,各国的高等学校也纷纷将 MatLab 正式列入本科生和研究生课程的教学计划中,MatLab 成为学生必须掌握的基本软件之一。MatLab 在大学比赛中很重要,经常作为大学生数据建模竞赛的重要工作软件。在研究设计单位和工厂企业中,MatLab 也成为工程师们必须掌握的一种工具。本章内容以 MatLab R2010a 为平台进行介绍。

4.1.2　MatLab 的系统结构

　　MatLab 系统由 MatLab 开发环境、MatLab 语言、MatLab 数学函数库、MatLab 图形处理系统和 MatLab 应用程序接口(Application Program Interface,API)五大部分组成,其基本功能如下所述。

　　① MatLab 开发环境是一个集成的工作环境,包括 MatLab 命令窗口、文件编辑调试器、工作空间、数组编辑器和在线帮助文档等。

　　② MatLab 语言具有程序流程控制、函数、数据结构、输入输出和面向对象的编程特点,是

基于矩阵/数组的语言。

③ MatLab 数学函数库包含大量的计算算法,包括基本函数、矩阵运算和复杂算法等。

④ MatLab 图形处理系统能够将二维和三维数组的数据用图形表示出来,并可以实现图像处理、动画显示和表达式作图等功能。

⑤ MatLab 应用程序接口使 MatLab 语言能与 C 或 Fortran 等其他编程语言进行交互。

4.1.3 MatLab 的开发环境

MatLab R2010a 的用户界面集成了一系列方便用户的开发工具,大多采用图形用户界面,操作更加方便。打开 MatLab 后,MatLab 的用户界面如图 4-1 所示,主要由菜单、工具栏、当前工作目录窗口、工作空间管理窗口、历史命令窗口和命令窗口等组成。

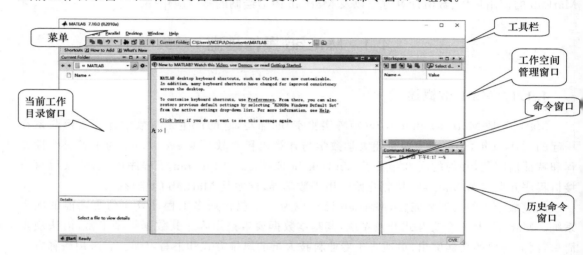

图 4-1　MatLab 的用户界面

进行 MatLab 操作的主要窗口是命令窗口,可以把命令窗口看成是"草稿本",在命令窗口中输入 MatLab 的命令和数据后按 Enter 键,立即执行运算并显示结果。在命令窗口上,语句形式为

>>变量 = 表达式;

说明:命令窗口中的每个命令行前都会出现提示符">>",没有">>"符号的行则是显示的结果。

【例 4-1】　在命令窗口中输入如下内容,并查看其显示结果,如图 4-2 所示。

命令窗口内不同的命令采用不同的颜色,默认输入的命令、表达式以及计算结果等采用黑色,字符串采用赭红色,关键字采用蓝色,注释采用绿色。在例 4-1 中,变量 a 为数值,变量 b 为字符串,变量 c 为逻辑 true,命令行中的"if""end"为关键字,"%"后面的为注释。

在命令窗口中如果输入命令或函数的开头一个或几个字母,按 Tab 键则会出现以该字母开头的所有命令函数列表。例如,当输入"end"命令的开头字母"e",然后按 Tab 键时的显示如图 4-3 所示。注意,该窗口通过单击图 4-2 所示命令窗口右上角的 ↗ 按钮会单独显示,或者直接拖动命令窗口离开工作界面也会将该窗口单独显示。若要返回到工作界面中,可以单击图 4-3 右上角的 ↘ 按钮或选择"Desktop"→"Dock Command Window"命令。

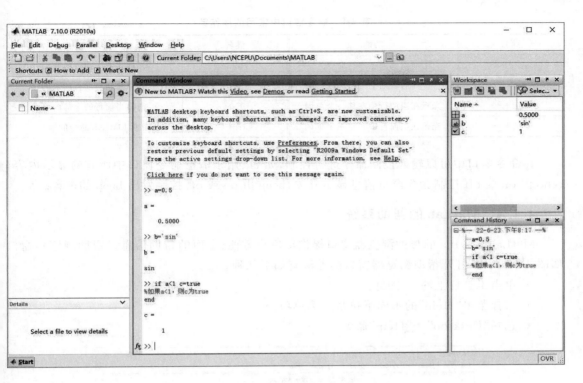

图 4-2　命令窗口的使用

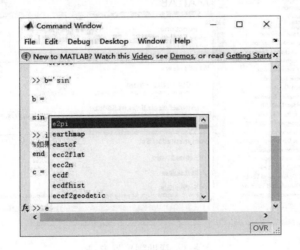

图 4-3　命令窗口的命令提示

命令行后面的分号(;)省略时显示运行结果,否则不显示运行结果。

当一行命令过长时,可以采用续行号(…)把后面的行与该行连接以构成一个命令。例如:

```
if a<1 …
c = true   % 两行为一个命令
```

在命令窗口中不仅可以对输入的命令进行编辑和运行,还可以使用编辑键和组合键对已经输入的命令进行回调、编辑和重运行,常用的操作键如表 4-1 所示。

表 4-1　命令窗口中常用的操作键

键名	功能	键名	功能
↑	向前调回上一行命令	Home	光标移到当前行的开头
↓	向后调回上一行命令	End	光标移到当前行的末尾
Ctrl+←	光标在当前行中左移一个单词	Esc	清除当前行的全部内容
Ctrl+→	光标在当前行中右移一个单词	Ctrl+C	中断 MatLab 命令的运行

在命令窗口中可以输入控制命令进行控制，如 clc 用于清空命令窗口中所有的显示内容，echo 由 on 或 off 控制命令窗口信息显示开关，beep 由 on 或 off 控制发出 beep 的声音。

4.1.4　MatLab 的帮助系统

MatLab R2010a 的帮助浏览器窗口提供给用户方便、全面的帮助信息。帮助浏览器窗口如图 4-4 所示。打开帮助浏览器窗口的方法有如下几种。

* 单击工具栏上的 图标。
* 选择菜单"Help"的不同下拉帮助菜单项。
* 选择"Desktop"→"Help"命令。

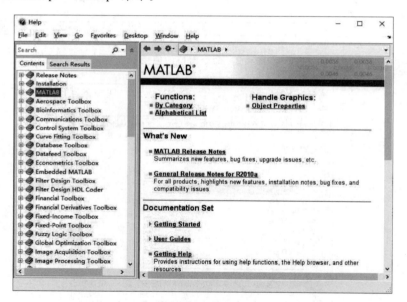

图 4-4　帮助浏览器窗口

在图 4-4 中可以通过帮助主题（Contents）和搜索结果（Search Results）面板来查找帮助信息。

* Contents 面板为可展开的树形结构，向用户提供全方位系统帮助的向导图，当单击左边的目录条，则在右边的帮助浏览器中就会显示相应的 HTML 帮助文件。展开"+"符号，则会打开下一级目录内容，包括"Getting Started""User's Guide""Functions""Examples""Demos"和"Release Notes"。其中，"Demos"中为相关内容提供了视频演示的功能。用户可进一步展开各级目录上的"+"符号，查看更多内容。
* Search Results 面板是根据搜索框中的关键词来查找全文中与之匹配的章节条目，并

在该面板中显示相关的内容。用户根据显示的内容，可进一步单击以便在右侧显示更多详细内容。

4.2　MatLab 数值计算

4.2.1　基本概念

1. 变量与赋值

系统的变量命名规则：变量名以字母开头，后接字母、数字或下划线的字符序列，最多 65 个字符。在 MatLab 中，变量名区分字母的大小写。

变量的赋值格式：变量＝表达式。其中，表达式是用运算符将有关的运算量连接起来的式子，其结果是一个矩阵。

【例 4-2】 计算表达式的值，并显示计算结果。

在 MatLab 的命令窗口中输入如下命令：

```
x = 1 + 2i;
y = 3 - sqrt(17);
z = (cos(abs(x + y)) - sin(78 * pi/180))/(x + abs(y))
```

其中，pi 和 i 都是 MatLab 中预先定义的变量，分别代表圆周率 π 和虚数单位。输出结果为

```
z =
    - 0.3488 + 0.3286i
```

2. 预定义变量

在 MatLab 工作空间中，系统内部预先定义了几个有特殊意义和用途的变量，这些变量称为预定义变量。在使用时，应尽量避免对这些变量重新赋值，表 4-2 列举了常用的预定义变量及其含义。

表 4-2　常用的预定义变量及其含义

特殊的变量、常量	含义	特殊的变量、常量	含义
ans	用于结果的缺省变量名	i、j	虚数单位：$i=j=\sqrt{-1}$
pi	圆周率 π 的近似值（3.141 6）	nargin	函数输入参数个数
eps	数学中无穷小（epsilon）的近似值（2.2204e−016）	nargout	函数输出参数个数
inf	无穷大，如 1/0＝inf(infinity)	realmax	最大正实数
NaN	非数，如 0/0＝NaN(Not a Number)，inf/inf＝NaN	realmin	最小正实数

3. 常用数学函数

MatLab 提供了许多数学函数，函数的自变量规定为矩阵，运算法则是将函数逐项作用于矩阵的元素上，因而运算的结果是一个与自变量同维数的矩阵。函数的使用说明如下。

① 三角函数以弧度为单位计算。

② abs 函数可以求实数的绝对值、复数的模、字符串的 ASCII 码值。

③ 用于取整的函数有 fix、floor、ceil、round，要注意它们的区别。

④ rem 与 mod 函数的区别。rem(x,y)和 mod(x,y)要求 x、y 必须为相同大小的实矩阵、标量或向量。若 x 与 y 同号,两者的结果相同,否则,rem(x,y)的结果与 x 同号,mod(x,y)的结果与 y 同号。

常见的数学函数如表 4-3 所示。

表 4-3　常见的数学函数

函数名	功能	函数名	功能
abs(x)	求实数的绝对值或复数的模	exp(x)	指数函数 e^x
sin(x)	正弦函数 $\sin x$	fix(x)	对 x 朝原点方向取整
cos(x)	余弦函数 $\cos x$	floor(x)	对 x 朝 $-\infty$ 方向取整
tan(x)	正切函数 $\tan x$	round(x)	对 x 四舍五入到最接近的整数
sqrt(x)	求实数 x 的平方根	ceil(x)	对 x 朝 $+\infty$ 方向取整
log(x)	自然对数(以 e 为底数)	gcd(m,n)	求正整数 m 和 n 的最大公约数
$\log_{10}(x)$	常用对数(以 10 为底数)	lcm(m,n)	求正整数 m 和 n 的最小公倍数

如在命令窗口输入 x=[-4.85 -2 3 -0.2 1.3 3.67 8.78],则有

```
fix(x)   =     -4    -2    3     0    1    3    8
ceil(x)  =     -4    -2    3     0    2    4    9
floor(x) =     -5    -2    3    -1    1    3    8
round(x) =     -5    -2    3     0    1    4    9
```

更多的函数用法可以通过帮助系统获得。

4. 数据的输出格式

MatLab 用十进制表示一个常数,具体可以采用日常记数法和科学记数法两种表示方法。在一般情况下,MatLab 内部每一个数据元素都是用双精度数来表示和存储的。数据输出时用户可以用 format 命令设置或改变数据的输出格式。format 命令的格式为

format 格式符

其中,格式符决定数据的输出格式,常用的格式符及其含义如表 4-4 所示。注意,format 命令只影响数据的输出格式,而不影响数据的计算和存储。

表 4-4　常用的格式符及其含义

格式符	含义	格式符	含义
short	输出小数点后 4 位,最多不超过 7 位有效数字。对于大于 1 000 的实数,用 5 位有效数字的科学记数形式输出	rat	近似有理数表示
long	15 位有效数字形式输出	hex	十六进制表示
short e	5 位有效数字的科学记数形式输出	+	正数、负数、零分别用+、-、空格表示
long e	15 位有效数字的科学记数形式输出	bank	银行格式,圆、角、分表示
short g	从 short 和 short e 中自动选择最佳输出方式	compact	输出变量没有空行
long g	从 long 和 long e 中自动选择最佳输出方式	loose	输出变量有空行

4.2.2　基本运算

在 MatLab 的运算中,经常要使用标量、向量、矩阵和数组,这几个名称的定义如下。

① 标量(scalar):1×1 的矩阵,即只含一个数的矩阵。

② 向量(vector):$1 \times n$ 或 $n \times 1$ 的矩阵,即只有一行或者一列的矩阵。

③ 矩阵(matrix):一个矩形的 $m \times n$ 数组,即二维数组。向量和标量都是矩阵的特例,0×0 矩阵为空矩阵($[\ ]$)。

④ 数组(array):n 维的数组,即 $m \times n \times k \times \cdots$,为矩阵的延伸。矩阵和向量都是数组的特例,向量可以看作一维数组,矩阵相当于二维数组。

在 MatLab 中创建矩阵应遵循以下基本常规。

- 矩阵元素应用方括号($[\ ]$)括住。
- 每行内的元素间用逗号(,)或空格隔开。
- 行与行之间用分号(;)或 Enter 键隔开。
- 元素可以是数值或表达式。

1. 向量的生成

向量包括行向量(row vector)和列向量(column vector),即 $1 \times n$ 或 $n \times 1$ 的矩阵,也可以看作在某个方向(行或列)上为 1 的特殊矩阵。创建向量主要有以下几种方法。

(1) 直接输入法

在命令提示符之后直接输入一个向量,其格式为向量名$=[x1\ x2\ x3\ \cdots]$或者向量名$=[x1,x2,x3,\cdots]$。

【例 4-3】　直接输入法举例。

```
>> x = [1 3 pi 3 + 5i], y = [1, 3, pi, 3 + 5i], z = [1; 3; pi; 3 + 5i]
x =
    1.0000          3.0000          3.1416          3.0000 + 5.0000i
y =
    1.0000          3.0000          3.1416          3.0000 + 5.0000i
z =

    1.0000
    3.0000
    3.1416
    3.0000 + 5.0000i
```

(2) 冒号生成法

使用 from:step:to 方式生成向量。from、step 和 to 分别表示开始值、步长和结束值。当 step 省略时,则默认 step=1;当 step 省略或 step>0 而 from>to 时为空矩阵,当 step<0 而 from<to 时也为空矩阵。

【例 4-4】　冒号生成法举例。

```
>> a = 1:2:10
a =
    1    3    5    7    9
```

```
>> b = 1: - 2:10
b =
   Empty matrix: 1 - by - 0
>> c = 10: - 2:1
c =
    10    8    6    4    2
>> d = 1:2:1
d =
    1
>> e = 1:5
e =
    1    2    3    4    5
```

（3）函数生成法

使用 linspace 和 logspace 函数也可以生成向量。与冒号生成法不同,linspace 和 logspace 函数直接给出元素的个数。其中,linspace 用来生成线性等分向量,logspace 用来生成对数等分向量,命令格式分别为 linspace(a,b,n) 和 logspace(a,b,n)。

参数 a、b、n 分别表示开始值、结束值和元素的个数。linspace 函数生成从 a 到 b 之间线性分布的 n 个元素的行向量,n 如果省略则默认值为 100。logspace 函数生成从 10^a 到 10^b 之间按对数等分的 n 个元素的行向量,n 如果省略则默认值为 50。

【例 4-5】 函数生成法举例。

```
>> x = linspace(0,3,10)    % 将 0~3 分成 10 份,每份间隔为 (3 - 0)/(10 - 1) = 1/3 = 0.3333
x =
        0    0.3333    0.6667    1.0000    1.3333    1.6667    2.0000    2.3333
2.6667    3.0000
>> y = logspace ( - 2,2,5)    % 从 0.01~100 分成 5 份,每份间隔的对数值为 (2 - ( - 2))/(5 - 1) = 1
y =
    0.0100    0.1000    1.0000    10.0000    100.0000
```

其中,y 是等比数列,每份间隔为 10^1 即 10。

2. 矩阵的生成

创建矩阵常用的主要有以下几种方法。

（1）直接输入法

从键盘上直接输入矩阵是最方便、最常用的创建数值矩阵的方法,尤其适合较小的简单矩阵。

【例 4-6】 创建一个简单数值矩阵。

```
>> a = [1 2 3;1 1 1;4 5 6]
a =
    1    2    3
    1    1    1
    4    5    6
```

【例 4-7】 创建一个带有运算表达式的矩阵。

```
>> b = [sin(pi/3), cos(pi/4);log(9),tan(6)];
```

此时,矩阵已经建立并存储在内存中,只是没有显示在屏幕上而已,若用户想要查看此矩阵,只需要键入矩阵名即可。

（2）利用 MatLab 函数创建矩阵

MatLab 提供了很多能够产生特殊矩阵的函数,各函数的功能如表 4-5 所示。

表 4-5　常用工具矩阵的生成函数

函数名	功能	输入	结果		
zeros(m,n)	产生 $m \times n$ 的全 0 矩阵	zeros(2,3)	ans = 0　　0　　0 0　　0　　0		
ones(m,n)	产生 $m \times n$ 的全 1 矩阵	ones(2,3)	ans = 1　　1　　1 1　　1　　1		
rand(m,n)	产生均匀分布的随机矩阵,元素取值为 0.0～1.0	rand(2,3)	ans = 0.9501　0.6068　0.8913 0.2311　0.4860　0.7621		
randn(m,n)	产生正态分布的随机矩阵	randn(2,3)	ans = −0.4326　0.1253　−1.1465 −1.6656　0.2877　1.1909		
magic(n)	产生 n 阶魔方矩阵〔矩阵的行、列和对角线上元素的和相等,值等于$(n^3+n)/2$〕	magic(3)	ans = 8　　1　　6 3　　5　　7 4　　9　　2		
eye(m,n)	产生 $m \times n$ 的单位矩阵	eye(3)	ans = 1　　0　　0 0　　1　　0 0　　0　　1		

注意,当 zeros、ones、rand、randn 和 eye 函数只有一个参数 n 时,则生成 $n \times n$ 的方阵。若 eye(m,n)中的 m 和 n 参数不相等,则单位矩阵会出现全 0 行或全 0 列。

【例 4-8】　查看 eye 函数的功能。

```
>> x1 = eye(2,3)
x1 =
     1     0     0
     0     1     0
>> x2 = eye(3,2)
x2 =
     1     0
     0     1
     0     0
```

（3）变形函数法

变形函数法主要是通过 reshape 函数把指定的矩阵改变形状,但是元素个数不变,其使用格式为 reshape(A,m,n),其含义为将矩阵 **A** 变形为一个 m 行、n 列的新矩阵。

【例 4-9】 变形函数应用举例。

```
>> A = [1:6]
A =
     1     2     3     4     5     6
>> B = reshape(A,2,3)
B =
     1     3     5
     2     4     6
>> C = reshape(A,3,2)
C =
     1     4
     2     5
     3     6
```

读者请仔细观察新矩阵的排列方式,从中体会矩阵元素的存储次序。

3. 矩阵元素及操作

在 MatLab 中,矩阵除了以矩阵名为单位整体引用外,还可能涉及对矩阵元素的引用操作,所以如何对矩阵元素进行表示也是一个必须掌握的技能。

(1) 矩阵的下标

矩阵中的元素可以使用全下标方式和单下标方式表示。

① 全下标方式:即由行下标和列下标表示,一个 $m \times n$ 的矩阵 a 的第 i 行第 j 列的元素表示为 a(i,j)。如果在提取矩阵元素时,矩阵元素的行下标或列下标(i,j)大于矩阵的大小(m,n),则 MatLab 会提示出错。

② 单下标方式:即采用矩阵元素的序号来引用矩阵元素,矩阵元素的序号就是相应元素在内存中的排列顺序。在 MatLab 中,矩阵元素按列存储,就是选择所有列按先左后右的次序连接成"一维长列",然后对元素位置进行编号。

【例 4-10】 元素引用方式举例。

```
>> a = [1 2 3 ;4 5 6]
a =
     1     2     3
     4     5     6
>> a(1,1)              % 全下标方式
ans =
     1
>> a(2,3)              % 全下标方式
ans =
     6
>> a(3,1)              % 全下标方式
??? Index exceeds matrix dimensions.
>> a(2,1)              % 全下标方式
ans =
     4
```

```
>> a(2)              %单下标方式
ans =
     4
>> a(1,2)            %全下标方式
ans =
     2
>> a(3)              %单下标方式
ans =
     2
```

读者可以从例 4-10 中看到,同一个元素有两种不同的表示方式。例如,元素 2 可以表示为 a(1,2)和 a(3)。

（2）子矩阵的产生

子矩阵是从对应矩阵中取出一部分元素构成的,可用全下标和单下标方式取子矩阵。

【例 4-11】　用全下标方式产生子矩阵举例。

```
>> a = [1 2 3; 4 5 6; 7 8 9]
a =
     1     2     3
     4     5     6
     7     8     9
>> a([1 3], [2 3])    %取行数为1、3,列数为2、3的元素构成子矩阵
ans =
     2     3
     8     9
>> a(1:3, 2:3)        %取1～3行,列数为2、3的元素构成子矩阵,"1:3"表示1、2、3行下标
ans =
     2     3
     5     6
     8     9
>> a(3,:)             %取行数为3,列数为1～3的元素构成子矩阵,":"表示所有行或列
ans =
     7     8     9
>> a(end,1:2)         %取第3行,1～2列中的元素构成子矩阵,end表示某一维数中的最大值,即3
ans =
     7     8
```

【例 4-12】　采用例 4-11 中的矩阵 a,取单下标为 1、3、2、5 的元素构成子矩阵。

```
>> a([1 3; 2 5])
ans =
     1     7
     4     5
```

（3）矩阵的赋值

对矩阵中的某一个或多个位置进行赋值,可采用全下标和单下标两种方式。

全下标方式常用的格式为 a(i,j)=b,若 b 为矩阵,给矩阵 a 的部分元素赋值,要求矩阵 b 的行列数必须等于矩阵 a 的行列数。在给矩阵元素赋值时,如果行或列(i,j)超出矩阵的大小(m,n),则 MatLab 自动扩充矩阵,扩充部分用 0 填充。

【例 4-13】 用全下标方式赋值举例。

```
>> clear all    % 清除所有变量
>> a(1:2,1:3) = [1 2 3;4 5 6]    % 给矩阵赋值
a =
     1     2     3
     4     5     6
>> a(2,2) = [0]    % 给第 2 行第 2 列元素赋 0 值
a =
     1     2     3
     4     0     6
>> a(3,1) = 9    % 给第 3 行第 1 列元素赋 9 值。行、列位置超出矩阵大小,自动用 0 扩充
a =
     1     2     3
     4     0     6
     9     0     0
>> a(3,1) = [8 7]    % a(3,1)的行列数和[8 7]的行列数不匹配,引起错误
??? Subscripted assignment dimension mismatch.
```

单下标方式赋值的格式为 a(s)=b。若 b 为向量,向量 b 的元素个数必须等于矩阵 a 的元素个数;若 b 为矩阵,则矩阵 b 的元素总数必须等于矩阵 a 的元素总数,但行列数不一定相等。

【例 4-14】 用单下标方式赋值举例(以例 4-13 中的矩阵 a 进行说明)。

```
>> a(1:2) = [7 9]    % 对第 1、2 个元素进行赋值
a =
     7     2     3
     9     0     6
     9     0     0
>> A = [1 2;3 4;5 6]
A =
     1     2
     3     4
     5     6
>> B = [1 2 3;4 5 6]
B =
     1     2     3
     4     5     6
>> A(:) = B    % 按单下标方式给 A 赋值
A =
     1     5
     4     3
     2     6
```

读者可以从 A 的元素变化中看到其赋值规律,是将 B 中的元素进行单下标方式排列后再按序号赋值给 A。

(4) 矩阵元素的删除

删除操作就是简单地将其赋值为空矩阵(用[]表示)。

【例 4-15】 矩阵元素的删除。

```
>> a=[1 9 8;3 4 2;6 7 5]
a =
     1     9     8
     3     4     2
     6     7     5
>> a(:,2)=[]        % 删除所有行的第 2 列元素,即第 2 列被删除
a =
     1     8
     3     2
     6     5
>> a(2:4)=[]        % 删除序号为 2、3、4 的元素,矩阵变为行向量
a =
     1     2     5
>> a=[]             % 删除所有元素,变为空矩阵
a =
     []
```

注意,在 MatLab 中给 X 赋空矩阵的语句为 X=[]。与 clear X 不同,clear X 是将 X 从工作空间中删除,而空矩阵则存在于工作空间中,只是维数为 0。

在对矩阵元素进行各种操作时,经常会用到各种表达方式,现进行总结如下。

- A(i,:):表示 **A** 矩阵第 i 行的全部元素。
- A(i,j):表示 **A** 矩阵第 i 行、第 j 列的元素。
- A(i:i+m,:):表示取 **A** 矩阵第 i~$i+m$ 行的全部元素。
- A(:,k:k+m):表示取 **A** 矩阵第 k~$k+m$ 列的全部元素。
- A(i:i+m,k:k+m):表示取 **A** 矩阵第 i~$i+m$ 行内的第 k~$k+m$ 列的全部元素。

4. 矩阵的运算

矩阵运算有明确而严格的数学规则,矩阵运算规则是按照线性代数运算法则进行定义的。

（1）矩阵运算的函数

矩阵运算函数及举例如表 4-6 所示。其中:

```
A =
     1     2     3
     4     5     6
     7     8     9
```

表 4-6 常用矩阵运算函数

函数名	功能	输入	结果
det(X)	计算方阵的行列式	det(A)	0
rank(X)	求矩阵的秩,得出行列式不为零的最大方阵边长	rank(A)	2
diag(X)	产生 **X** 矩阵的对角矩阵	diag(A)	1 5 9

函数名	功能	输入	结果		
triu(X)	产生 **X** 矩阵的上三角矩阵,其余元素补 0	triu(A)	1	2	3
			0	5	6
			0	0	9
tril(X)	产生 **X** 矩阵的下三角矩阵,其余元素补 0	tril(A)	1	0	0
			4	5	0
			7	8	9
flipud(X)	使 **X** 沿水平轴上下翻转	flipud(A)	7	8	9
			4	5	6
			1	2	3
fliplr(X)	使 **X** 沿垂直轴左右翻转	fliplr(A)	3	2	1
			6	5	4
			9	8	7
rot90(X,k)	使 **X** 逆时针旋转 $k \times 90°$,默认 k 取 1	rot90(A)	3	6	9
			2	5	8
			1	4	7

inv(X)	求矩阵 **X** 的逆阵 X^{-1},当方阵 **X** 的 det(X)≠0 时,逆阵 X^{-1} 才存在。**X** 与 X^{-1} 相乘为单位矩阵	inv(A)	Warning:Matrix is close to singular or badly scaled.
			
			Results may be inaccurate.
			RCOND = 2.203039e−018.
			ans =
			  1.0e+016 *
			  0.3152 −0.6304 0.3152
			  −0.6304 1.2609 −0.6304
			  0.3152 −0.6304 0.3152		

(2)矩阵的基本数学运算

矩阵的基本数学运算包括矩阵的四则运算、与常数的运算、逆运算、行列式运算、幂运算、指数运算、对数运算和开方运算等。

① 矩阵的加、减运算

矩阵的加、减运算使用"＋""－"运算符,格式与数字运算完全相同,但要求加、减的两矩阵是同阶的。如果参与运算的有一个是标量,则该标量与矩阵的每个元素进行运算。

【例 4-16】 矩阵的加运算举例。

```
>> a = [1 2 3;2 3 4;3 4 5];
>> b = ones(3);
>> c = a + b
c =
     2     3     4
     3     4     5
     4     5     6
>> d = a + 1
```

```
d =
     2     3     4
     3     4     5
     4     5     6
```

② 矩阵的乘法

矩阵的乘法使用运算符"＊"，要求相乘的双方有相邻公共维，即若 A 为 $i \times j$ 阶，则 B 必须为 $j \times k$ 阶，A 和 B 才可以相乘，除非其中一个是标量。

【例 4-17】 矩阵的乘运算举例。

```
>> a = [1 2 3;4 5 6];
>> b = [1 2;3 4;5 6];
>> c = a * b
c =
    22    28
    49    64
>> d = a * rot90(b)
??? Error using ==> mtimes
Inner matrix dimensions must agree.
```

③ 矩阵的除法

矩阵的除法可以有两种形式：左除"\"和右除"/"。左除即 A\B＝A^{-1}＊B，右除即 A/B＝A＊B^{-1}。其中：A^{-1}是矩阵的逆，可以用 inv(A) 求逆矩阵。

通常用矩阵的除法来求解方程组的解。对于方程组 $AX=B$，其中 A 是一个 $m \times n$ 阶的矩阵，行数 m 表示方程数，列数 n 表示未知数的个数，则：

• $m=n$，此方程组称为恰定方程，A 为方阵，A\B＝inv(A)＊B 为方程组的解。
• $m>n$，方程组是超定的，方程无解，此时 MatLab 给出的是最小二乘解，即该解的均方差是最小的。
• $m<n$，方程组是不定的，它有无穷个解，此时 MatLab 给出的是令 X 中的某个或某些元素为 0 的一个特殊解。

【例 4-18】 已知方程组 $\begin{cases} 2x_1 - x_2 + 3x_3 = 5 \\ 3x_1 + x_2 - 5x_3 = 5 \\ 4x_1 - x_2 + x_3 = 9 \end{cases}$，利用矩阵的除法求解。

解：将该方程组变换成 $AX=B$ 的形式，此时 $m=n$，且 A 可逆，有唯一解。其中 $A = \begin{bmatrix} 2 & -1 & 3 \\ 3 & 1 & -5 \\ 4 & -1 & 1 \end{bmatrix}, B = \begin{bmatrix} 5 \\ 5 \\ 9 \end{bmatrix}$。在 MatLab 的命令窗口中输入如下内容：

```
>> A = [2 -1 3;3 1 -5;4 -1 1];
>> B = [5;5;9];
>> X = A\B
X =
    2.0000
   -1.0000
    0.0000
```

此时，方程组的解为 $x_1=2$，$x_2=-1$，$x_3=0$。关于方程组是超定或不定的情况，读者可以参考其他相关书籍。

④ 矩阵的转置

A' 表示矩阵 A 的转置,对一般实矩阵而言,转置和共轭转置的效果没有区别。如果矩阵 A 为复数矩阵,则为共轭转置。

单纯的转置运算可以通过 transpose(A)实现,不论是实数矩阵还是复数矩阵,只实现转置而不转共轭变换。

【例 4-19】 矩阵的转置举例。

```
>> A = [1 2 3;4 5 6;7 8 9;]
A =
    1    2    3
    4    5    6
    7    8    9
>> B = eye(3);
>> C = A + B * i
C =
  1.0000 + 1.0000i  2.0000            3.0000
  4.0000            5.0000 + 1.0000i  6.0000
  7.0000            8.0000            9.0000 + 1.0000i
>> A'
ans =
    1    4    7
    2    5    8
    3    6    9
>> C'
ans =
  1.0000 - 1.0000i  4.0000            7.0000
  2.0000            5.0000 - 1.0000i  8.0000
  3.0000            6.0000            9.0000 - 1.0000i
>> transpose(C)
ans =
  1.0000 + 1.0000i  4.0000            7.0000
  2.0000            5.0000 + 1.0000i  8.0000
  3.0000            6.0000            9.0000 + 1.0000i
```

5. 数组的运算

数组运算又称为点运算,其加、减、乘、除、乘方运算都是对两个尺寸相同的数组进行元素对元素的运算。数组的加、减运算和矩阵的加、减运算完全相同,运算符也完全相同。而数组的乘、除、乘方、转置运算符号为矩阵的相应运算符前面加".",与之相对应的运算格式如下所示:

```
A. * B        % 数组 A 和数组 B 的对应元素相乘
A. /B         % 数组 A 除以数组 B 的对应元素
A. \B         % 数组 B 除以数组 A 的对应元素
A. ^B         % 数组 A 和数组 B 对应元素的乘方
A. '          % 数组 A 的转置
```

在数组的乘方运算中,如果 A 为数组,B 为标量,则计算结果为与 A 尺寸相同的数组,该数组是 A 的每个元素求 B 次方;如果 A 为标量,B 为数组,则计算结果为与 B 尺寸相同的数组,该数组是以 A 为底,以 B 的各元素为指数的幂值。

【例 4-20】 使用数组算术运算法则进行向量的运算。

```
>> t = 0:pi/3:2 * pi;   % t 为行向量
>> x = sin(t) * cos(t)
??? Error using = = > mtimes
Inner matrix dimensions must agree.
>> x = sin(t). * cos(t)
x =
     0    0.4330    − 0.4330    − 0.0000    0.4330    − 0.4330    − 0.0000
>> y = sin(t)./cos(t)
y =
     0    1.7321    − 1.7321    − 0.0000    1.7321    − 1.7321    − 0.0000
```

程序分析：sin(t)和 cos(t)都是行向量，因此必须使用". * "和". /"计算行向量中各元素的计算值。

4.3 MatLab 绘图基础

视觉是人们感受世界、认识自然的最重要依靠。数据可视化的目的在于：通过图形，从一堆杂乱的离散数据中观察数据间的内存关系，感受由图形所传递的内存本质。MatLab 除了有强大的矩阵处理功能之外，它的绘图功能也是相当强大的。随着版本的升级，MatLab 可以完成从简单的点、线、面的处理到二维图形、三维图形甚至四维图形的处理，同时可以实现图形着色、渲染及多视角等多项功能。

4.3.1 基本绘图命令 plot

使用 plot 命令进行二维图形的绘制是 MatLab 语言图形处理的基础，也是数值计算过程当中广泛应用的图形绘制方式之一，使用绘图命令 plot 绘制图形是件轻松而愉悦的事情。

【例 4-21】 绘制一个正弦波，如图 4-5 所示。
```
>> x = 0:0.1:10;
>> y = sin(x);
>> plot(x,y)    % 根据 x 和 y 绘制二维曲线图
```
程序分析：利用 plot 函数自动创建 Figure 1 图形窗口并显示绘制的图形，横坐标是 x，纵坐标是 y。

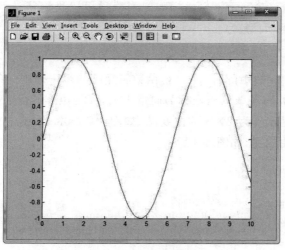

图 4-5　正弦波图

1. plot 的功能

① plot 命令自动打开一个图形窗口 Figure。

② 用直线连接相邻两数据点来绘制图形。

③ 根据图形坐标大小自动缩扩坐标轴,将数据标尺及单位标注自动加到两个坐标轴上。

④ 如果已经存在一个图形窗口,plot 命令则清除当前图形,绘制新图形。

⑤ 有多种绘图形式:可单窗口单子图绘图,可单窗口多子图绘图,可多窗口单子图分图绘图,可多窗口多子图绘图。

⑥ 可任意设定曲线颜色和线型。

⑦ 可给图形加坐标网线和给图形加注释。

2. plot 的调用格式

(1) plot(y)——默认自变量绘图格式

① 当 y 为向量,以 y 的元素值为纵坐标,以相应元素下标为横坐标绘图。

【**例 4-22**】 绘制以 y 为纵坐标的锯齿波,如图 4-6 所示。

\>\> y=[1 0 1 0 1 0];

\>\> plot(y)

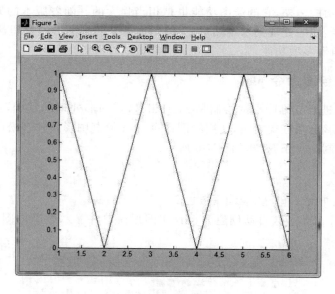

图 4-6 锯齿波图

② 当 y 为一个 $m \times n$ 的矩阵时,plot(y)函数将矩阵的每一列画一条线,共 n 条曲线,各曲线自动用不同颜色表示,每条线的横坐标为向量 $1:m$,m 是矩阵的行数。

【**例 4-23**】 绘制矩阵 y 为 2×3 的曲线图,如图 4-7 所示;绘制由 peaks 函数生成的一个 49×49 的二维矩阵的曲线图,如图 4-8 所示。

\>\> y=[1 2 3;4 5 6];

\>\> plot(y)

\>\> y1 = peaks;   % 产生一个 49 * 49 的矩阵

\>\> plot(y1)

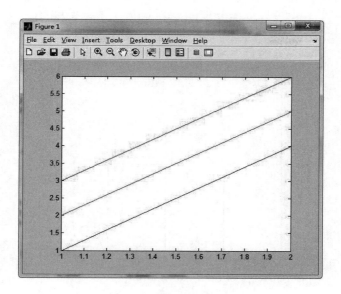

图 4-7　2×3 的曲线图

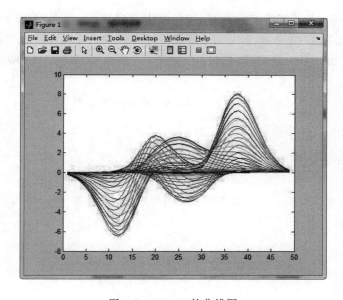

图 4-8　49×49 的曲线图

（2）plot(x,y)——基本格式

① 当参数 x 和 y 都是向量时，x、y 的长度必须相等，以 y(x) 的函数关系作出直角坐标图，图 4-5 所示的正弦波图就是这种。

【例 4-24】　绘制方波信号，如图 4-9 所示。

```
>> x = [ 0 1 1 2 2 3 3 4 4 ];
>> y = [ 1 1 0 0 1 1 0 0 1 ];
>> plot(x,y)
>> axis([ 0 4 0 2 ])    % 将坐标轴范围设定为 0~4 和 0~2
```

② 当 x 为向量，y 为 $m×n$ 矩阵时，要求 x 的长度与矩阵 y 的列数 n 或行数 m 必须相等，

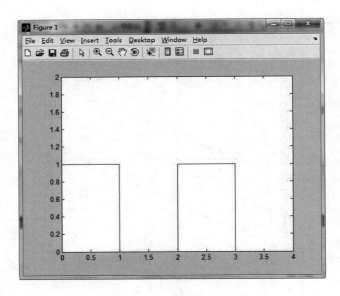

图 4-9 方波信号图

分 3 种情况讨论。若 x 的长度等于 m,向量 x 与 y 的每列向量画一条曲线;若 x 的长度等于 n,向量 x 与 y 的每行向量对应画一条曲线;若 y 为方阵,即 $m=n$,则向量 x 与 y 的每列向量画一条曲线。

【例 4-25】 已知 x 是向量,分别绘制 y1、y2 和 y3 的曲线,如图 4-10 所示。

```
>> x = 0:3;
>> y1 = [x;2 * x]            % y1 的行长度(即列数)与 x 的长度相等
y1 =
    0    1    2    3
    0    2    4    6
>> plot(x,y1)
>> y2 = [x;x.^2]'            % y2 的列长度(即行数)与 x 的长度相等
y2 =
    0    0
    1    1
    2    4
    3    9
>> plot(x,y2)
>> y3 = [x;2 * x;3 * x;4 * x]    % y3 为方阵
y3 =
    0    1    2    3
    0    2    4    6
    0    3    6    9
    0    4    8    12
>> plot(x,y3)
```

程序分析:由于 y3 是方阵,因此每条曲线按照列向量来绘制,第一列为全 0,对应图 4-10(c)中横坐标上的线。

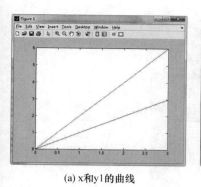 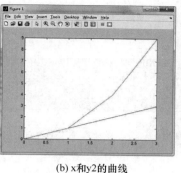 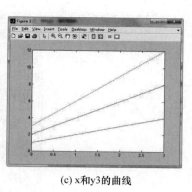

(a) x和y1的曲线   (b) x和y2的曲线   (c) x和y3的曲线

图 4-10   3 种不同情况的曲线

③ 当 y 是向量,x 是矩阵时,y 的长度必须等于 x 的行数或列数,绘制方法与前一种相似。

【例 4-26】 已知 x 为矩阵,绘制 x 与向量 y 的曲线,如图 4-11 所示。

```
>> x = [1:4;2:5;3:6]
x =
    1    2    3    4
    2    3    4    5
    3    4    5    6
>> y = [1 2 3];    % y 的长度与 x 的行数(即列向量的长度)相等
>> plot(x,y)
```

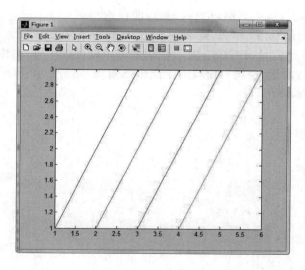

图 4-11   x 为矩阵,y 为向量时生成的曲线

④ 当 x 和 y 都是矩阵时,x 和 y 大小必须相同,x 的每列与 y 的每列画一条曲线。

【例 4-27】 已知 x 和 y 均为矩阵,绘制对应的曲线,如图 4-12 所示。

```
>> x1 = linspace(0,2 * pi,100);
>> x2 = linspace(0,3 * pi,100);
>> x3 = linspace(0,4 * pi,100);
>> y1 = sin(x1);
>> y2 = 1 + sin(x2);
>> y3 = 2 + sin(x3);
```

```
>> x = [x1;x2;x3]';    % 矩阵 x
>> y = [y1;y2;y3]';    % 矩阵 y
>> plot(x,y)
```

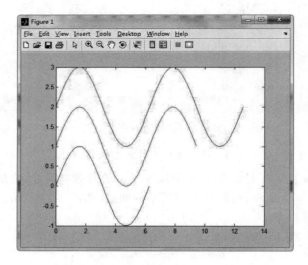

图 4-12   x 和 y 均为矩阵时的曲线

图 4-12 中最下方的曲线由 x1 和 y1 生成,中间的曲线由 x2 和 y2 生成,最上方的曲线由 x3 和 y3 生成。

（3）plot(x1,y1,x2,y2,…,xn,yn)——多条曲线的绘制

当输入参数都为向量时,x1 和 y1,x2 和 y2,…,xn 和 yn 分别组成一组向量对,每一组向量对的长度可以不同。每一组向量对可以绘制一条曲线,这样就可以在同一坐标系内绘制多条曲线。

【例 4-28】   x 为行向量,在同一窗口内绘制多条曲线,如图 4-13 所示。

```
>> x1 = linspace(0,6,100);
>> y1 = 0.2 * x1 - 1;
>> x2 = 0:0.05:2 * pi;
>> y2 = cos(x2);
>> plot(x1,y1,x2,y2)
```

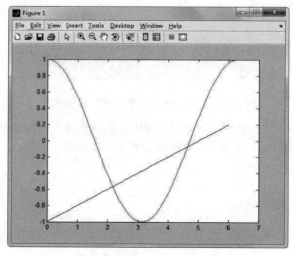

图 4-13   多条曲线的绘制

4.3.2 多个图形的绘制

MatLab 可以方便地对多个图形进行对比,既可以在一个图形窗口中绘制多个图形,也可以打开多个图形窗口来分别绘制。

1. 同一窗口多个子图

在同一窗口中绘制多个图形,可以将一个窗口分成多个子图,使用多个坐标系分别绘图,这样既便于对比多个图形,也节省了空间。

使用 subplot 函数建立子图,其格式为 subplot(m,n,i)。其作用是将窗口分成 $m \times n$ 幅子图,第 i 幅图为当前图。subplot 函数中的逗号可以省略。子图的编排序号原则是:左上方为第一幅,先从左向右,后从上向下依次排列,子图彼此之间独立。

【例 4-29】 在同一窗口中建立 4 个子图,分别绘制 $\sin x$、$\sin 2x$、$\cos x$ 和 $\cos 2x$ 的图形,如图 4-14 所示。

```
>> x = 0:0.1:10;
>> subplot(2,2,1)        % 第一行左图
>> plot(x,sin(x))
>> subplot(2,2,2)        % 第一行右图
>> plot(x,sin(2 * x))
>> subplot(2,2,3)        % 第二行左图
>> plot(x,cos(x))
>> subplot(2,2,4)        % 第二行右图
>> plot(x,cos(2 * x))
```

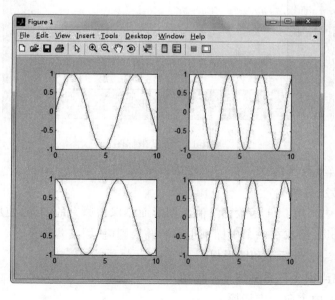

图 4-14 同一窗口建立 4 个子图

每个 plot 函数所绘制的图形所在的子图由前一行的 subplot 函数决定。

2. 双纵坐标图

双纵坐标图是指在同一个坐标系中使用左、右两个不同刻度的坐标轴。

在实际应用中,常常需要把同一自变量的两个不同量纲、不同数量级的数据绘制在同一张图上。例如,在同一张图上画出放大器输入、输出电流的时间响应曲线,电压、电流的时间响应曲线,温度、压力的时间响应曲线等,因此使用双纵坐标是很有用的。

MatLab 使用 plotyy 函数来实现双纵坐标绘制曲线,其语法格式为 plotyy(x1,y1,x2,y2)。

可以实现以左、右不同的纵轴绘制两条曲线,左纵轴使用(x1,y1)数据,右纵轴使用(x2,y2)数据,坐标轴的范围和刻度都是自动产生的。

【例 4-30】 在同一窗口中使用双纵坐标绘制电动机的电磁转矩 m 与转速 n 随电流 ia 变化的曲线,如图 4-15 所示。

```
>> ia = 0:0.5:80;
>> m = 0.6 * ia;
>> n = 1500 - 15 * ia;
>> plotyy(ia,m,ia,n)
```

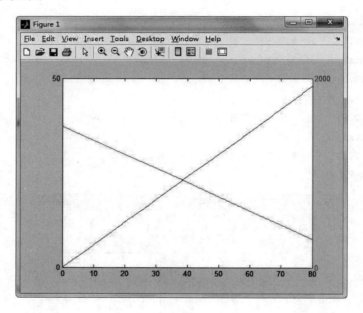

图 4-15　双纵坐标图

左纵轴表示 m,其范围为 0～50;右纵轴表示 n,其范围为 0～2 000。

3. 同一窗口多次叠绘

在前面的例子中调用 plot 函数都绘制新图形而不保留原有的图形,使用 hold 命令可以保留原图形,使多个 plot 函数在一个坐标系中不断叠绘,其使用格式如下。

- hold on:使当前坐标系和图形保留。
- hold off:使当前坐标系和图形不保留。
- hold:在以上两个命令中切换。
- hold all:使当前坐标系和图形保留。

注意:在保留的当前坐标系中添加新的图形时,MatLab 会根据新图形的大小,重新改变坐标系的比例,以使所有的图形都能够完整地显示;hold all 不但能实现 hold on 的功能,而且能使新的绘图命令依然循环初始设置的颜色和线型等。

【例 4-31】 在同一窗口中使用 hold 命令进行叠绘,如图 4-16 所示。

```
>> x1 = 0:0.1:10;
>> plot(x1,sin(x1))
>> hold on                %保留
>> x2 = 0:0.1:15;
>> plot(x2,2 * sin(x2))
>> plot(x2,3 * sin(x2))
>> hold                   %切换为不保留
```

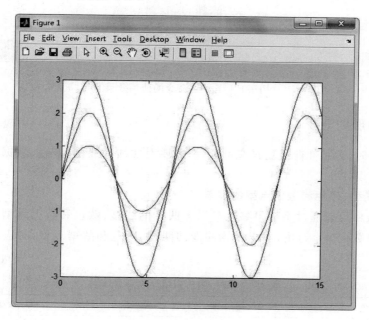

图 4-16 在同一图中叠绘

图 4-16 所示为 3 条曲线的叠加,其纵坐标为最大范围−3~3,横坐标为 0~15。

4. 指定图形窗口

使用 plot 等绘图命令时,都是默认打开"Figure 1"窗口,使用 figure 命令可以打开多个窗口,其格式为 figure(n)。

如果该窗口不存在,则产生新图形窗口并将其设置为当前图形窗口,该窗口命名为"Figure n",而不关闭其他窗口。

【例 4-32】 利用 figure 命令指定绘图窗口,在 Figure 1 中绘制 $y=2\mathrm{e}^{-0.5x}\cos 4\pi x$ 的曲线,在 Figure 2 中绘制 $y=\sin x$ 的曲线,如图 4-17 所示。

```
>> x1 = 0:pi/100:2 * pi;
>> y1 = 2 * exp(-0.5 * x1). * cos(4 * pi * x1);
>> plot(x1,y1)            %在默认的 Figure 1 中绘图
>> x2 = -pi:pi/100:pi;
>> y2 = sin(x2);
>> figure(2)             %打开新的图 Figure 2
>> plot(x2,y2)            %在 Figure 2 中绘制
```

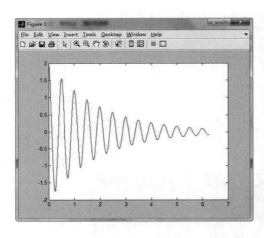 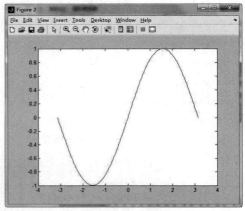

图 4-17　figure 命令的使用效果

4.3.3　图形的表现

在绘制曲线时,为了使曲线更具有可读性,需要对曲线的线型、颜色、数据点型、坐标轴和图形注释等进行设置。

1. 曲线的线型、颜色和数据点型的设置

在 plot 函数中可以通过字符串参数来设置曲线的线型、颜色和数据点型等,命令格式为 plot(x,y,s)。参数 s 为字符串,用于设置曲线的线型、颜色和数据点型,对应的参数如表 4-7 所示。

表 4-7　线型、颜色和数据点型参数表

颜色		线型		数据点型	
类型	符号	类型	符号	类型	符号
黄色	y(yellow)	实线(默认)	-	实点标记	.
紫红色	m(magenta)	点线	:	圆圈标记	o
青色	c(cyan)	点划线	-.	叉号形标记×	x
红色	r(red)	虚线	- -	十字形标记＋	+
绿色	g(green)			星号标记＊	*
蓝色	b(blue)			方块标记□	s
白色	w(white)			钻石形标记◇	d
黑色	k(black)			向下三角形标记	ˇ
				向上三角形标记	ˆ
				向左三角形标记	<
				向右三角形标记	>
				五角星标记☆	p
				六角形标记	h

【例 4-33】　在图形中设置曲线的不同线型、颜色、数据点型并绘制图形,如图 4-18 所示。
>> x = 0:0.2:10;

```
>> y = exp( - x);
>> plot(x,y,'ro - .')        % 设置为红色、圆圈标记和点划线
>> hold on
>> z = sin(x);
>> plot(x,z,'m + :')         % 设置为紫红色、十字形标记和点线
```

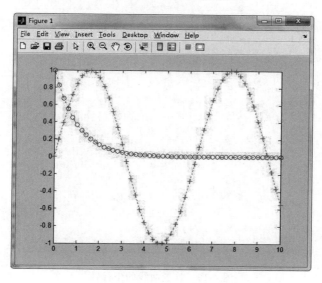

图 4-18   使用不同线型、颜色、数据点型绘制图形

2. 坐标轴的设置

MatLab 可以通过设置坐标轴的刻度和范围来调整坐标轴,常用的坐标轴命令都是以"axis"开头的,如表 4-8 所示。

表 4-8   常用的坐标轴命令

命令	含义	命令	含义
axis auto	使用默认设置	axis equal	纵、横轴采用等长刻度
axis manual	使当前坐标范围不变,以后的图形都在当前坐标范围内显示	axis off	取消轴背景
axis fill	在 manual 方式下起作用,使坐标充满整个绘图区	axis tight	把数据范围直接设为坐标范围
axis vis3d	保持高宽比不变,三维旋转时避免图形大小变化	axis on	使用轴背景
axis ij	矩阵式坐标,原点在左上方	axis square	产生正方形坐标系
axis xy	普通直角坐标,原点在左下方	axis normal	默认矩形坐标系
axis([xmin,xmax, ymin,ymax])	设定坐标范围,必须满足 xmin＜xmax, ymin＜ymax,可以取 inf 或 −inf	axis image	纵、横轴采用等长刻度,且坐标框紧贴数据范围

【例 4-34】   在图形中设置曲线的坐标轴,如图 4-19 所示。
```
>> x = 0:0.1:2 * pi + 0.1;
```

```
>> plot(sin(x),cos(x))
>> axis([-2,2,-2,2])          % 设置坐标范围
>> axis square                 % 坐标系设置为正方形
>> axis off                    % 坐标轴消失
```

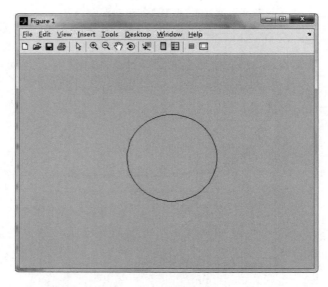

图 4-19 设置曲线的坐标轴

坐标系默认为矩形时看到的是椭圆,将坐标系设置为正方形则显示为圆;坐标轴消失命令使图形窗口中不显示坐标轴,常用于对图像的显示。

3. 分隔线和坐标框

分隔线是指在坐标系中根据坐标轴的刻度使用虚线进行分隔,分隔线的疏密取决于坐标刻度,MatLab 的默认设置是不显示分隔线。使用 grid on 命令可显示分隔线,使用 grid off 命令则不显示分隔线,反复使用 grid 命令可在 grid on 和 grid off 之间切换。

坐标框是指坐标系的刻度框,MatLab 的默认设置是坐标框呈封闭形式。使用 box on 命令可使当前坐标框呈封闭形式,使用 box off 命令可使当前坐标框呈开启形式,反复使用 box 命令则在 box on 和 box off 之间切换。

习 题 4

1. MatLab 的系统结构及功能有哪些?

2. 用"from:step:to"方式和 linspace 函数分别得到取值范围为 $0\sim4\pi$、步长为 0.4π 的变量 x1 和取值范围为 $0\sim4\pi$、分成 10 点的变量 x2。

3. 输入矩阵 $a=\begin{bmatrix}1&2&3\\4&5&6\\7&8&9\end{bmatrix}$,分别使用全下标方式和单下标方式取出元素 3 和 8,取出后两行子矩阵块。

4. 将矩阵 $a = \begin{bmatrix} 1 & 4 & 7 \\ 2 & 5 & 8 \\ 3 & 6 & 9 \end{bmatrix}$ 用 flipud、fliplr、rot90、diag、triu 和 tril 函数进行操作。

5. 求解方程组 $\begin{cases} 2x_1 - 3x_2 + x_3 + 2x_4 = 8 \\ x_1 + 3x_2 + x_4 = 6 \\ x_1 - x_2 + x_3 + 8x_4 = 7 \\ 7x_1 + x_2 - 2x_3 + 2x_4 = 5 \end{cases}$。

6. 绘制函数曲线 $y = 5t\sin[t(2\pi t)]$，t 的范围为 $0 \sim 2$。

7. 在同一图形窗口中分别绘制 $y_1 = x$、$y_2 = x^2$、$y_3 = e^{-x}$ 三条曲线，x 的范围为 $[-2, 6]$。

第 5 章　多媒体技术

多媒体技术是一项新兴技术,是计算机、微电子、通信、信息数字化等技术紧密结合的综合产物,随着计算机的迅速普及和微电子、通信、信息数字化等技术的高速发展,多媒体技术的应用已经普及到人们生活的各个领域,改变着人们的生活。本章将介绍多媒体的含义、特点、关键技术以及多媒体的应用领域和发展趋势,并介绍 Photoshop 和 Flash 两个软件的使用。

本章所用图片

5.1　多媒体技术的基本概念

5.1.1　多媒体的含义

媒体一词大家并不陌生,如新闻媒体、广播媒体、媒体报道等,大家理解的媒体往往是信息的形式层面的,如文字、图片、声音、动画、视频等,这是媒体中“媒介”的含义。其实,媒体除了表达信息这一层,还有另一层含义,即存储信息的实体,如磁盘、光盘、半导体存储器等,这就是媒体中“媒质”的含义。综合起来,媒体是指媒介和媒质,媒介是信息本身,媒质是承载信息的实体。

媒体客观地表现了自然界和人类活动的信息,为存储、传递、表达这些信息,国际电信联盟远程通信标准化组织(ITU-T)将媒体分成感觉媒体、表示媒体、显示媒体、存储媒体、传输媒体5 种类型。

1. 感觉媒体

感觉媒体能直接作用于人们的感觉器官,人有 5 种感知:视觉、听觉、嗅觉、味觉、触觉,相应地,感觉媒体的表现形式是文本、图片、声音、动画、视频等。

2. 表示媒体

表示媒体是为了传送、表达上述“感觉媒体”而人为定义的媒体形式,表示媒体的表现形式是计算机中的数据格式,如 ASCII 码、电报码、图像编码、声音编码等。

3. 显示媒体

显示媒体是为了使电信号和“感觉媒体”之间产生转化,在转化过程中,需要相应的设备。例如:显示器是一种显示媒体,显示器将计算机内部的电信号转化为人类可以看到的图片;键盘、鼠标也是显示媒体,其作用是将人类敲击键盘和点击鼠标的动作转化为电信号,计算机识别到此电信号后,再做相应的处理。

4. 存储媒体

存储媒体指用于存放上述“表示媒体”的物理介质,如磁盘、光盘、闪存、纸张等。

5. 传输媒体

传输媒体指用于传输上述“表示媒体”的物理设备,如光纤、微波、电缆等。

随着科技的发展,有两个问题:一是无论哪种媒体,其本质都是承载信息的载体和信息的表示形式。例如,图片媒体要存储在磁盘或纸张上,图片本身具有直观的特点,可以画,可以拍照,但如果画工不好或没有手机、相机便不容易获得。文字媒体也要存储在磁盘或纸张上,可以表达确切的信息,并且容易获得(截至 2021 年,中国文盲率为 2.67%),但文字本身不如图片直观。显然,图文并茂更好,计算机能处理图文并茂的信息吗?二是"感觉媒体"是自然界和人类活动的原始信息,人类用视觉所获得的信息占 60% 以上,用听觉所获得的信息占 20% 左右,用嗅觉、味觉、触觉所获得的信息占 20% 左右。人类借助于触觉、味觉、嗅觉等多种感觉形式进行信息交流,已经是得心应手。然而计算机与之相似的设备却远远达不到人类的水平(触摸屏只是很小的一部分),既然计算机是人类大脑的延伸,它能否再延伸人类的触觉、味觉、嗅觉,甚至表情?它能否像人一样工作?

以上两个需求和幻想促使人类开始了新的探索,从而促进了多媒体技术的产生和发展。

多媒体技术目前没有标准定义,一种定义为:多媒体技术就是综合处理多媒体信息(如文本、声音、图像、视频、动画等),使这多种媒体信息以某种模式建立逻辑连接,集成为一个系统并具有交互性的技术。多媒体技术不只是简单地将多种媒体融合,而应该是建立多种媒体的逻辑联系,因此,集成性和交互性是多媒体技术的精髓。可见,多媒体技术不仅是多学科交叉的技术,涉及音像技术、计算机技术、通信技术,利用这些技术将多种媒体信息集成为综合信息处理系统,还包括处理和应用各种媒体信息的软、硬件技术。例如,医院的触摸屏查询系统、大多数网络游戏、智能手机 App 等都是常见的多媒体技术的应用实例,用户可以交互操作,还能听到或看到各种媒体信息。有时我们把有音频、视频的教学环境称为多媒体教学,但严格来讲,这不是多媒体教学,因为没有交互,这应该是多媒体的应用实例,而不是多媒体技术的应用实例。同样地,电影、电视是多媒体的应用实例而不是多媒体技术的应用实例。生活中,人们往往把"多媒体"和"多媒体技术"等同起来,实际上"多媒体"强调集成性,即多种不同媒体信息的表现形式,"多媒体技术"更强调交互性,即有没有人机交互。

5.1.2　多媒体技术的特征

1. 交互性

交互性可使人们从被动地获取和使用信息变为主动,可增加人们对信息的兴趣和关注度。例如,通过电视,人们只能单向、被动地接收信息,没有所谓的交互性;通过 IPTV(交互式网络电视),用户可以控制电视的播放,如倍速观看、只看谁、回看等,这就具有一定的交互性。还有,在多媒体远程计算机辅助教学系统(如作业帮的直播课)中,教师可实现与学生连麦互动,学生可输入文字,可回答问题,教师可实时指导等,这样学生会得到新的体会,学生学习的主动性、自觉性更高,多媒体技术的参与无疑将使教学领域产生一场质的革命。再如,娱乐类的多媒体游戏通过逼真的虚拟现实,使人们获得亲临现场的感觉;类似地,利用交互性,甚至可以制作双向电影,让电影的观看者进入角色,控制故事的结局。上述的交互性操作是一种实时操作,要求整个系统的软、硬件系统都能实时响应,根据交互水平的不同,交互应用有 3 个不同层次。

① 初级交互应用:根据用户的需求,从数据库中检索出相关声音、图像及文字材料,如 IPTV。

② 中级交互应用:通过交互应用,用户可以进入信息的活动过程中,如直播课。

③ 高级交互应用:指用户完全地进入一个与信息环境一体化的虚拟信息空间中,这有待

于虚拟现实技术的进一步研究和发展,这才是交互应用的高级阶段。

2. 集成性

集成性体现在两个方面:一是媒体信息的集成,二是多种媒体设备的集成。对于前者而言,各种信息应能按照一定的数据模型和装置集成为一个有机整体,这有利于媒体的充分共享和创作应用。后者强调与多媒体相关的各种硬件的集成和软件的集成,为多媒体系统的开发和实现建立良好的集成环境和开发平台。集成性不是简单的堆积,而是强调能够协调地集成应用,从而产生 $1+1>2$ 的系统效果。

3. 实时性

实时性是在人的感官系统允许的情况下进行交互。由于多媒体系统集成的媒体信息很多都与时间相关,如声音、视频、动画等,这就决定了多媒体技术必须有严格的时序要求和很高的速度要求,例如,视频会议系统中的声音和图像必须同步传输,不允许有一方停顿。随着计算机网络的发展和普及,多媒体与计算机网络相结合,这也对多媒体技术应用服务提出了更高的实时性要求。

4. 非线性

以往人们读写文本时,都采用线性顺序读写,循序渐进地获取知识,如今,多媒体的信息组织形式是网状结构,内容更灵活、更具变化,用户可根据需求进行跳跃式阅读。

5.2 多媒体的关键技术

由于多媒体技术具有边缘性和交叉性,因此包含许多专门技术,其中需要解决的关键技术包括:多媒体输入输出技术、多媒体数据压缩/解压缩技术、大容量信息存储技术、多媒体专用芯片技术、多媒体软件技术。

5.2.1 多媒体输入输出技术

信息的输入输出是指计算机内部与外部的信息变换。以输入为例,最初的计算机(不是多媒体计算机)是靠穿孔纸带传送信息,信息才能进入计算机。后来出现了键盘,可输入字母、数字,再后来出现了鼠标、麦克风、手写笔、扫描仪等,这些多媒体输入设备使得人们能够输入丰富的信息到计算机。信息输出设备方面也是发展迅速,如打印机、显示器、耳机、音箱、绘图仪等。这里以声音处理为例介绍输入输出过程,声卡对来自麦克风的声源进行采样,将其转换成数字音频(本书第 1 章有详细介绍),是 wav 格式文件,一般 wav 格式文件需经过压缩,压缩成 mp3 格式,并存储在磁盘中。输出声音,也即播放声音的过程是,计算机将磁盘上的声音文件解压缩后变成数字量并传给声卡,声卡将数字量转换成模拟信号,由音箱输出。

5.2.2 多媒体数据压缩/解压缩技术

由于数字化后的图像、声音等媒体信息的数据量大,因此给存储器的存储、网络的传输、计算机的计算带来了很大的压力,要解决这一问题,单纯靠扩大存储器容量、增加网络带宽、提高计算机计算速度等,不会有数量级的改变,对媒体数据进行压缩是可行的方案。压缩后数据量减少,以压缩形式存储和传输,既能节省存储空间,又能降低对通信带宽的要求,还能使计算机实时播放媒体数据(边解压缩边播放)。

压缩不仅必要,而且是可行的,分析多媒体声音、文字、图片、视频等简单媒体,它们之间存在极强的相关性,还可根据人的感知生理、心理规律以及对信息的不敏感性,极大地降低数据冗余量。例如,人类听觉对超声波、亚声波无感觉,可以去除这段声波。又如,人眼对颜色的分辨不可能有 2^{24} 种颜色(真彩色,16 777 216 种),可以去除人眼不敏感的颜色。

1. 无损压缩

无损压缩是毫无损失地将信息进行压缩,压缩率较低,一般为 2∶1 到 5∶1,应用场合如指纹图像、医学图像,常用编码如香农-费诺编码、霍夫曼编码、游程编码,读者可参阅相关书籍。

2. 有损压缩

有损压缩是将次要信息压缩掉,牺牲一些质量来减少数据量,主要利用人类对信息某些成分不敏感的特性。常见的声音文件如 mp3 格式,图像文件如 JPEG 格式,视频文件如 RMVB、WMV 格式等都是压缩文件格式。常用的有损压缩编码包括脉冲编码调制(PCM)、预测编码、变换编码〔如离散余弦变换(DCT)和小波变换〕、统计编码等,读者可参阅相关书籍。

5.2.3　大容量信息存储技术

多媒体信息包含各种类型的信息,数据量巨大,即使经过压缩处理,仍然需要很大的存储空间。存储设备从原来的磁带、CD、小容量优盘到现在的移动硬盘、大容量优盘、DVD 等,容量可达到太字节级别(TB 级别)。同样,存储在服务器上的数据量越来越大,数据安全性非常重要,为防止数据丢失出现了磁盘阵列技术,这些安全的、大容量的存储设备的出现为多媒体的应用和发展提供了便利条件。

5.2.4　多媒体专用芯片技术

专用芯片是多媒体计算机硬件系统的关键,因为要实现音频、视频信息的快速压缩/解压缩和播放,需要大量的快速计算,而实现图像的特殊效果(如改变比例、淡入淡出、马赛克等)、声音的处理(如抑制噪声、滤波等)也需要快速计算,只有专用芯片才能满足要求,这依赖于大规模/超大规模集成电路技术。多媒体专用芯片有两类,一类是固定功能的芯片,另一类是可编程的数字信号处理器(DSP)芯片。固定功能的芯片是把压缩/解压缩及其他信息处理算法做在一个芯片上,可实现快速压缩/解压缩、特技效果。DSP 芯片是为完成某种特定信号处理而设计的,如媒体数据的编码和特殊效果的实现,在计算机上需要多条指令才能完成,而在DSP 芯片上用一条指令就能实现。

5.2.5　多媒体软件技术

只有硬件,计算机便是冷冰冰的芯片、电子器件,有了软件,硬件才能发挥作用,人类使用计算机才更加方便。多媒体软件自底向上分为三大类:多媒体操作系统、多媒体工具软件、多媒体创作软件。

1. 多媒体操作系统

我们现在使用的计算机上的操作系统都是多媒体操作系统,如 Windows、UNIX、Linux等,但这些操作系统不能满足多媒体技术的需求,在此基础上增加一部分硬件(如音箱、扫描仪等)和软件(如 Media Player)可基本满足多媒体技术的简单需求。

2. 多媒体工具软件

多媒体工具软件是制作不同媒体的,根据媒体信息不同,可分为不同类别。文本工具软件如 Word、WPS 等,大家都比较熟悉;图片工具软件如 Adobe 的 Photoshop、Corel 的 Core、Autodesk 的 3D Max,这些图片工具软件可实现图像的显示、编辑、压缩功能,软件还提供图像素材库,供用户使用、编辑;动画工具软件如制作二维动画的 Adobe Flash(矢量动画,网络多媒体的主流)、Autodesk 的 Animator Studio(使用简单、易上手)等,制作三维动画的 3DS MAX(使用人数最多)、Maya(最优秀的制作软件)、Lightwave 3D(品质出色,价格低廉)等,这些动画工具软件都具有动画显示、编辑等功能,还能提供一些动画素材库,供用户使用、编辑;音频工具软件如 Windows 自带的录音机,其他比较知名的有 Gold Wave、Cool Edit,这些音频工具软件具有音频播放、编辑、录音功能,能提供声音素材库;视频工具软件如 Windows Movie Maker、Adobe 的 Premiere 等,这些视频工具软件的功能为播放、编辑视频,还可将文字、声音、图片等加入视频,还可提供不同视频格式间的转换(如 mpeg、mp4、avi 之间的转换)。工具软件所用的编程语言有 C++、C♯、Java、HTML 等。

3. 多媒体创作软件

用户将各种不同媒体集成起来,成为一个多媒体应用系统而使用的软件就是多媒体创作软件。创作软件的作用是为用户提供方便使用的软件工具,这里的用户是指某些音乐创作人、美术设计人员、教育家、文学家等,用户对于计算机不甚了解,但他们需要制作诸如音乐类、美术类、教育类的多媒体应用产品,他们要用到计算机,要用到该类创作软件,这种工作很有挑战性。换句话说,让不懂计算机的人去用计算机来解决问题,难度很大。因此,创作软件不仅要支持各种媒体文件格式及媒体设备,还要提供某种简单的程序设计语言及调试环境,目前,有以下两个途径。

一是用户无须复杂编程,就能开发出多媒体应用系统,开发平台要友好、易学易用。如 Authorware、Adobe Flash 等就是这样的软件工具,但这样的软件工具的不足之处是,开发出来的应用程序一般比程序设计语言开发的应用程序运行速度慢、通常需要借助于播放工具才能运行、占用较大的存储空间、对计算机性能要求较高。

二是使用 C++、C♯、Java 等程序设计语言开发多媒体应用程序,此途径的优点是语言灵活、功能强大、通过多媒体接口可实现开发设计。开发出来的应用程序占用计算机资源少、执行速度快,还可实现一些独特的界面控制和功能。这对开发人员具有较高要求,开发人员既要懂编程,又要懂艺术,需将多媒体内容用恰当的艺术表现形式展现出来。

5.3　多媒体技术的应用及发展

5.3.1　多媒体技术的应用

多媒体技术的应用领域非常广泛,不仅覆盖了计算机的绝大部分应用领域,而且随着多媒体技术的不断发展,多媒体正在进入人们生活的各个方面。目前,多媒体技术的主要应用领域有教育培训、通信、工程模拟、商业展示、电子出版、娱乐与社交。

1. 教育培训

多媒体课件、直播课、MOOC、微课堂等不断改变着学生的学习方式,学生可自主学习,可有更多机会学习更多知识,这些多媒体课程都是图文并茂、有声有色的,这些使得优质教育资源触手可及。

2. 通信

办公、购物、可视电话、电影、视频会议、远程医疗等都是多媒体技术在通信中的应用,这使得原来的传真、电话被取代。

3．工程模拟

产品设计、仿真制造可提高工业生产效率;远程监控现场、语音操纵可保护劳动者的生产健康,提高趣味性;飞行训练系统为用户带来身临其境的感受,这些都是工程模拟中的应用。

4．商业展示

如线上商业导购、旅游景点介绍、楼盘的虚拟漫游等,用户可方便、快捷、直观地获取信息。

5．电子出版

与传统出版物(如纸质图书、报刊)比较,电子出版物具有集成性、表现力强、可检索性、携带方便等优点,读者可实现碎片化阅读和随时联网阅读。

6．娱乐与社交

一是娱乐方式的变化,如多媒体游戏、视频点播、智能家居等,用户可得到更好的视听感受。二是多媒体技术与通信技术的融合发展,使得人们的社交发生了巨大变化,如人们可以通过微信的视频聊天或文字聊天提前沟通好,等见面时可省去细节,提高了沟通效率。

5.3.2　多媒体技术的发展

多媒体技术正在朝着网络化、智能化、多领域融合、虚拟现实等方向发展。

1．网络化

随着网络技术的发展,诸如路由器、服务器、转换器等网络设备性能的提高,各种基于网络的多媒体系统已进入科学研究、企业管理、办公自动化、远程教育、远程医疗、检索、自动控制、娱乐等领域。需求是:高分辨率、高速、操作简单、高维化(三维、四维或更高维)、标准化(便于信息交换)。

2．智能化

为了提高多媒体系统识别信息的能力,如识别人类的语音和动作、识别图像,需要多媒体系统具有一定的智能化,近年来,各种智能穿戴设备,如手环、眼镜等是智能化的体现。

3．多领域融合

多领域融合不只是各个行业中硬件设备和软件设备的融合,还可以是各个行业中不同职业人员的融合,多媒体技术融合了技术性和艺术性。

4．虚拟现实

虚拟现实是通过综合应用计算机图像处理技术、传感技术、仿真技术、显示技术等,以模拟仿真的方式给用户提供一个三维视觉、触觉环境,从而构成一个"逼真"的虚拟世界,用户可通过数据手套、头盔等与系统交互。

5.4　Photoshop 的应用

Photoshop 功能强大,简单易学,该软件的简要发展史如下:1990 年上市,最初是 Mac 版,后来的 Photoshop 2.5 是 Windows 版,又到 3.0、4.0、5.0、6.0,2002 年的 7.0 功能空前强大,系统更加全面,直到如今,用 7.0 也能实现图片处理的大部分功能,后来又到 8.0、9.0、10.0、CS、CC 版本,它的功能越来越强大。

本书以 Photoshop CC2020 为例进行讲解,CC 增加了创意云服务(creative cloud),用来进行 Adobe 公司相关软件的一些资源云端的共享,对软件统一的维护、管理、升级等。本节列举了 12 个基本实例。首先,以菜单功能为例,介绍 Photoshop 的基础操作;接着介绍蒙版和通道,进一步使读者掌握通道和蒙版这两个利器;最后通过几个综合的例子,使读者实现从初学者一步步进入 Photoshop 的大门,最终设计出较为综合的例子。

为了更好地使读者掌握实践技巧,作者精心录制了例子的制作过程视频,读者可结合本书中的操作步骤和视频进行实践。

首先要认识 Photoshop 软件的工作界面,如图 5-1 所示,其中工具面板、命令面板是 Photoshop 特有的,提供处理图像的各种工具和命令,图像窗口用来显示用户操作的图像。

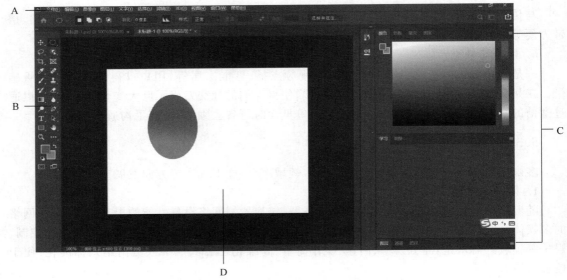

A—菜单栏; B—工具面板; C—命令面板; D—图像窗口

图 5-1 Photoshop CC2020 的工作界面

5.4.1 Photoshop 的常用菜单

Photoshop 的菜单栏功能丰富,下面通过几个例子的学习逐步掌握常用菜单工具。为方便掌握 Photoshop,本书特别提供相关素材供实践操作。

【例 5-1】 制作笑脸。

本例主要用到了编辑菜单。编辑菜单允许用户:撤销和恢复最近一次操作;剪切、复制、粘贴;对选择区域进行填充;对选线描边;对选区图像进行自由变换等。效果如图 5-2 所示。

制作笑脸

图 5-2 "笑脸"效果

目标:学会移动工具、渐变工具、橡皮工具、描边、填充。

过程:

① 新建一个 300 像素×300 像素的文件,分辨率为 72 像素/英寸。

② 新建一个图层,选择椭圆工具,按 Shift 键画圆。

③ 设前景色为黄色,背景色为红色,保持椭圆选区,选择渐变工具,用线性渐变。

④ 取消选区(执行"选择"→"取消选择"或用快捷键 Ctrl+D)。

⑤ 新建图层画眼睛〔a. 画正圆;b. 执行"编辑"→"描边"(2 pix)〕。

⑥ 取消选区,在圈内画圆,用黑色填充(执行"编辑"→"填充")。

⑦ 取消选区,画小圆,用白色填充。

⑧ 复制眼睛图层成为新的另一只眼睛的图层。

⑨ 新建图层,画嘴巴(a. 画椭圆;b. 描 3 pix 边;c. 取消选区,把椭圆上半部分擦掉)。

注意:领会图层的概念,图 5-3 给出了步骤②中新建图层的按钮,图 5-4 给出了步骤③中前景色和背景色的设置按钮,读者可自行实践。

图 5-3 图层面板

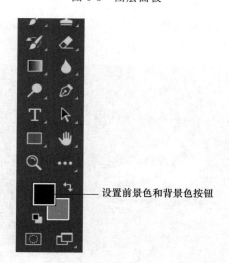

图 5-4 工具箱中的前景色/背景色设置

【例 5-2】 制作另类跑车。

本例主要用到了图像菜单,图像菜单用于图像模式、图像色彩和色调、图像大小、画布大小等各项的设置,通过对各项命令的使用可使图像更加

制作另类跑车

逼真。本例在保持背景不变的情况下,将红色跑车借助于 Photoshop 变化为蓝色跑车,效果如图 5-5 所示。

图 5-5　红色跑车变成蓝色跑车

目标:学会图像调整的色彩置换功能。

过程:

① 新建图层,放入红色跑车(先打开原来的汽车文件进行复制,再粘贴到该图层上)。

② 选择套索工具,勾画汽车的轮廓。

③ 执行"选择"→"修改"→"羽化"(半径为 10 像素)。

④ 执行"图像"→"调整"→"替换颜色"。

a. 选区部分:用吸管工具在原车身上单击,则所单击的红色变成了白色色区,颜色容差选 100。

b. 替换部分:单击结果颜色按钮,选择蓝色。

残余的红色用"添加到取样"吸管处理,对于较深的红色,用较深的蓝色换掉,对于较浅的红色,用较浅的蓝色换掉。

注意:①图像的调整菜单下的替换颜色命令分两步,第一步先设吸管工具的颜色容差为100,然后用吸管工具在车身的红色部分单击,第二步是设置结果颜色为蓝色,要单击结果颜色按钮,在替换颜色对话框中设置成蓝色,如图 5-6 所示。②经过以上处理,车身大部分红色已经变成了蓝色,对于残余的红色,要选择第二个工具,即"添加到取样"吸管,在车身上单击,则残余的红色会变成相应的蓝色,如图 5-7 所示。

图 5-6　替换颜色对话框

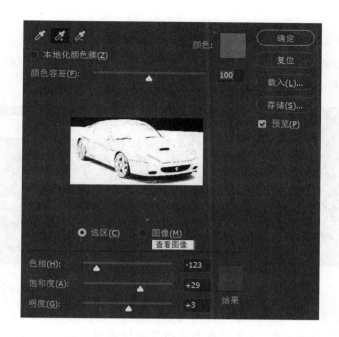

图 5-7　应用"添加到取样"吸管后的效果

【例 5-3】　制作朦胧的花。

本例主要用到了选择菜单,用户可以选择全部图像,取消选择区域,进行选择区域和非选择区域互换(反转);羽化、修改选择区域;调出通道上的选择区域或将选择区域存放到通道中(例 5-7 和例 5-8 会有通道的概念,到时再做详细介绍)。本例效果如图 5-8 所示,在明信片或节日卡片上看到的朦胧效果是借助于羽化工具完成的。

制作朦胧的花

图 5-8　原始图片和图片朦胧后的效果

目标:学会利用椭圆工具建立选区、羽化命令及羽化值的设置、反转和删除选区等功能。

过程:

① 将图片放到新建图层中。

② 选择椭圆工具,画椭圆(占画面的 2/3 为宜)。

③ 执行"选择"→"修改"→"羽化"(半径为 30 像素),这时会发现没什么变化,只是选区的

边缘更加圆滑。

④ 执行"选择"→"反选",按 Del 键删除选区。

注意:羽化半径越小,模糊效果越不明显;羽化半径越大,选区被模糊的部分越多,模糊效果越明显。大家需自行实践,积累经验。本例主要操作步骤如图 5-9 所示。

图 5-9　羽化的椭圆形选区及羽化半径的设置

【例 5-4】　制作木纹效果。

本例主要用到了滤镜菜单,可使用不同滤镜来完成各种效果。滤镜菜单包括许多艺术效果滤镜、模糊滤镜、扭曲变形滤镜、风格化滤镜、渲染滤镜、纹理滤镜、素描滤镜、画笔描边、锐化滤镜、像素化滤镜、杂色滤镜、视频滤镜、其他滤镜以及用户自己创建的滤镜效果程序。本例效果如图 5-10 所示。

制作木纹效果

图 5-10　木纹效果

目标:学会云彩化滤镜、杂点滤镜、动感模糊滤镜、扭曲滤镜的使用。

过程:

① 新建一个 960 像素×1 280 像素的文件,分辨率为 300 像素/英寸。

② 新建图层(也可不建),前景色设为黑色,背景色设为土黄色(R:224、G:127、B:40)。

③ 执行"滤镜"→"渲染"→"云彩"(前景色和背景色之间的随机值生成柔和的云彩图案)。

④ 执行"滤镜"→"杂色"→"添加杂色"(30%,平均分布)。

⑤ 执行"滤镜"→"模糊"→"动感模糊"(90 度,2000)。

⑥ 做木节〔画小一些的椭圆,再执行"滤镜"→"扭曲"→"旋转扭曲"(100 度)〕。

【例 5-5】 制作火焰字效果。

本例主要用到了滤镜菜单,还涉及图层的概念及颜色模式变换的原理。效果如图 5-11 所示。

制作火焰字效果

图 5-11 火焰字效果

目标:掌握颜色模式之间的互换及其作用,索引颜色图片中颜色表的使用。

过程:

① 新建一个 300 像素×300 像素的、灰度模式的文件,分辨率是 72 像素/英寸。

② 新建图层,用黑色填充。

③ 选择文字工具(设为方正舒体,150 点,白色),写上"火焰"二字。

④ 执行"图层"→"向下合并"(或右击文字层→"栅格化"),若无此步,在第③步之后需要退出文字工具(可用第一个选择工具),使用风滤镜时,也要进行栅格化,因为文字层不能直接使用风滤镜。

⑤ 执行"图像"→"图像旋转"(90 度,顺时针)。

⑥ 执行"滤镜"→"风格化"→"风"(选择风,从左),再执行一次风滤镜(或按 Ctrl+F 键)。

⑦ 执行"图像"→"图像旋转"(90 度,逆时针)。

⑧ 执行"滤镜"→"扭曲"→"波纹"(100%或 80%,中)。

⑨ 执行"图像"→"模式"→"索引模式",对话框显示:要拼合图层吗?单击"是"。第①步中设了灰度模式,转化为索引模式时,会删除图像中的部分颜色,而仅保留 256 色,从而产生颜色表格。

⑩ 执行"图像"→"模式"→"颜色表"(选择黑体)。

⑪ 为便于以后对图像的其他操作,执行"图像"→"模式"→"RGB",将其转化为 RGB 模式的图像。

注意:文字层与图层的区别以及颜色模式的转化。

5.4.2 Photoshop 的蒙版和通道

如果说图层是一棵大树的主干,那么通道和蒙版就好比是树杈。通道和蒙版是 Photoshop 不可缺少的利器,如果忽视了这两者,则 Photoshop 的功能不能充分地发挥,而要熟练使用并发挥其强大的功能,需要不断地努力和积累经验。本节用 3 个实例介绍蒙版和通道。

【例 5-6】 蒙版的使用:画中之人。

本例利用了蒙版知识,将人物融入荷花中,若没有蒙版,人物和荷花则有明显的边界,如图 5-12 所示,利用蒙版工具后,人物很自然地融入荷花

画中之人

中,效果如图 5-13 所示。

图 5-12　荷花和人物的原始图片　　　　图 5-13　应用蒙版之后的效果

目标:学会图层蒙版的应用。

过程:

① 打开荷花的图片并复制。

② 新建文件并粘贴图片,荷花成为图层 1。

③ 打开人物图像,复制并粘贴人物图像,成为图层 2。

④ 为图层 2,即人物图层添加图层蒙版。

⑤ 做由白到黑的径向渐变(注意一定要对蒙版进行操作,而不是对图层进行操作)。

注意理解蒙版的原理:若用黑色画笔在蒙版上画,则画出来的黑色区域所对应的图层 1 (本例为荷花部分)会露出来,相当于用橡皮擦掉了图层 2(本例为人物部分);若用白色画笔在蒙版上画,则画出来的白色区域所对应的图层 1 不会露出来,会被图层 2 覆盖,即两个图层间常规的显示形式。换句话说,在图层蒙版中,白色代表"有",黑色代表"无"。

易错点:①图 5-14 所示是添加图层蒙版按钮,注意要为图层 2,即人物图层添加图层蒙版; ②图 5-15 所示是渐变工具的设置,必须选择"基础"项,该项打开后要选择第一项,而且必须选择径向渐变;③用渐变工具在蒙版上填充由白到黑的径向渐变。操作结果如图 5-16 所示。

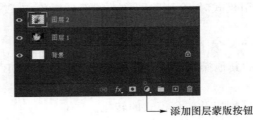

添加图层蒙版按钮

图 5-14　为图层 2 添加图层蒙版

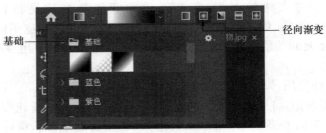

基础　　　　　　　　　　　　　　　径向渐变

图 5-15　渐变工具的设置

目标:进一步掌握通道的复制、通道选区的建立、选区的调整、纹理化滤镜的使用等。

过程:

① 打开睡莲的图片,复制。

② 新建文件,粘贴。

③ 切换至通道面板,看红色通道。

④ 复制红色通道为"红副本"。

⑤ 对"红副本"进行如下操作。

a. 为了凸显睡莲,执行"图像"→"调整"→"色阶"(输入:0,1.00,155)。

b. 选择画笔工具,将半径设为 150 像素,将睡莲以外的所有地方画成黑色,用橡皮擦工具擦掉睡莲以外的白色也可以,睡莲的大部分会被选取出来。

c. 选择画笔工具,将半径设为 7 像素,将睡莲中的黑色部分涂成白色,如图 5-24 所示,这是细微的处理,因为这一小部分不完全由红色成分组成,所以其在通道中是黑色或灰色,用画笔将这一小部分黑色或灰色画成白色,以使整个睡莲都被选中,此步骤可放大图片进行。

将这部分区域涂成白色 ——

图 5-24 "红副本"通道

⑥ 回到图层面板,确认在睡莲图层。

⑦ 执行"选择"→"反选"。

⑧ 执行"滤镜"→"滤镜库"→"纹理"→"纹理化"(纹理:砖形,缩放:170%,凸显:3,光照:上)。

⑨ 取消选区。

5.4.3 Photoshop 综合实例

综合利用图层、选区、通道、蒙版、滤镜等知识,制作不同的 Photoshop 作品,以下共有 4 个例子。

【例 5-9】 民间剪纸。

本例在木板底纹上制作剪纸效果,并制作具有相同底纹和效果的文字,使剪纸和文字在相互映衬下显得古色古香,最终效果如图 5-25 所示。

民间剪纸

图 5-25 "民间剪纸"效果

目标:掌握图像的亮度和饱和度的调整、文字蒙版的使用,利用魔棒工具制作选区,并进一步理解图层的含义。

过程:

① 打开底纹图片,复制。

② 新建文件,再粘贴,底纹成为图层 1。

③ 打开剪纸图片,用魔棒工具选取朱红色部分,魔棒工具的设置:容差为 100,如图 5-26 所示。得到选区,复制朱红色部分内容,如图 5-27 所示,并关闭剪纸图片。

图 5-26　魔棒工具的设置

图 5-27　魔棒工具选出来的朱红色部分

④ 将剪纸的朱红色部分粘贴到底纹上(剪纸图层成了图层 2),效果如图 5-28 所示。

图 5-28　将剪纸图层粘贴到底纹上

⑤ 获得剪纸的选区,执行“选择”→“载入选区”→图层 2 透明(确认对剪纸图层进行操作)。

⑥ 隐藏剪纸图层(此时剪纸图层已经没用了),回到图层 1,选中图层 1 的底纹,按 Ctrl＋C 键复制,复制出来的形状是剪纸、内容是图层 1 的木纹。

⑦ 在图层 1 上新建一个图层,按 Ctrl＋V 键粘贴,隐藏图层 1 便可看到剪纸形状的底纹

了,它成了图层 3,效果如图 5-29 所示,图层的显示情况如图 5-30 所示。

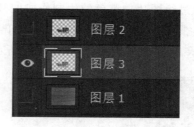

图 5-29　粘贴剪纸形状的底纹　　　　图 5-30　图层的隐藏与显示

⑧ 为图层 3 添加阴影效果:执行"图层"→"图层样式"→"投影"(正片叠底,100%,120 度,5,0,5,0)。阴影效果设置如图 5-31 所示。

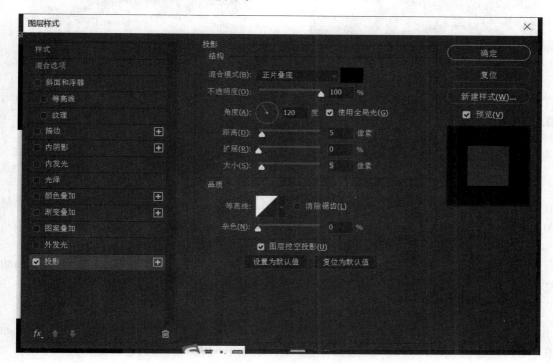

图 5-31　阴影效果设置

⑨ 图层 1 可见,图层 3 的阴影效果便出来了。

⑩ 写"民间剪纸"4 个字(选择文字蒙版工具,注意摆好位置,因为是作为选区使用的)。

⑪ 在图层 1 上有文字形选区,按 Ctrl+C 键复制。

⑫ 在图层 1 上,新建图层成为图层 4,再按 Ctrl+V 键粘贴,虽然没有变化,但是隐藏底纹层就能看出效果了。

⑬ 为图层 4 添加阴影效果(同前边的设置)。

⑭ 为了让图层 4 的文字层更亮一些,执行"图像"→"调整"→"亮度/对比度"(亮度:45,对比度:0),以突出文字层。

总结:想做成本作品,读者需要对图层、选区理解得非常透彻,即明白第③～⑦步和第⑩～⑫步的制作过程。

【例 5-10】 破碎之美。

本例通过给图片加黄色的边制作成照片效果,然后在照片的中部添加锯齿以产生撕裂的效果,使其有一种溢于言表的破碎之美,原始图片如图 5-32 所示,作品的最终效果如图 5-33 所示。

破碎之美

图 5-32 原始图片

图 5-33 撕裂效果

目标:掌握矩形选框建立选区、选区相减、填充选区的方法,利用套索工具建立选区,利用通道存储、加载选区等。

过程:

① 打开图片,复制。

② 新建文件,粘贴刚才的图片。

③ 获得边缘的选区后,将边缘填充为浅黄色(注意:选区相加是 Shift+选区,选区相减是 Alt+选区,选区相交是 Shift+Alt+选区)。

④ 按 Ctrl+A 键全选,再按 Ctrl+C 键复制。

⑤ 新建一个 800 像素×600 像素的文件,尺寸比原来图片大一些(这是为了凸显将来的阴影效果),并将图片粘贴过来。

⑥ 执行"图层"→"图层样式"→"投影"(正片叠底,60%,125 度,15,0,5,0)。

⑦ 想使中间出现撕裂效果,直接用套索工具获得选区,再用滤镜是不行的,需借助于通道。进入通道面板,新建 Alpha1 通道,用套索工具选出一块区域,用白色填充。

⑧ 取消选区,执行"滤镜"→"像素化"→"晶格化"(选 8),这是为了使撕裂处产生锯齿效果。

⑨ 将通道作为选区载入。

⑩ 切换至图层面板,选中花的图层,保持选区不变,稍微向下向右移动选区。

⑪ 取消选区。

【例 5-11】 公益广告。

本例通过云彩、龟裂纹、杂色、纹理化、光照效果滤镜,制作出干裂的土地,将水景图添加球面化滤镜后融入干裂的土地,制作一则"保护水资源"的公益广告,效果如图 5-34 所示。

公益广告

图 5-34　"保护水资源"公益广告

目标：掌握滤镜、羽化、为图层添加阴影效果等。

过程：

① 新建一个 350 像素×500 像素的文件。

② 前景色用右边色板中的暖褐色，背景色用暗一些的黄色。

③ 执行"滤镜"→"渲染"→"云彩"。

④ 执行"滤镜"→"滤镜库"→"纹理"→"龟裂纹"（间距：32，深度：8，亮度：5），则有了干裂的效果。

⑤ 执行"滤镜"→"杂色"→"添加杂色"（数量：30%，平均分布，单色），区域更为真实。

⑥ 执行"滤镜"→"滤镜库"→"纹理"→"纹理化"（纹理：砂岩，缩放：120%，凸显：8，光照：上），这样，干裂的效果更为真实。

⑦ 再执行一次纹理化滤镜。

⑧ 执行"滤镜"→"渲染"→"光照效果"，设置如图 5-35 所示，选择聚光灯，颜色强度为 25、聚光为 45、曝光度为 0、光泽为 0。

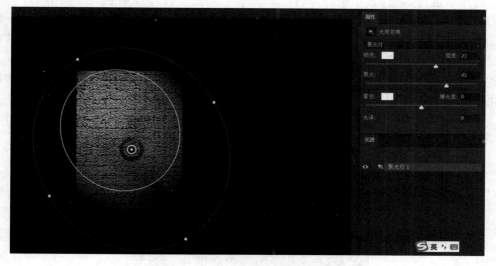

图 5-35　光照效果滤镜设置

⑨ 调整一下图像的亮度/对比度（亮度：35）。

⑩ 打开水景图，按 Ctrl＋A 键全选，再按 Ctrl＋C 键复制，然后关闭图片，再按 Ctrl＋V 键粘贴。

⑪ 用椭圆工具选出白鹅，执行"羽化"（半径为 20 像素），再执行"反选"，然后删除选区。

⑫ 取消选区，执行"滤镜"→"扭曲"→"球面化"（100％），使之具有 3D 效果。

⑬ 写上"保护水资源，保护生态环境"，再为文字添加阴影效果。

【例 5-12】 音乐人生。

本例综合所学的图层、选区、滤镜、蒙版、通道等知识，将多个图片素材合而为一，制作一个音乐方面的作品，作品效果如图 5-36 所示。

音乐人生

图 5-36 "音乐人生"最终效果

过程：

① 打开所用图片（歌谱、钢琴、吉他、人物）。

② 新建一个 400 像素×400 像素的文件，新建图层，用黄色填充（R、G、B 分别为 240、209、126）。对图层进行处理，分 2 步：a. 执行"滤镜"→"杂色"→"添加杂色"（平均分布，单色，数量：20）。b. 执行"滤镜"→"模糊"→"高斯模糊"（半径为 2）。此时的图层不是简单的单一色了。

③ 将歌谱复制到图层 1 之上成为图层 2。对图层 2 执行"编辑"→"自由变换"（使其倾斜，大小变为原来的 40％左右）。

④ 将歌谱（图层 2）的不透明度设为 50％（在命令面板处设置），如图 5-37 所示，这时会发现歌谱层有点发黄，因为是半透明的。

图 5-37 图层 2 不透明度设置

⑤ 用魔棒工具单击钢琴的白色区域,再反选,执行复制操作,然后将其粘贴到歌谱层之上,成为图层 3。对图层 3 进行自由变换,调整大小及倾斜度。

⑥ 用椭圆工具制作选区,执行"选择"→"变换选区",使椭圆选区的大小为钢琴的 70% 左右,方向与钢琴一致,后按 Enter 键确认。

⑦ 执行"选择"→"羽化",半径设为 5 像素,再反选,然后删除选区,将钢琴周围变为模糊。

⑧ 用魔棒工具单击吉他的白色区域,反选后执行复制操作,粘贴过来成为图层 4,对吉他图层(图层 4)做一个滤镜效果,执行"滤镜"→"扭曲"→"水波"(数量:5,起伏:5,水池波纹)。

⑨ 将人物全选,执行复制操作,粘贴过来成为图层 5,为人物图层添加图层蒙版,对蒙版进行由白到黑的径向渐变即可,如图 5-38 所示。

图 5-38　图层 5 蒙版颜色渐变设置

⑩ 新建图层 6,用铅笔工具(粗度设置合适)画一个 S 形,可设前景色为黑色,再获取其选区(Ctrl+单击图层 6),出现选区后删除黑色即可,此时的选区不平滑,可执行"选择"→"羽化"(半径为 5 像素)。注意此步也可用自由钢笔工具绘制一个 S 形,再转换为选区。

⑪ 用渐变工具对制作的选区进行填充,渐变工具可选择红色系列,用红色_07 渐变颜色,设置如图 5-39 所示,从右上角到左下角拖动鼠标即可,填充渐变颜色之后效果如图 5-40 所示。

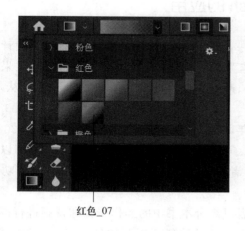

红色_07

图 5-39　渐变工具设置

图 5-40　图层 6 填充渐变颜色的效果

⑫ 选择文字工具,写上"音乐人生",华文行楷,30 点,颜色可各自设置,每个图层写一个字,以便于调整字的位置。

⑬ 可将 4 个文字层栅格化后向下合并图层,执行"图层"→"图层样式"→"投影",为文字加上阴影效果,产生立体感。

⑭ 对文字层继续执行"图层"→"图层样式"→"外发光"(不透明度:50%,杂色:25%,扩展:0%,大小:5%,范围及抖动可不设)。

⑮ 打开通道面板,新建通道为 Alpha1 通道,在此通道上用矩形选框工具画出矩形选区,选区要覆盖通道的大部分区域,为选区填充白色,然后取消选区,执行"滤镜"→"扭曲"→"波纹"(999%)。

⑯ 将通道作为选区载入,再反选,删除从图层 1 到图层 6 和"音"图层相应选区即可,如图 5-41 所示。

图 5-41　花边相框选区反选后的效果

5.5　Flash 的应用

Flash 是目前优秀的网络动画编辑软件之一,从简单的动画效果到动态的网页设计、游戏动画、MTV 等,Flash 的应用领域日趋广泛。作为入门知识,本书介绍简单的动画效果实现,从逐帧动画到补间动画,其中加入时间轴、元件、遮罩、图层、运动引导等概念,让读者从入门到精通,学会利用 Flash 制作动画。

简要介绍 Flash 软件的发展历史:1998 年,Micromedia 公司推出 Flash 3.0,2005 年,Adobe 公司收购了 Micromedia 公司,相继发布了 Flash CS3、CS4、CS5、CS6、CC,本书以 Flash CS6 版本展开实例介绍,之前学过 Flash 的读者,可用"传统"工作区(默认是"基本功能"工作区)。

作者录制了相关例子的制作过程视频,读者可结合本书中的操作步骤和视频进行操作。

首先认识 Flash 软件的界面,如图 5-42 所示,可以看到,Flash 软件比 Photoshop 软件多了一个时间轴面板,因为 Flash 软件制作的动画是与时间有关的,动画是多幅画面经过一定的时间播放出来的效果。

有两个重要的术语要理解:舞台和帧。

舞台是一个矩形区域,这个区域宽的默认值是 550 像素,高的默认值是 400 像素,类似于 Photoshop 中图像的宽和高,可编辑。

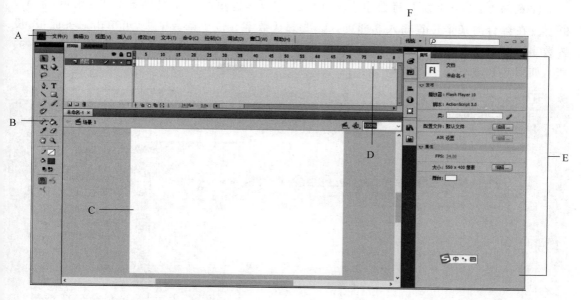

A—菜单栏；　B—工具栏；　C—舞台；　D—时间轴；　E—面板集；　F—传统工作区，也可选择基本功能工作区

图 5-42　Flash 软件的界面

帧指时间轴面板中一个一个的小格子，由左至右编号。每帧包含图像信息，动画播放时，舞台显示时间轴中播放头经过的帧的图像信息。帧频默认是 24，也就是 1 秒播放 24 幅图像，由于人眼观察图像的滞后，形成的是连续播放的图像。如果有 5 秒的动画，帧频为 24，时间轴上帧的内容是从第 1 帧到第 120 帧。

制作动画的思路是：首先明确动画的持续时间是多少秒，要做多少帧，再考虑每一帧上的画面内容。可见，每一帧上的画面内容是细节问题，相应地，每一帧上内容的制作有两种方法：逐帧动画和补间动画。

逐帧动画是要制作出每一帧上的画面内容，如果是 1 秒的动画，帧频为 24，要制作一个球从左边滚动到右边，则从第 1 帧到第 24 帧的画面内容，包括球及球在舞台上的位置都要画出来。用补间动画来制作上述球的滚动，只需要把第 1 帧的球画出来，并确定球在舞台最左边的位置，然后把第 24 帧的球画出来，并确定球在舞台最右边的位置，第 1 帧和第 24 帧称为关键帧，中间第 2～23 帧的内容，只需要程序自动创建补间即可，也就是只需要画出第 1 帧和第 24 帧的画面内容，这大大减轻了动画设计者的劳动。

动画既有画面内容，又有时间概念，在做动画时尤其要注意这两方面。本书先列举 2 个例子介绍逐帧动画，再列举 10 个例子介绍补间动画，最后列举 1 个综合例子，各种工具的使用会穿插其中进行介绍。

5.5.1　Flash 逐帧动画

【例 5-13】　从 9 变到 0。

动画要求：从数字 9 变化到数字 0，要求数字位于舞台中央，帧频为 3。

制作思路：每帧上一个数字，第 1 帧是数字 9，第 2 帧是数字 8，…，第 10 帧是数字 0。

从 9 变到 0

注意两点：①第 1 帧上写数字 9，要用文本工具，这里文本工具的设置是：红色，隶书，96 点。在舞台的某个位置输入 9 即可。②要想让数字 9 位于舞台中央，可单击对齐面板，设置数字 9 相对于舞台水平居中并且垂直居中即可，可见，数字 9 的 X、Y 坐标分别是 248.9、150，如图 5-43 所示。

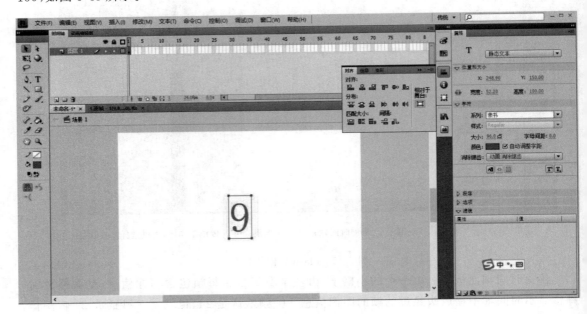

图 5-43　第 1 帧处数字 9 的位置

还有一种方法可以让 9 位于舞台中央，可计算出 9 的 X、Y 坐标，这里的 X、Y 坐标取数字 9 左上角点的坐标。先看 X 坐标的计算，整个舞台宽度是 550，舞台左上角点的坐标是 X 为 0，Y 为 0，并且越向右，X 值越大，越向下，Y 值越大。舞台的水平中间点的 X 坐标是 $550/2=275$，但数字 9 是有宽度的，宽是 52.2，要想让数字 9 水平居中，其左上角点的 X 坐标应该是 $275-52.2/2=248.9$。读者可自行分析数字 9 的 Y 坐标，应是 $400/2-100/2=150$。虽然计算起来有点复杂，但这对于大家理解 Flash 的舞台及画面在舞台上的位置有好处。

新创建 Flash 文件时，第 1 帧上是一个空心的圆圈，称为空白关键帧；当写上数字 9 之后，第 1 帧上变成了实心的圆圈，称为关键帧。

制作步骤：

① 第 1 帧用文本工具输入数字 9。

② 鼠标在第 2 帧处右击，在弹出的快捷菜单中选择"插入关键帧"，数字 9 被复制到了第 2 帧上，位置也是位于舞台中央，且第 2 帧也成为关键帧，用文本工具把 9 改成 8 即可。

③ 重复以上步骤，直到第 10 帧上为数字 0。

④ 执行"控制"菜单中的"测试影片"命令，发现动画成功了。

数字变化得太快，因为帧频是 24，改成 3 即可。测试时发现不知哪里是动画开头和结尾，可在 0 之后延迟一段时间，如延迟到第 15 帧，采用的方法是右击第 15 帧，选择"插入帧"，这时 0 就停顿了一段时间（第 10~15 帧的这段时间），这段是普通帧。最终动画的时间轴效果及舞台效果如图 5-44 所示。

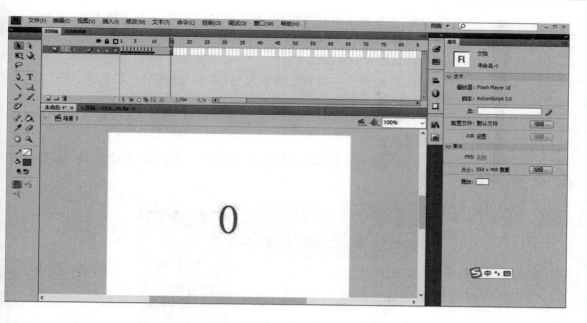

图 5-44 动画的最终效果

【例 5-14】 自动开合的折扇。

动画要求:第 1～9 帧扇骨数分别是 1、2、3、4、5、6、7、8、9,实现折扇的打开,第 10～18 帧扇骨数分别是 9、8、7、6、5、4、3、2、1,实现折扇的合拢,第 19～25 帧要停顿。

自动开合的折扇

制作步骤:

① 用矩形工具,笔触颜色(即边线颜色)为黑色,笔触高度为3,填充颜色为彩虹的光谱色,在舞台中央画出矩形,彩虹色默认是从左到右渐变,如图 5-45 所示。

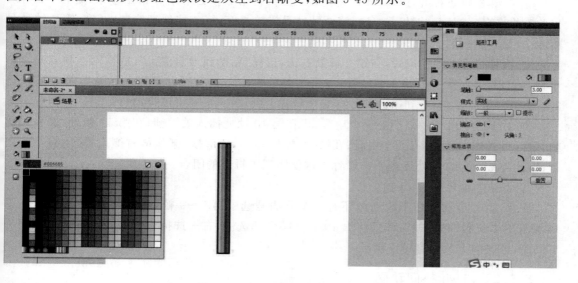

图 5-45 彩虹色渐变的默认方向

② 修改彩虹色渐变为从上到下,单击颜料桶工具,自上而下拖动鼠标即可。

图 5-46　扇骨效果

③ 扇骨上面是弯曲的,用工具箱中的第一个选择工具,在上方拉出弧形;扇骨下面有拐点,按住 Ctrl 键,拉出拐点(可放大至 200% 操作),如图 5-46 所示。

④ 全部选中边线色及填充色,单击"修改"→"转换为元件",元件名为扇骨。

⑤ 用任意变形工具(工具箱第 2 行第 1 列),将扇骨中心点移到下面拐点处。

⑥ 调出变形面板(与对齐面板在一组),旋转−40 度,如图 5-47 所示。

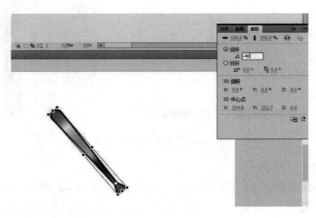

图 5-47　扇骨旋转−40 度

⑦ 在第 2 帧处右击,选择"插入关键帧"命令,复制第 1 帧的扇骨,调出变形面板,旋转−30 度。

⑧ 在第 3 帧处右击,选择"插入关键帧"命令,将第 2 帧处的扇骨粘贴过来,旋转−20 度,以此类推,第 4 帧处是旋转−10 度,第 5 帧处是旋转 0 度,第 6 帧处是旋转 10 度,第 7 帧处是旋转 20 度,第 8 帧处是旋转 30 度,第 9 帧处是旋转 40 度。

⑨ 再复制第 1 帧的扇骨,在第 2 帧处右击,选择"粘贴到当前位置",这样第 2 帧就是 2 个扇骨。同理,复制第 2 帧的 2 个扇骨,在第 3 帧处右击,选择"粘贴到当前位置",第 3 帧就是 3 个扇骨。重复操作,直到第 9 帧处有 9 个扇骨。到现在,折扇可以自动打开。

⑩ 对于后半段,第 10 帧是 9 个扇骨,可在第 10 帧处插入关键帧;在第 11 帧处,插入关键帧,删除最右侧扇骨,还有 8 个扇骨;在第 12 帧处,插入关键帧,删除最右侧扇骨,还有 7 个扇骨;以此类推,第 18 帧处还剩 1 个扇骨。这就实现了折扇的闭合。

⑪ 将动画延迟到第 25 帧。

注意,第⑩步制作后半段动画还有一个方法是选中第 1~9 帧,右击选择"复制帧",在第 10 帧处右击选择"粘贴帧",然后将第 10~18 帧全部选中,右击选择"翻转帧"。这就是时间不可倒流,但时间上的内容可以倒流。

5.5.2　Flash 补间动画

时间轴上的所有帧不可能一帧一帧地做,只需给出关键时刻的画面内容,中间过程由计算机自动补充,这种制作动画的方法就是补间动画,也称过渡动画。作为初学者,只需掌握两种制作补间动画的方法:补间形状动画和传统补间动画。补间形状动画,如正方形变成三角形,再如正方形变大、变小、变颜色,正方形的数量变多、变少。传统补间动画是某个元件的补间,如球元件由上到下地运动,球元件由红色变成绿色等。

【例 5-15】 初识补间形状动画之一:圆形变三角形。

动画要求:帧频是 12,从第 1 帧到第 15 帧实现从圆形变成三角形。

制作步骤:

圆形变三角形

① 在第 1 帧处使用椭圆工具,关闭笔触颜色,填充颜色为红色,左手按 Shift 键不放,右手拖动鼠标画圆。

② 在第 15 帧处,插入关键帧,将圆删除,用矩形工具画正方形,再用选择工具,按住 Ctrl 键,将正方形改成三角形。

③ 选中时间轴第 1~14 帧的任一位置,右击选择"创建补间形状",如果看到浅绿色底纹之上是一条有箭头的实线,说明动画制作成功。

总结:制作补间形状动画只需要给出两个关键帧,并且两个关键帧的内容必须为形状。在此例中,第 1 帧和第 15 帧是两个关键帧,而且关键帧的内容均为形状(用鼠标单击形状,选中状态是像素点)。注意两点:浅绿色底纹是补间形状动画会形成的颜色;实线箭头说明动画制作成功,虚线说明动画制作失败。

【例 5-16】 初识补间形状动画之二:1 变成 2。

动画要求:从第 1 帧到第 15 帧完成从 1 变成 2 的动画。

制作步骤:

1 变成 2

① 在第 1 帧处,用文本工具(Aril 字体,绿色)写数字 1。

② 在第 15 帧处,插入关键帧,将数字 1 改成数字 2。

③ 在第 1~14 帧任意处右击,创建补间形状,会看到动画不成功,因为数字 1 和数字 2 都不是形状,需要先将数字 1 和数字 2 分离成形状(方法是选中数字 1,执行"修改"→"分离",数字 2 也是如此分离),再创建补间形状,动画就成功了。

④ 1 变成 2,变化过程不自然,可以加上控制点。方法是回到第 1 帧,执行"修改"→"形状"→"添加形状提示"两次,会出来 a 和 b 两个控制点,将 a 和 b 放在数字 1 的左上角和右下角,在第 15 帧处已经有了两个控制点,将 a 和 b 放在数字 2 的左上角和右下角即可,如图 5-48 所示。

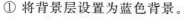

图 5-48 形状控制点

【例 5-17】 多图层变形:雪花变文字。

动画要求:蓝色背景,雪花分时落下。

制作步骤:

雪花变文字

① 将背景层设置为蓝色背景。

② 选择文字工具(属性为 windings,白色,96 点,加粗),输入大写字母 T,出来雪花的形状。

③ 用箭头工具选中雪花,并按 Ctrl 键,再复制 4 个雪花出来。

④ 将 5 个雪花对齐。a.先将左边的第 1 个雪花放于左上方适当位置。b.将第 5 个雪花放于右边适当位置。c.全部选中 5 个雪花,执行"窗口"→"设计面板"→"对齐",调出对齐面板。d.单击顶对齐和水平居中按钮。

⑤ 将 5 个雪花全部选中,执行"修改"→"分离"。

⑥ 可用一个图层来实现由雪花变文字,因此可以用 5 个图层实现 5 个雪花变成 5 个字母(新建图层成为图层 2)。

⑦ 同理,新建图层 3、4、5 执行同样的操作,将雪花分到各层去。

⑧ 开始写文字"Flash",可写在第 15 帧处。

⑨ 可在图层 1 的第 15 帧处插入空白关键帧,再写 Flash 的几个字母,执行"修改"→"分离"(注意,分离 2 次才能变成一个个字母的形状),同样对齐(底端对齐和水平居中分布)这些字母形状,每一个字母形状可以与相应的雪花形状横坐标相同。

⑩ 将字母分散到不同的图层上去,同前边的操作。

⑪ 单击图层 1 的第 1 帧,按 Shift 键,再单击图层 5 的第 1 帧,这样所有图层的第 1 帧被选中,补间形状,如图 5-49 所示。

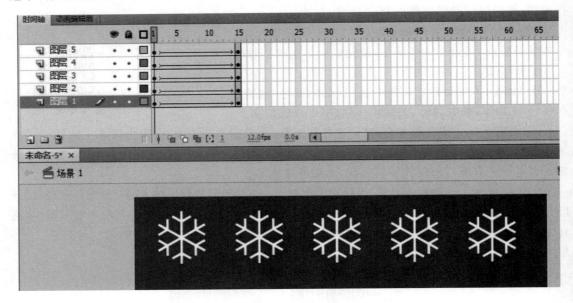

图 5-49　时间轴状态(一)

⑫ 为了让雪花依次落下,选中图层 2,后移 5 帧,同理,图层 3、4、5 依次后移 5 帧。时间轴上的图层及帧的状态如图 5-50 所示。

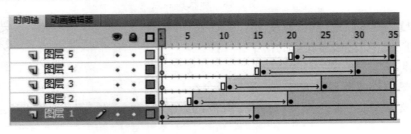

图 5-50　时间轴状态(二)

【例 5-18】 传统补间动画：小球的运动。

小球的运动

动画要求：制作一个绿黑放射状渐变的小球，小球从第 1 帧到第 20 帧，满足下面 4 点：①由舞台左侧运动到右侧。②运动速度由快到慢。③运动过程中顺时针旋转两次。④在此基础上，为小球添加一曲线路径，引导小球的运动。

制作思路：如果用补间形状的方式制作动画，那么①、②点可以满足，而③、④点无法实现。为实现这两个功能，需要用传统补间动画，要求关键帧内容必须是元件，不能是形状。元件和形状的选中状态如图 5-51 所示，元件是周围有蓝框，形状是像素点。

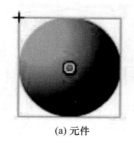

(a) 元件　　　　　　　　　　(b) 形状

图 5-51　元件和形状的选中状态

制作步骤：

① 选择椭圆工具，关闭笔触颜色，用绿黑放射状渐变，按住 Shift 键，画球，放在舞台左侧，然后用颜料桶在球的左上方单击，绿色从左上方到右下方渐变至黑色（若无此颜色设置，则看不出来球的旋转）。

② 用选择工具选中球，执行"修改"→"转换为元件"。

③ 在第 20 帧处右击，选择"插入关键帧"命令，并将球拖到右侧，与第 1 帧处的球 Y 坐标相同。

④ 在第 1～19 帧任意处右击，选择"创建传统补间"命令，动画成功，时间轴上是紫色底纹的实线箭头。单击时间轴第 1 帧，在属性中将缓动值设为 100，如图 5-52 所示，缓动值为 -100～100 之间的值，正数值表示速度会越来越慢，负数值表示速度会越来越快，此时读者可新建图层 2，画同样大小的球，制作补间形状的动画，并设置缓动值为 100，二者的动画效果没有区别。

图 5-52　缓动值设置

⑤ 实现球的旋转是传统补间动画特有的,单击图层1的第1帧,在帧的属性中有一个旋转,可设为顺时针方向,数量为2,如图5-53所示。

图5-53　旋转设置

⑥ 实现曲线运动是传统补间动画特有的,需要引导路径。首先,右击图层1,选择"添加传统运动引导层"命令;然后,在引导层的第1帧处,将铅笔工具模式设为平滑,画曲线即可,将图层1第1帧处球的中心点移动到线的起点,将第20帧处球的中心点移动到线的终点;最后,在第1帧处帧的属性面板中勾选"调整到路径",如图5-54所示。

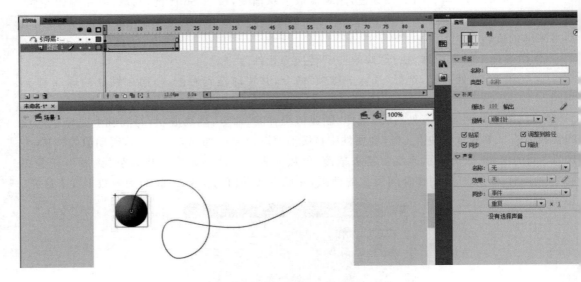

图5-54　小球的运动路径

【例5-19】 跳动的球。

动画要求:1~20帧的内容:球由下跳到上,速度越来越慢,同时球的影子由小变大,颜色由深到浅;20~40帧的内容:球由上落下,速度越来越快,同时影子由大变小,颜色由浅到深。

跳动的球

制作步骤:

① 选择椭圆工具,关闭笔触颜色,用黄红放射状渐变,读者可单击颜色面板,自行设置颜

料桶渐变色,如图 5-55 所示。画球,在球的左上方用颜料桶单击,球从左上方到右下方实现由黄到红的渐变。

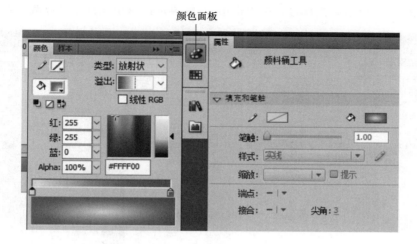

图 5-55　颜料桶渐变色设置

② 用选择工具单击圆球形状,执行"修改"→"转换为元件"。

③ 在第 20、40 帧处插入关键帧,将第 20 帧处的球向上移动(可使第 20 帧处球的 X 坐标与第 1 帧处球的 X 坐标一致)。

④ 选中第 1 帧,创建传统补间,顺时针旋转 2 次;在第 20 帧处,创建传统补间,逆时针旋转 2 次。

⑤ 为符合地球引力规律,单击第 1 帧,设置缓动值为 100;然后单击第 20 帧,设置缓动值为 -100。

⑥ 新建图层 2 做影子层的动画。

⑦ 打开混色器,选择放射状,设为由黑到白的渐变,注意将白色一端调整 Alpha 值为 0,Alpha 值的范围是 0～100,100 表示不透明,0 表示完全透明,0～100 之间的值表示半透明,如图 5-56 所示。

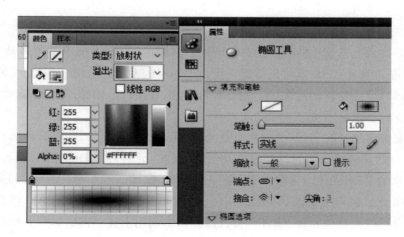

图 5-56　颜料桶由黑到白,白色一端为透明

⑧ 注意一定要选中图层 2,在第 1 帧处画圆,调整一下,并转换为元件。

⑨ 在第 20、40 帧处插入关键帧,将第 20 帧处的影子放大、变淡(即 Alpha 值变小一些,本例为 30),如图 5-57 所示。操作过程是单击第 20 帧再单击影子元件才可以改变形状和颜色。

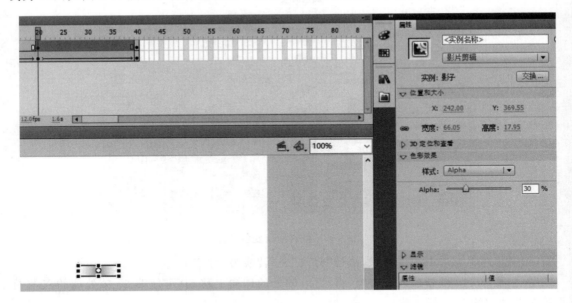

图 5-57　影子元件在第 20 帧处的颜色及大小

⑩ 单击图层 2 第 1 帧,创建传统补间;单击第 20 帧,创建传统补间。

【例 5-20】 建立影片剪辑元件。

动画要求:掌握 1 帧的图形元件、多帧的图形元件、多帧的影片剪辑元件的区别。

制作步骤:

① 制作一个"球"元件,注意元件类型为图形元件。

② 制作一个 20 帧的"多帧的球"元件,注意元件类型为图形元件。

③ 制作一个 20 帧的"多帧影片剪辑"元件,注意元件类型为影片剪辑　建立影片剪辑元件。
元件。

④ 把"球"元件、"多帧的球"元件、"多帧影片剪辑"元件拖动到舞台上。

分析:如果舞台上只有 1 帧,发现"球"元件和"多帧的球"元件都不动,"多帧的球"元件本身有 20 帧,但是没有动起来,这时只需要将舞台上的时间轴给足 20 帧,在第 20 帧处插入普通帧即可,"多帧的球"元件就动起来了。若是舞台上给 30 帧,"多帧的球"元件运动不完整,只有给的帧数是 20 的整数倍才可以正常动起来。

注意:之前做传统补间动画,关键帧上是元件,元件是图形元件,一个名称为"球"的元件如图 5-58 所示,"球"元件是 1 帧的,如图 5-59 所示。其实,元件可以是多帧的,例如,再建一个名称为"多帧的球"的图形元件,"多帧的球"是一个有 20 帧动画的图形元件,球的运动是 1~10帧向上跳动,10~20 帧向下跳动,其中第 1、10、20 帧为关键帧,关键帧上的内容为做好的 1 帧的"球"元件(也可以是其他元件,读者可自行制作),本例用上述 1 帧的"球"元件创建传统补间动画,这样,"多帧的球"是一个 20 帧的动画,如图 5-60 所示。这里尤其要明白:"球"元件和"多帧的球"元件都是图形元件,这两个图形元件都没有放置在舞台上。

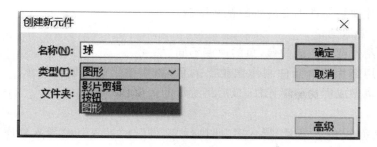

图 5-58 创建图形元件

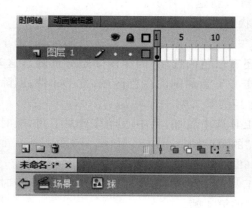

图 5-59 1帧的图形元件

图 5-60 多帧的图形元件

要制作含有多个元件的动画,每个元件自身包含的帧数不同,则舞台上必须给足所有元件帧数的最小公倍数,这是一个很大的限制,有没有更好的解决办法呢?有,如果是多个影片剪辑元件置于舞台上,则不用受此限制。因此,做一个含有 20 帧的影片剪辑元件是可行的,创建元件时,选择影片剪辑元件就可以,建一个名称为"多帧影片剪辑"的元件,如图 5-61 所示,影片剪辑元件的创建过程不再叙述,读者自行创建 20 帧的动画即可。

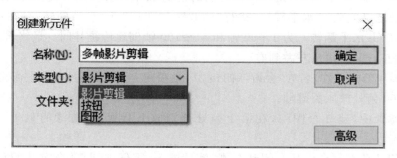

图 5-61 创建多帧的影片剪辑元件

舞台上有 3 个元件,舞台上只给 1 帧,可以看到,只有"多帧影片剪辑"元件正常动起来,另外两个不动,影片剪辑元件不受舞台的帧数限制。

【例 5-21】 游泳的鱼。

游泳的鱼

动画要求:制作两条游泳的鱼,鱼的速度不同。

制作思路:用影片剪辑元件制作摆尾巴的鱼,用摆尾巴的鱼制作游泳的鱼,游泳的鱼也做成影片剪辑元件,最后将游泳的鱼放在舞台上。

制作步骤:

① 将原图(鱼1、鱼2、背景)导入库,即执行"文件"→"导入"→"导入到库"。调出库面板可看到 3 张图片。

② 执行"插入"→"新建元件"→选"影片剪辑",新建影片剪辑元件,名称为"摆尾巴的鱼 1",将库中的鱼 1 拖入此影片剪辑元件的编辑状态。

③ 选中鱼 1 执行"修改"→"位图"→"转换为矢量图"(两个值保持默认值即可,值越小越精确),转化后看到除了鱼的轮廓外,鱼身体周围还有白色的选区(因为图片是方形的),这时,先用选择工具取消对鱼的图片的选中状态,再单击一下鱼周围的白色区域,按 Del 键,删除周围的白色区域,如图 5-62(a)所示,为"摆尾巴的鱼 1"的第 1 帧。

④ 在第 2 帧处按 F6 键插入关键帧,用箭头工具选中尾部,将中心点移到左下角,顺时针旋转某角度,如图 5-62(b)所示,为"摆尾巴的鱼 1"的第 2 帧。

⑤ 在第 3 帧处要复制第 1 帧的内容,如图 5-62(c)所示,为"摆尾巴的鱼 1"的第 3 帧。

⑥ 在第 4 帧处按 F6 键插入关键帧,用选择工具选中尾部,将中心点移到左上角,逆时针旋转某角度,如图 5-62(d)所示,为"摆尾巴的鱼 1"的第 4 帧。

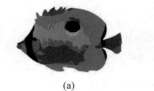 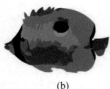  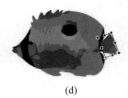

(a)　　　　　　　(b)　　　　　　　(c)　　　　　　　(d)

图 5-62　影片剪辑元件"摆尾巴的鱼 1"的第 1~4 帧(从左到右)状态

⑦ 影片剪辑元件"摆尾巴的鱼 2"的制作过程同"摆尾巴的鱼 1"。

⑧ 接下来制作"会游泳的鱼 1"影片剪辑元件。

⑨ 新建影片剪辑元件,名为"会游泳的鱼 1"。在第 1 帧处将"摆尾巴的鱼 1"放于舞台右侧适当位置;在第 60 帧处按 F6 键,将"摆尾巴的鱼 1"放于舞台左侧适当位置;在第 61 帧处按 F6 键,并将"摆尾巴的鱼 1"水平翻转(执行"修改"→"变形"→"水平翻转");在第 120 帧处复制第 1 帧的内容并水平翻转。为 1~60 帧和 61~120 帧创建传统补间。最终看到鱼可以摆着尾巴从右游到左,翻转,再从左游到右。

⑩ 新建影片剪辑元件,名为"会游泳的鱼 2",做法同上步,只不过可让它游得慢一些,可在第 1、80、81、160 帧处放上关键帧。

⑪ 回到场景中,建 3 个图层,在第 1 帧处分别放上背景、会游泳的鱼 1、会游泳的鱼 2 即可。

思考:要想让鱼在舞台上从右侧到左侧,然后掉头,需仔细计算"会游泳的鱼 1"元件的第 60 帧的位置,鱼游过的距离是:550-154.25(鱼的宽度)=395.75。此距离也是 180.5(第 1 帧的 X 坐标)-第 60 帧的位置,可算出第 60 帧的位置是 180.5-395.75=-215.25。

【例5-22】 蒙版动画,也称遮罩动画。

动画要求:小球由左滚向右,小球经过的地方下面的文字变成黄色。

制作步骤:

蒙版动画

① 将背景设为黑色。

② 在图层1上,用文本工具(设置为黄色、Arial、150号)写文字"Flash"。

③ 新建图层2,画球,画圆工具去掉边线色,填充色为任意颜色,将球移至舞台的左侧边缘位置处。

④ 在图层2的第35帧处将球移至舞台的右侧边缘位置处。

⑤ 单击图层2的第1帧,创建补间形状。

⑥ 右击图层2,选择遮罩层。

⑦ 将图层1的文字延迟到第35帧处,即在第35帧处右击,选择"插入帧"。

⑧ 这时测试动画已经出现了蒙版的效果,为了让蒙版走过之后显示全部的文字,可以新建一个图层3,用灰色的字体写上"Flash"。注意:图层3不要建在图层1及它的蒙版之上,要建在图层1及它的蒙版之下才行,可以先复制图层1的第1帧到图层3的第1帧处,再改变图层3的字体颜色为灰色。动画效果如图5-63所示。

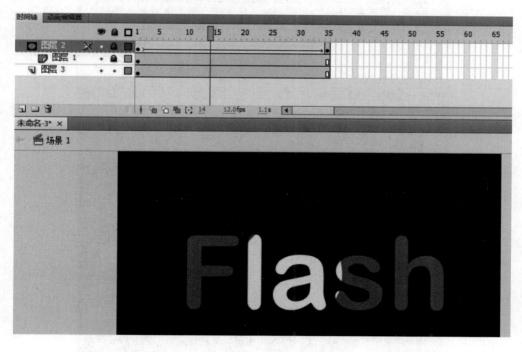

图5-63 遮罩效果

这是一种遮罩效果,是遮罩在动,第2种效果是遮罩不动,第3种效果是遮罩可以变形。例5-23和例5-24分别介绍第2、3种效果。

【例5-23】 蒙版不动(遮罩不动)。

说明:蒙版相当于镜子或窗口,蒙版不动,蒙版下面的景物动,这又是一种精彩的效果。

蒙版不动

制作步骤：

① 在图层 1 的第 1 帧处写上"Flash"，用 Franklin Gothic Heavy 字体，调整到比较大的尺寸。

② 新建图层 2（用来放画面），可将图层 2 放于图层 1 的下面。

③ 执行"文件"→"导入"→"导入到库"，将"天堂.jpg"文件导入库中，再将该图片置于图层 2 中。

④ 图片大小为 800 像素×600 像素，调整其大小与舞台相同（550 像素×400 像素），其位置与舞台对齐。

⑤ 复制图片，将复制的图片置于原图片左侧，将两张图片对齐，选中左侧图片，执行"修改"→"变形"→"水平翻转"。两张对称的图片成为一张大图片，执行"插入"→"新建元件"，这时新的元件内容为一张大图片。

⑥ 将图层 2 第 1 帧处的元件放于舞台左侧，坐标为(0,0)。

⑦ 在图层 2 的第 40 帧处按 F6 键，将元件放于舞台右侧，坐标为(550,0)。

⑧ 为图层 2 创建传统补间。

⑨ 右击图层 1，选择"遮罩层"，并将图层 1 延迟到第 40 帧处，最终效果如图 5-64 所示。

图 5-64　遮罩不动的效果

【例 5-24】 打开的画卷。

动画要求：画轴慢慢打开，画轴下面的画面及文字慢慢展现出来。

制作步骤：

① 在图层 1 的第 1 帧处画画轴（用黑红黑的线性渐变），并将其转换为

打开的画卷

元件;再画画轴的光影(同样用黑红黑的线性渐变,填充方向是副对角线)。

② 新建图层2(用来制作移动的画轴),第1帧的画轴放在图层1画轴的右侧,紧挨着图层1中的画轴即可。在第40帧处按F6键,并将画轴往右移,直至画轴右侧盖住光影的右边边界为止,为图层2的画轴创建传统补间动画,并且将图层1延迟到第40帧。

③ 必须让光影慢慢显露出来,这时就要借助于遮罩了,在图层1上新建图层3,用画方工具画一个方块(去掉边线色,用一个其他的颜色画,以免与原来的光影颜色混淆,方块可比画轴宽一些,方块的右侧能盖住最左侧的画轴即可),在第40帧处按F6键,用任意变形工具将方块拉宽,方块能盖住最右侧画轴的边缘即可,不要超出画轴右侧边缘,也不要不及画轴右侧边缘,然后为方块创建补间形状。这时测试动画,会看到随着画轴的移动,光影也慢慢显示出来了(遮罩层即图层3的变形起的作用)。

④ 图层1是光影层,可在图层1上新建图层成为图层4,并导入长城的图片,这时蒙版下边蒙了两层。

⑤ 还可以在长城图层之上新建图层,写上文字"不到长城非好汉",最终效果如图5-65所示。

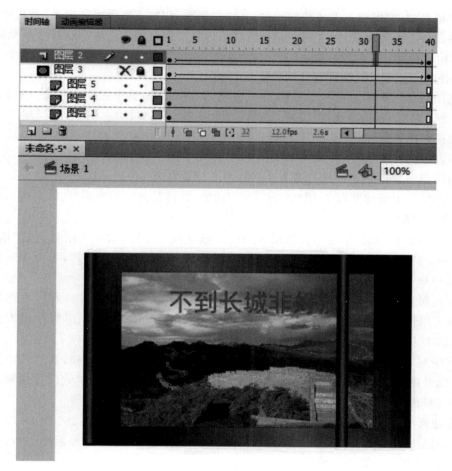

图5-65 遮罩变形的效果

总结:此例说明,蒙版可以变形,蒙版可以蒙多层。

5.5.3　Flash 综合动画

【例 5-25】　综合动画。

动画要求:制作一个"爱护地球"主题的动画,用到多图层、分时、蒙版等。

综合动画

制作思路:本动画共三部分,第一部分是美丽的地球,第二部分是遭到破坏的地球,第三部分是倡导爱护地球。

制作步骤:

① 新建文件,将背景设为蓝色。

② 将素材(地球、鹰、狗、熊、虎、熊猫、荒山、孩子)导入库中,并调出库面板。

③ 执行"插入"→"新建元件"→"地球",将地球位图拖过来。

④ 选中地球,执行"修改"→"位图"→"转换位图为矢量图"(参数保持默认即可),这时取消对地球图片的选中状态,单击黑色区域,按 Del 键。

⑤ 新建元件(鹰),将鹰位图拖过来即可。同理依次新建元件(狗、熊、虎、熊猫、孩子、荒山)。

⑥ 到场景中,在图层 1 上放地球元件,并选中地球,相对于舞台水平中齐、垂直中齐。

⑦ 在图层 2 上放鹰元件,在第 1 帧处将鹰元件放于舞台的左上方,在第 11 帧处将其放于舞台的右下方,在第 16 帧处将其放于舞台的左上方(此帧处的元件将宽高设为 100),为 1～11 帧创建传统补间,为 11～16 帧创建传统补间。

⑧ 在图层 2 上新建图层 3,选中图层 2,复制图层 2 各帧,选中图层 3 各帧进行粘贴;将图层 3 中的鹰元件选中,执行交换(交换成熊猫,3 个关键帧都要换)。同理,在图层 3 上新建图层 4,将熊猫转换为熊;在图层 5 中将熊转换为虎;在图层 6 中将虎转换为狗;令图层 3 比图层 2 晚 10 帧,以此类推,图层 6 比图层 5 晚 10 帧,图层 6 到了第 56 帧。

⑨ 将图层 1 至图层 6 都延迟到第 64 帧(为了稍微停顿一下)。

⑩ 在图层 6 上新建图层 7,用文本工具写"这里,曾经是他们的家园"(47,白色),此时图层已经到了第 64 帧。

⑪ 建立图层 8(做遮罩层),在图层 8 的第 1 帧处画上矩形,大小为刚好盖住"这"字。在图层 8 的第 50 帧处将矩形修改成大小可盖住"这里,曾经是他们的家园",可为矩形创建补间形状至第 60 帧处,矩形图层已经到了第 64 帧。

⑫ 在图层 7 的第 65 帧处写"而现在,因为人类⋯⋯",并延迟到第 134 帧。在图层 8 的第 65 帧处画上矩形,大小为刚好盖住"而"字,在图层 8 的第 130 帧处将矩形修改成大小可盖住"而现在,因为人类⋯⋯"。

⑬ 在图层 1 的第 65 帧处放上荒山元件(先按 F7 键插入空白关键帧,再将荒山拖过来),放于左上角并缩小些。在图层 1 的第 81 帧处按 F6 键将荒山放上,并扩大以盖住舞台。为荒山元件创建传统补间,再将图层 1 延迟到第 134 帧。

⑭ 在图层 7 的第 135 帧处写"为了将来,请爱护地球",并延迟到第 165 帧。

⑮ 在图层 8 之上新建图层 9,在图层 9 的第 135 帧处放孩子元件,并缩小一些,放于舞台靠左的位置,并延迟到第 165 帧。

⑯ 建圆元件,在图层 9 之上新建图层 10(做遮罩层),将圆元件放于图层 10,并在第 135～165 帧处将圆由大到小创建传统补间。为停顿,可将图层 7、9、10 延迟到第 175 帧。

习 题 5

一、单选题

1. 多媒体技术处理的是＿＿＿＿＿＿＿＿。
A. 模拟信号　　　　B. 数字信号　　　　C. 音频信号　　　　D. 视频信号

2. 下列哪个不是多媒体技术的特征？＿＿＿＿＿＿＿＿
A. 实时性　　　　B. 集成性　　　　C. 交互性　　　　D. 智能性

3. 键盘和显示器属于显示媒体，图形、图像、语音等属于＿＿＿＿＿＿＿＿媒体。
A. 感觉　　　　B. 传输　　　　C. 存储　　　　D. 表示

4. 在多媒体系统中，内存和光盘属于＿＿＿＿＿＿＿＿媒体。
A. 感觉　　　　B. 传输　　　　C. 存储　　　　D. 表示

5. 在多媒体技术中，媒体分为＿＿＿＿＿＿＿＿。
A. 感觉媒体、表示媒体、显示媒体、存储媒体、传输媒体
B. 感觉媒体、表示媒体、显示媒体、传输媒体
C. 动画媒体、语音媒体、声音媒体
D. 硬件媒体、软件媒体、信息媒体

6. ＿＿＿＿＿＿＿＿是指经过压缩后，解压的数据与原始数据存在一定差异但非常接近的压缩方法。
A. 无损压缩　　B. 有损压缩　　　C. 不压缩　　　D. 都不正确

7. mp3 格式属于＿＿＿＿＿＿＿＿。
A. 无损压缩　　B. 有损压缩　　　C. 不压缩　　　D. 都不正确

8. JPEG 图像压缩标准是＿＿＿＿＿＿＿＿。
A. 一种压缩率较低的有损压缩方式
B. 一种压缩率较高的有损压缩方式
C. 一种压缩率较低的无损压缩方式
D. BMP、GIF 等图像压缩格式都采用的压缩标准

9. 关于矢量图，下列说法不正确的是＿＿＿＿＿＿＿＿。
A. 矢量图是通过算法生成的
B. 矢量图文件比位图文件小
C. 矢量图的基本数据单位是几何图形
D. 矢量图放大或缩小会变模糊

10. 位图与矢量图比较，其优越之处在于＿＿＿＿＿＿＿＿。
A. 位图缩放后不会出现模糊
B. 位图画面可很容易地进行移动、缩放、旋转、扭曲
C. 位图适合表现含有大量细节的画面
D. 位图文件比矢量图文件要小

11. Photoshop 制作火焰字，在新建文件时，图像的颜色模式必须是＿＿＿＿＿＿＿＿模式，此模式转化成＿＿＿＿＿＿＿＿模式后，才能产生颜色表。
A. 位图　　　灰度　　　　　　　　　　　B. 灰度　　　RGB

C. RGB　　　灰度　　　　　　　　　　　　D. 灰度　　　索引

12. Photoshop 中有两个图层,图层 1 在下一层,图层 2 在上一层,为图层 2 添加一个图层蒙版,在蒙版中用_____操作,则图层 1 中相应的区域会显示出来。

A. 黑色画笔　　　　　　　　　　　　　　B. 白色画笔

C. 黑色、白色画笔均可　　　　　　　　　D. 魔棒工具

13. 下列说法错误的是_____。

A. 在 Photoshop 中输入了文本,可直接对文本使用风滤镜

B. Flash 中的颜料桶工具自带彩虹色

C. 在 Flash 中输入了一个文字后,该文字需要分离才能做补间形状的动画

D. Photoshop 中的选区对所有图层都可见

14. 在 Photoshop 中,新建通道名称为 Alpha1,此通道的默认颜色是_____。

A. 白　　　　　B. 黑　　　　　C. RGB　　　　　D. 灰

15. 要正常播放动画,下列哪种元件对于场景的帧数有要求?_____

A. 1 帧的图形元件　　　　　　　　　　　B. 多帧的图形元件

C. 1 帧的影片剪辑元件　　　　　　　　　D. 多帧的影片剪辑元件

16. Flash 中图片的横坐标和纵坐标取的是图片的哪一个像素点的坐标值?_____

A. 右上角像素点　　　　　　　　　　　　B. 右下角像素点

C. 左上角像素点　　　　　　　　　　　　D. 左下角像素点

17. Flash 中有关遮罩的描述,下列哪个是正确的?_____

A. 遮罩层不可以做补间动画,被遮罩层可以做补间动画

B. 被遮罩层可以是一层,也可以是多层

C. 遮罩层的关键帧上只能放置形状,不能放置文本

D. 遮罩层的关键帧上只能放置形状,不能放置元件

18. Flash 中形状的颜色有边线颜色和填充颜色两种,用_____设置边线颜色。

A. 颜料桶工具　　　B. 铅笔工具　　　C. 墨水瓶工具　　　D. 刷子工具

19. 要改变元件的颜色,以下哪种工具或命令可以使用?_____

A. 墨水瓶工具　　　B. 钢笔工具　　　C. 颜料桶工具　　　D. 调整 Alpha 值

20. Photoshop 的渐变类型不包括_____。

A. 线性渐变　　　B. 角度渐变　　　C. 多边形渐变　　　D. 菱形渐变

二、简答题

1. 多媒体技术的含义是什么? 有什么特征?

2. 多媒体技术的应用领域有哪些? 请举例说明。

3. 简述媒质和媒介的含义。

4. 简述多媒体的关键技术。

第6章　计算机网络应用基础

6.1　计算机网络的形成与发展

6.1.1　计算机网络的形成

计算机网络是计算机技术与通信技术紧密结合的产物。一种新技术出现一般需要两个条件：一是强烈的社会需求；二是前期技术的成熟。计算机网络的形成开始于20世纪50年代初，近二十几年发展迅速。其主要动力是：资源共享、大型项目合作和人与人之间的沟通。

1. 社会需求

20世纪50年代初，美国军方开发了美国半自动地面防空系统（Semi-Automatic Ground Environment，SAGE），将远程雷达与其他测量设施连接起来，把观测到的防空信息通过通信线路与国际商业机器公司（International Business Machines Corporation，IBM）计算机连接，实现分布的防空信息能够被集中处理与控制，开始了计算机与通信的结合。

随后军事、科学研究、社会、地区与国家各类信息分析决策、大中小型企业管理等领域希望将分布在不同地点的计算机通过通信线路互联，成为计算机网络，出现了多台甚至成千上万台计算机互联的需求。计算机网络用户不仅可以使用本地计算机的软件、硬件与数据资源，而且可以使用跨地域的已联网计算机的软件、硬件与数据资源，实现计算机资源共享。

2. 计算机发展

1946年，世界上第一台计算机ENIAC诞生于美国宾夕法尼亚大学，该计算机采用的电子元件是电子管。随着微电子技术的发展，出现了晶体管、集成电路、超大规模集成电路，使得计算机向巨型化、微型化、智能化、网络化方向发展。随着个人计算机（Personal Computer，PC）与工作站的广泛应用，小范围的多台计算机联网的需求日益强烈。20世纪70年代初，为实现实验室或校园内的多台计算机共同完成科学计算与资源共享这一目的，出现了局域计算机网络。

3. 通信技术

20世纪20年代，美国工程师尼奎斯特（Harry Nyquist）和哈特利（Ralph Hartley）开始研究通信系统传输信息的能力，并试图度量通信信道容量。1948年10月，美国数学家香农（Claude Elwood Shannon）发表的《通信的数学理论》宣告了现代信息论的诞生，并把通信理论的解释公式化，研究了如何有效地传输信息。此后，世界各国的通信工程师和数学家对其进行了详细论述、扩展和完善，为数字通信技术的发展提供了理论工具。同时，电子计算机迅速发展，推动了数字化信息时代的到来。

1986年，第一代移动通信技术在美国芝加哥诞生，采用模拟信号传输，典型的有"大哥大"。从20世纪80年代中期到21世纪初，第二代移动通信技术迅速发展，采用数字调制技术,实现了用手机进行文字信息传输和手机上网,典型的有摩托罗拉、诺基亚等移动终端。到了20世纪90年代后期,第三代、第四代移动通信技术相继诞生,可以传输图片和视频,随着互联网的普及和在线内容的流行,第四代移动通信技术在增加数据和语音容量、提高整体体验质量和传输速度上进一步提升。如今,第五代移动通信技术正在紧锣密鼓地部署和推广中,为促进万物互联互通以及无人驾驶、物联网、车联网、智能制造、远程医疗等行业的发展奠定基础。

通信传输技术和方式也在不断地发展。1965年,美国成功发射了第一颗实用对地静止通信卫星。此后,卫星通信迅速发展,推动了无线通信技术的发展。20世纪70年代,出现了以光波作为信息传输载体的光纤通信技术,其传输频带宽、抗干扰性强、信号衰减小,远优于电缆、微波通信的传输。

6.1.2 计算机网络的发展

根据计算机网络的体系结构,其发展可分为4个阶段:单个主机和联机终端网络、主机-主机网络、标准化层次体系结构网络、因特网为主体网络。

1. 单个主机和联机终端网络

20世纪50年代初至60年代,计算机网络由单个主机和联机终端构成,其结构示意图如

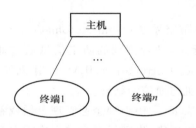

图6-1 单个主机和联机终端网络示意图

图6-1所示。典型范例是美国航空公司与IBM公司在20世纪60年代投入使用的飞机订票系统SABRE-I(由1台主机、2 000个终端通过电话线路连接构成)、美国半自动地面防空系统SAGE等。

其主要特点是:共享主机资源;单台主机完成计算和通信任务;多台终端直接和主机连接,用户通过终端与主机交互,连接方式可以是本地也可以是远程。其缺点是:主机负荷重,通信线路利用率低。

2. 主机-主机网络

20世纪60年代至70年代是以通信子网为中心的主机-主机网络的发展阶段,经历了从主机既承担计算任务又承担通信任务到通信任务从主机中分离的演变,其结构示意图如图6-2所示。在图6-2中,T为通信终端、H为主机、CCP为通信控制处理器(机)。随着计算机网络应用的发展,只共享单台主机资源已不能满足人们的需求,于是就出现了主机-主机网络。

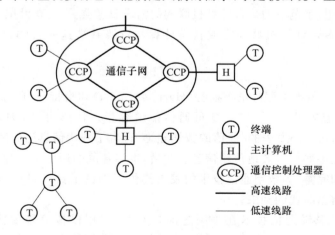

图6-2 主机-主机网络示意图

其主要特点是:划分为通信子网和资源子网的两层网络概念;通信子网是由通信控制处理机组成的传输网络,为资源子网提供信息传输服务;资源子网是主机的集合,提供各种网络资源,建立在通信子网基础上。某主机的终端既可共享本主机资源,又可共享其他主机资源。典型的是美国军方建立的实验性网络阿帕网络(ARPANET),其具有现代网络的许多特征。其缺点是:网络普及程度低,标准不统一,网络体系结构研究不成熟。

3. 标准化层次体系结构网络

20 世纪 70 年代至 90 年代,随着计算机网络的发展,各个网络设备制造厂商都在按照自己的标准生产产品,不同厂商之间的产品不兼容、不能互操作。因此,解决方法是网络体系结构标准化。标准化过程分为以下两个阶段。第一阶段为厂商标准,各厂商的产品只能自己互联,造成技术垄断,损害了用户利益,如 IBM 的联网协议(Systems Network Architecture, SNA)和美国数字装备公司的数字网络体系(Digital Network Architecture,DNA)等。为保证标准科学、统一、不偏向任何厂商,标准化任务由非营利中立组织来完成。第二阶段为国际标准,如国际标准化组织(International Standard Organized,ISO)制定的开放系统互连参考模型(Open System Interconnection/Reference Model,OSI/RM),它是一种概念上的模型,规定了网络体系结构框架,保证不同网络设备之间的兼容性和互操作性,说明了做什么而未规定怎样做。

4. 因特网为主体网络

从因特网的工作方式上看,因特网由边缘部分和核心部分组成。边缘部分由所有连接在因特网上的主机组成,是用户直接使用的,用来进行通信和资源共享。核心部分由大量网络和连接这些网络的路由器组成,是为边缘部分提供服务(连通性和交换服务)。可见,核心部分就是通信子网,边缘部分就是资源子网,其结构示意图如图 6-3 所示。

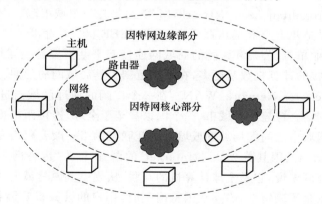

图 6-3 因特网为主体网络示意图

6.2 计算机网络的基本概念

6.2.1 计算机网络的定义

计算机网络可简单定义为一些相互连接的、以共享资源为目的、自治的计算机集合。

计算机网络较全面的定义是:将地理位置不同、具有独立功能的多台计算机及其外部设备通过通信线路连接起来,在网络操作系统、网络管理软件及网络通信协议的管理和协调下,实现资源共享和信息传递的计算机系统集合。

最简单的计算机网络是两台计算机通过一条链路连接,即两个结点和一条链路。最庞大的计算机网络是因特网,是计算机网络间通过许多路由器互联而成,也称为"网络的网络"。

计算机网络的主要功能:数据通信、资源共享、分布处理。①数据通信是计算机网络最基本的功能,快速传送计算机与终端、计算机与计算机之间的各种信息,包括文字信件、新闻消息、咨询信息、图片资料、报纸版面等。②资源共享中的"资源"是指网络中所有的软件、硬件和数据资源,"共享"是指网络中的用户都能够部分或全部地享受这些资源。③分布处理:当某台计算机处理任务过重或忙时,通过网络可将新任务转交给空闲的计算机来完成,提高处理问题的实时性;面对大型综合性问题或复杂问题时,将问题分成各个不同部分,通过网络分给其他计算机分别处理,充分利用网络资源协同工作、并行处理。

6.2.2 计算机网络的分类

计算机网络的分类方法常见的有:按照覆盖的地理范围、传输介质、使用性质划分。

1. 按网络覆盖的地理范围划分

① 局域网(Local Area Network,LAN):将较小地理区域内的计算机或数据终端设备连接在一起的通信网络。地理范围较小,一般在几十米到几千米之间。常用于组建一间办公室、一栋楼、一个楼群、一个校园或一个企业的计算机网络。分布距离近、传输速率高、数据传输可靠、通常采用双绞线作为传输介质、拓扑结构简单等。目前局域网速率可以是 10M/100M/10G/100G 等的以太网。IEEE 802 标准委员会定义了多种主要局域网:以太网(Ethernet)、令牌环网(Token Ring)、光纤分布式接口网络(FDDI)、异步传输模式网(ATM)以及无线局域网(WLAN)。

② 城域网(Metropolitan Area Network,MAN):是在一个城市范围内将各局域网互联的网络。连接距离可以是几十千米至几百千米,采用 IEEE 802.6 标准。城域网将一个大型城市中多个学校、企事业单位、公司和医院的局域网连接起来共享资源。城域网与局域网相比,扩展的距离更长,连接的计算机数量更多,在地理范围上是局域网的延伸。

③ 广域网(Wide Area Network,WAN):在一个广阔的地理区域内进行数据、语音、图像信息传输的计算机网络。覆盖一个城市、一个国家甚至于全球,连接距离可以是几十千米至几千千米。一般将不同城市之间的局域网或城域网互联。网络一般要租用专线,构成网状结构。

④ 因特网(Internet):因其英文单词"Internet"的谐音,称为"因特网",也称为互联网或国际互联网。从地理范围来说,它是全球计算机的互联,从规模上说是最大的网络,信息量大,传播广。其最大的特点是不确定性,当连在因特网上时,用户的计算机是因特网的一部分,当断开因特网连接时,用户的计算机就不属于因特网了。

2. 按网络传输介质划分

① 有线网络:采用金属导体和光纤导体等有线形式作为传输介质的网络称为有线网络。特点是稳定可靠、传输速率高、移动不方便。

② 无线网络:采用短波、微波、蓝牙、卫星和光波等无线电波作为传输介质的网络称为无线网络。特点是移动方便、容易受干扰、传输速率低。

3. 按网络使用性质划分

① 公用计算机网络:计算机网络为任何单位、个人提供接入服务,则为公用网,如中国联通互联网、中国电信互联网、中国移动互联网等。

② 专用计算机网络:计算机网络属于某个单位且只为本单位人员提供接入服务,则为专用网,如校园网、企业网、政务内网等。

6.2.3 计算机网络的拓扑结构

把网络中的计算机和通信设备抽象为一个点,把传输介质抽象为一条线,由点和线组成的几何图形就是计算机网络的拓扑结构。网络拓扑是通过网络中结点与通信线路之间的几何关系表示网络结构,反映网络中各实体之间的结构关系。网络拓扑主要指通信子网的拓扑构型,网络拓扑结构有总线型、星型、环型、树型、网状型、混合型。

1. 总线型拓扑

如图 6-4 所示,总线型拓扑是将网络中的所有设备通过相应硬件接口直接连接到公共总线上,所有结点都通过总线以广播方式发送和接收数据,优点是结构简单,缺点是必须解决多结点访问总线的介质访问控制策略问题。典型网络:以太网。

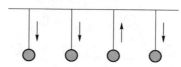

图 6-4 总线型拓扑

2. 星型拓扑

如图 6-5 所示,星型拓扑是中心结点通过点对点通信线路与其他结点连接。中心结点控制全网通信,任何两结点间的通信都要通过中心结点。优点是结构简单、便于维护与管理。缺点是中心结点是全网络的可靠瓶颈,其出现故障会导致网络瘫痪。

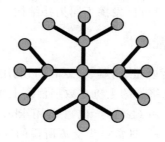

图 6-5 星型拓扑

3. 环型拓扑

如图 6-6 所示,环型拓扑是各结点通过通信线路组成闭合环路,环中数据只能单向逐站传输。优点是结构简单,信息在每台设备上的传输延时固定。缺点是任意结点出现故障都会造成网络瘫痪,维护处理比较复杂,环结点加入和撤出过程也比较复杂。典型网络:令牌环网。

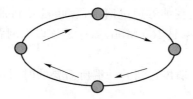

图 6-6 环型拓扑

4. 树型拓扑

如图 6-7 所示,树型拓扑是一种层次结构,结点按层次连接,信息交换主要在上下结点之间进行,相邻结点或同层结点之间一般不进行数据交换或数据交换量小。优点是结构简单,维护方便。缺点是根结点出现故障会导致全网瘫痪。根结点是全网关键。

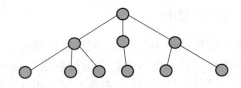

图 6-7 树型拓扑

5. 网状型拓扑

如图 6-8 所示,网状型拓扑又称无规则结构,结点之间的连接是任意的,没有规律。优点是可靠性高。缺点是结构复杂,不易管理和维护,必须采用路由算法和流量控制方法。典型网络:广域网。

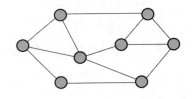

图 6-8 网状型拓扑

6. 混合型拓扑

混合型拓扑是采用上述两种或两种以上拓扑结构组成的网络。实际运行的网络往往是多种拓扑结构的混合型网络。优点是可以发挥不同拓扑结构的优势。

6.2.4 计算机网络的性能指标

主要性能指标:速率、带宽、吞吐量、时延、往返时间、利用率。

① 速率是指连接在计算机网络上的主机在数字信道上每秒传送的二进制位数,也称为传输速率或数据率,单位是比特每秒(bit/s),也可以用 kbit/s($k = 10^3$)、Mbit/s($M = 10^6$)、Gbit/s($G = 10^9$)、Tbit/s($T = 10^{12}$)。日常口头交流所说的速率是指额定速率或标称速率且常常省略单位,如 100M 以太网等。

② 带宽在计算机网络中表示网络通信线路传送数据的能力,其表示在单位时间内从网络某一点到另一点所能通过的最高数据率,单位是 bit/s。带宽或速率提高是指在单位时间内发送到链路上的比特数增多了,不是比特在链路上速度加快。

③ 吞吐量是指单位时间内实际通过某个网络(或信道、接口)的数据量,用于对实际网络的测量,以便知道实际有多少数据能够通过网络,吞吐量受到带宽或速率的限制。例如,一个 100 Mbit/s 的以太网的额定速率是 100 Mbit/s,这是该以太网吞吐量的绝对上限值,其典型吞吐量可能只有 70 Mbit/s。

④ 时延是指数据从网络一端传送到另一端所需要的时间,包括发送时延、传播时延、处理时延、排队时延。

- 发送时延:主机或路由器发送数据帧所需要的时间,即从发送数据帧的第一个比特开始到最后一个比特发送完毕所需要的时间,也称传输时延。计算公式为

$$发送时延 = \frac{数据帧长度(bit)}{发送速率(bit/s)}$$

- 传播时延:电磁波在信道中传播一定距离需要花费的时间。计算公式为

$$传播时延 = \frac{信道长度(m)}{电磁波在信道上的传播速率(m/s)}$$

电磁波在自由空间中的传播速率是光速,即 3.0×10^5 km/s,在铜线缆中的传播速率约为 2.31×10^5 km/s,在光纤中的传播速率约为 2.05×10^5 km/s。根据公式可计算出,1 000 km 长的光纤线路产生的传播时延大约为 5 ms。

- 处理时延:主机或路由器在收到分组时进行处理所需要的时间。
- 排队时延:分组通过网络传输时,需要经过许多路由器,进入路由器后要在输入队列中排队等待处理,路由器确定转发后要在输出队列中排队等待转发。这些合起来就产生了排队时延。

可见,数据在网络中的总时延为

$$总时延 = 发送时延 + 传播时延 + 处理时延 + 排队时延$$

⑤ 往返时间是指从发送方发送数据开始,到发送方收到来自接收方的确认信息所经历的时间。在互联网中往返时间包括中间各结点的处理时延、排队时延、转发数据的发送时延和传播时延。往返时间与所发送数据块长度有关,发送长数据块的往返时间比发送短数据块的要长。

⑥ 利用率包括信道利用率和网络利用率。信道利用率是指信道有百分之几的时间有数据通过,完全空闲的信道利用率是零。网络利用率是全网络的信道利用率的加权平均值。信道利用率并非越高越好。某信道利用率增大时,其引起的时延也迅速增加。当信道利用率达到其容量的 1/2 时,时延会加倍。通常控制信道利用率不超过 50%,否则就要扩容,增大线路带宽。

6.3 计算机网络体系结构

6.3.1 体系结构的基本概念

先来理解一下计算机网络体系结构的几个基本概念:网络协议、层次、接口、体系结构。

1. 网络协议

图 6-9 所示为实际运行的邮政系统体系结构,纸质发信与收信过程类似于计算机网络中计算机发送与接收信息的过程,可以用来类比讨论网络体系结构与网络协议概念要点。

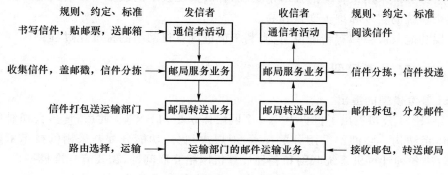

图 6-9 实际运行的邮政系统体系结构

计算机网络由多个互联的结点组成,结点之间需要不断地交换数据与控制信息。要做到有条不紊地交换数据,每个结点都必须遵循事先约定好的规则,这些规则规定了所交换数据的格式和时序。这些规则、约定与标准称为网络协议,其主要由以下 3 个要素组成。

① 语法:用户数据与控制信息的结构与格式。

② 语义:需要发出何种控制信息,以及完成的动作与做出的响应。

③ 时序:对事件实现顺序的详细说明。

计算机网络中的大量计算机之间要有条不紊地交换数据,必须制定一系列通信协议。

2. 层次与接口

人们对难以处理的复杂问题通常将其分解为若干个较容易处理的小问题。层次结构体现了对复杂问题采取"分而治之"的模块化方法,降低了复杂问题的处理难度。计算机网络体系结构也采用了层次这个基本概念。

邮政系统是涉及全国乃至世界各地区人民之间信件传送的复杂问题,它的解决方法是:将总体要实现的很多功能分配在不同层次中,每个层次要完成的服务及服务实现过程都有明确规定;不同地区的系统分成相同层次;不同系统的同等层次具有相同功能;高层使用低层提供的服务时,不需要知道低层服务的具体实现方法。邮政系统的层次结构方法与计算机网络的层次化体系结构有很多相似之处。层次是计算机网络体系结构中重要的基本概念。

接口是同一结点内相邻层之间交换信息的连接点。在邮政系统中,邮箱就是发信人与邮递员之间规定的接口。同一结点的相邻层之间存在着明确规定的接口,低层向高层通过接口提供服务。只要接口条件、低层功能不变,低层功能的具体实现方法与技术的变化就不会影响整个系统工作。接口是计算机网络实现技术中重要的基本概念。

3. 体系结构

计算机网络协议就是按照层次结构模型来组织的,将网络层次结构模型与各层协议的集合称为计算机网络体系结构。体系结构精确定义了计算机网络应该实现的功能,体系结构是抽象的。这些功能用什么样的硬件与软件去完成是具体实现问题,实现是具体的。网络协议是一整套复杂的协议集,最好的组织方式是层次结构模型。计算机网络采用层次结构,具有以下优点。

① 各层之间相互独立,高层不需要知道低层是如何实现的,而仅需要知道该层通过层间接口所提供的服务。

② 当任何一层发生变化时(如实现技术变化),只要接口保持不变,则对这层以上或以下各层均没有影响。

③ 各层都可以采用最合适的技术来实现,各层实现技术的改变不影响其他层。

④ 整个系统的实现和维护变得容易。

⑤ 每层功能与服务都有精确说明,有利于促进计算机网络的标准化过程。

6.3.2 OSI 参考模型

1. OSI 参考模型的提出

1974 年,IBM 公司提出了世界上第一个网络体系结构 SNA。此后,许多公司纷纷提出自的网络体系结构。它们都采用分层技术,但层次划分、功能分配与采用的技术术语均不相同。为了解决各种计算机系统联网和各种计算机网络互联问题,需要有标准模型。

在制定计算机网络标准方面,国际电报与电话咨询委员会(Consultative Committee on

International Telegraph and Telephone,CCITT)与国际标准化组织(International Standard Organized,ISO)是两大主要组织。CCITT 主要制定通信方面的一些标准,而 ISO 则负责信息处理与网络体系结构方面。随着科学技术发展,通信与信息处理都成为两大组织共同关心的领域。ISO 于 1977 年成立了专门研究机构,随后发布了 ISO/IEC 7498 标准,定义了网络互联的 7 层框架:OSI 参考模型。该模型详细规定了每一层功能,以实现开放系统环境中的互联性、互操作性与应用的可移植性。

2. OSI 参考模型的概念

① OSI 的"开放"是指只要遵循 OSI 标准,一个系统就可以与位于世界上任何地方、遵循同一标准的其他任何系统进行通信,采用分层的体系结构方法。

② 体系结构定义了开放系统的层次结构、层次之间的相互关系及各层所包括的可能服务。它是一个框架,是对网络内部结构最精炼的概括与描述。

③ 服务定义详细地说明了各层所提供的服务,还定义了层与层之间的接口与各层使用的原语。某一层服务就是该层及其以下各层的一种能力,通过接口提供给更高一层,但不规定这些服务、接口是如何实现的。

④ 协议规格说明精确地定义了各种协议应当发送什么样的控制信息,以及应当用什么样的过程来解释这个控制信息。协议规格说明具有最严格的约束。

OSI 参考模型并没有提供一个可以实现的方法,只描述了一些概念,用来协调进程间通信标准的制定。只有其中的各种协议是可以被实现的,各种产品只有和 OSI 协议相一致时才能互联。因此,OSI 参考模型是一个在制定标准时所使用的概念性框架,有助于理解计算机网络的基本工作原理。

3. OSI 参考模型的结构

OSI 参考模型的结构如图 6-10 所示。OSI 参考模型是分层体系结构,每层是一个模块,用于执行某种主要功能,并具有自己的一套通信指令格式(称为协议)。用于相同层两个功能模块间通信的协议称为对等协议。根据分而治之原则,OSI 参考模型将整个通信功能划分为7 个层次,划分层次的主要原则是:①网络中各结点都具有相同层次。②不同结点的同等层具有相同功能。③同一结点内相邻层之间通过接口通信。④每一层可以使用下层提供的服务,并向其上层提供服务。⑤不同结点的同等层通过协议来实现通信。

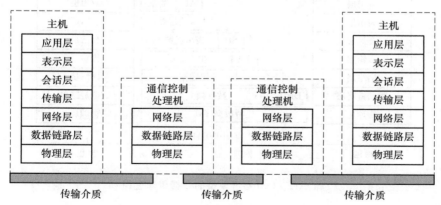

图 6-10　OSI 参考模型的结构

4．OSI 参考模型各层的功能

① 物理层。物理层是参考模型的最低层，主要功能是：利用传输介质为数据链路层提供物理连接，负责处理数据传输。数据传输介质由连接不同结点的电缆与设备构成，常被称为工作在物理层。

② 数据链路层。数据链路层是参考模型的第 2 层，主要功能是：在物理层提供的服务基础上，数据链路层在通信的实体间建立数据链路连接，传输数据包以"帧"为单位，采用差错控制与流量控制方法，使有差错的物理线路变成无差错的数据链路。

③ 网络层。网络层是参考模型的第 3 层，主要功能是：为数据在结点之间传输创建逻辑链路，通过路由选择算法为分组通过通信子网选择最适当的路径，实现拥塞控制、网络互联等功能。

④ 传输层。传输层是参考模型的第 4 层，主要功能是：向用户提供可靠的端到端服务，处理数据包错误、数据包次序以及其他一些关键传输问题。传输层向高层屏蔽了下层数据通信细节，是计算机网络体系结构中关键的一层。

⑤ 会话层。会话层是参考模型的第 5 层，主要功能是：负责维护两个端结点之间的传输链接，以便确保点到点传输不中断以及管理数据的交换等。

⑥ 表示层。表示层是参考模型的第 6 层，主要功能是：处理在两个通信系统中交换信息的表示方式，主要包括数据格式变换、数据加密与解密、数据压缩与恢复等功能。

⑦ 应用层。应用层是参考模型的最高层，主要功能是：为应用软件提供各种服务，如文件服务、数据库服务、电子邮件与其他网络软件服务等。

5．OSI 参考模型的数据传输过程

OSI 参考模型的数据传输过程如图 6-11 所示。主机 A 和 B 连入计算机网络须增加相应的硬件和软件，物理层、数据链路层与网络层大部分可以由硬件方式来实现，而高层基本上是通过软件方式来实现的。

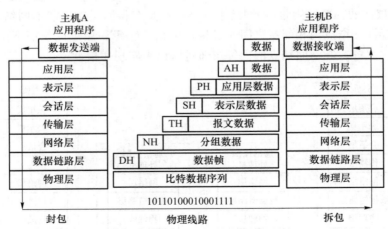

图 6-11　OSI 参考模型的数据传输过程

OSI 参考模型的数据传输过程分为两个阶段：发送端发送数据的过程称为"封包"，接收端接收数据的过程称为"拆包"。

① "封包"过程。主机 A 的应用程序需要通过网络发送数据时，要从本机应用层开始一直

送到物理层结束。首先将要发送的数据送给应用层,应用层把数据加上本层控制信息 AH 一起送给表示层;表示层把应用层数据和控制信息 AH 作为本层数据加上本层控制信息 PH 送给会话层;会话层把表示层发来的含有数据和控制信息 AH、PH 的内容作为本层数据加上本层控制信息 SH 送给传输层;传输层把会话层发来的含有数据和控制信息 AH、PH、SH 的内容作为本层数据加上本层控制信息 TH 送给网络层;网络层把传输层发来的含有数据和控制信息 AH、PH、SH、TH 的内容作为本层数据加上本层控制信息 NH 送给数据链路层;数据链路层把网络层发来的含有数据和控制信息 AH、PH、SH、TH、NH 的内容作为本层数据加上本层控制信息 DH 送给物理层;物理层接收的内容不但含有要发送的数据,而且含有数据链路层到应用层各层的控制信息。这样,数据从应用层开始每层都要封装上本层控制信息送给下一层,一直到物理层结束,这一过程称为"封包"过程。

②"拆包"过程。当数据通过物理线路发送到主机 B 时,主机 B 的物理层首先接收数据然后送到数据链路层;数据链路层分析发送端数据链路层的控制信息 DH,查看目标 MAC 地址是否与本机相同,若不同则丢弃整个数据帧,若相同则丢弃数据帧中的控制信息 DH 后向网络层传递数据;网络层分析发送端网络层的控制信息 NH,查看目标 IP 地址是否与本机相同,若不同则丢弃整个分组数据,若相同则丢弃分组中的控制信息 NH 后向传输层传递数据;传输层分析发送端传输层的控制信息 TH 后丢弃 TH,将剩下的数据传递给会话层;会话层分析发送端会话层的控制信息 SH 后丢弃 SH,将剩下的数据传递给表示层;表示层分析发送端表示层的控制信息 PH 后丢弃 PH,将剩下的数据传递给应用层;应用层分析发送端应用层的控制信息 AH 后丢弃 AH,将剩下的数据传递给主机 B 的应用程序。这样,主机 B 便收到了主机 A 发送的数据。从接收端主机 B 的物理层开始向数据链路层传递数据一直到应用层,每层都要分析发送端对等层封装的控制信息并做出相应处理,然后丢弃该控制信息向上层传递数据,这就是"拆包"过程。

在应用层、表示层、会话层把上层传来的数据加上本层控制报头后组织成的数据统称数据服务单元;到传输层构成的数据服务单元称为报文数据;到网络层构成的数据服务单元称为分组数据;到数据链路层构成的数据服务单元称为数据帧;物理层将数据帧以比特序列数据方式通过传输介质传输出去。将信息从一层传送到下一层是通过命令方式实现的,这里的命令称为原语。

OSI 参考模型发送、接收数据的过程类似于日常生活中发送、接收邮件的过程。发送邮件时,发信人先将信件封装在信封里然后送入邮筒;邮局拿到信件后将送往同一地点的信件封装到邮包里再通过运输部门送达目的地。接收邮件时,邮局首先要拆邮包取出每一封信;然后按照信封上的收件人地址分发给邮递员送达收件人,收件人核对信封上的地址和收件人姓名,如果是本人的信件则拆开信封阅读信件,否则退回信件。可见,发信过程需要"封包",收信过程需要"拆包"。

尽管主机 A 应用程序的数据在 OSI 参考模型中经过复杂的处理过程才能送到目的主机 B 的应用程序,但对于每台计算机来说,OSI 参考模型中数据流的复杂处理过程是透明的。主机 A 应用程序的数据好像是"直接"传送给主机 B 的应用程序,这就是开放系统在网络通信过程中最本质的作用。

6.3.3　TCP/IP 参考模型

1. TCP/IP 参考模型的发展

OSI 参考模型研究的初衷是希望为网络体系结构与协议的发展提供一种国际标准。随着互联网在全世界的飞速发展以及 TCP/IP 协议的广泛应用对网络技术发展的影响,美国国防部高级研究计划局提出 ARPANET 研究计划时要求:如果部分主机、通信控制处理机或通信线路遭到损坏,其他部分还能够正常工作;同时能够传送文件或实时数据等。因此,它要求是一种灵活的网络体系结构,能够实现异型网络互联与互通,促使新网络协议 TCP/IP 出现。虽然 TCP/IP 协议都不是 OSI 标准,但它们是目前最流行的商业化协议,并被公认为当前工业标准或"实际中的标准"。

互联网上的 TCP/IP 协议能够迅速发展,是因为适应了世界范围内的数据通信需要。TCP/IP 协议具有以下几个特点。

① 开放的协议标准,免费使用,独立于特定计算机硬件与操作系统。

② 独立于特定网络硬件,可运行在局域网、广域网、互联网中。

③ 统一的网络地址分配方案,整个 TCP/IP 设备在网络中都具有唯一地址。

④ 标准化的高层协议,提供多种可靠用户服务。

2. TCP/IP 参考模型各层的功能

TCP/IP 参考模型的层次数比 OSI 参考模型的 7 层要少。图 6-12 所示为 TCP/IP 参考模型与 OSI 参考模型的层次对应关系。TCP/IP 参考模型分为 4 层:应用层、传输层、互联层、主机-网络层。

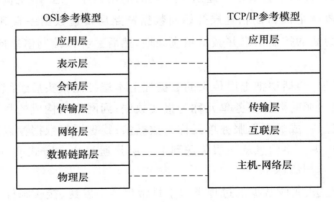

图 6-12　TCP/IP 参考模型与 OSI 参考模型的层次对应关系

① 主机-网络层是 TCP/IP 参考模型的最低层,负责通过网络发送和接收 IP 数据报。依照 TCP/IP 参考模型连入网络的主机使用多种协议,如局域网的 Ethernet 和令牌环、分组交换网的 X.25 等,体现了 TCP/IP 协议的兼容性与适应性,为 TCP/IP 协议的成功奠定了基础。

② 互联层是 TCP/IP 参考模型的第 2 层,相当于 OSI 参考模型网络层的无连接网络服务,负责将源主机报文分组发送到目的主机,源主机和目的主机可以在同一个网络,也可以不在同一个网络。互联层的主要功能:a. 收到传输层的分组发送请求后,将分组装入 IP 数据报,填充报头并选择发送路径,然后将数据报发送到主机-网络层相应的网络输出线。b. 收到主机-网络层数据后,检查目的地址,如需要转发,则选择发送路径转发出去。如目的地址为本结

点 IP 地址,则除去报头,将分组交送传输层处理。c.处理互连的路径、流控与拥塞问题。

③ 传输层是 TCP/IP 参考模型的第 3 层,负责应用进程之间的端—端通信。传输层的主要功能:在互联网中源主机与目的主机的对等实体间建立用于会话的端—端连接,与 OSI 参考模型的传输层功能相似。在 TCP/IP 参考模型的传输层,定义了以下两种协议。

- 传输控制协议(Transport Control Protocol,TCP)是一种可靠面向连接的协议,将一台主机的字节流无差错地传送到目的主机。TCP 同样要完成流量控制功能,协调收发双方发送与接收速度,达到正确传输的目的。
- 用户数据报协议(User Datagram Protocol,UDP)是一种不可靠无连接协议,用于不要求分组顺序到达的传输中,分组传输顺序检查与排序由应用层完成。

④ 应用层是 TCP/IP 参考模型的最高层,包括所有高层协议,并且总是不断有新的协议加入。目前,应用层协议主要有以下几种。

- 网络终端协议(Telecommunications Network,TELNET):实现互联网中的远程登录。
- 文件传输协议(File Transfer Protocol,FTP):实现互联网中的交互式文件传输。
- 简单邮件传输协议(Simple Mail Transfer Protocol,SMTP):实现互联网中的电子邮件传送。
- 域名系统(Domain Name System,DNS):实现网络设备名字到 IP 地址映射的网络服务。
- 简单网络管理协议(Simple Network Management Protocol,SNMP):管理与监视网络设备。
- 路由信息协议(Routing Information Protocol,RIP):在网络设备之间交换路由信息。
- 网络文件系统(Network File System,NFS):实现网络中不同主机间的文件共享。
- 超文本传输协议(Hypertext Transfer Protocol,HTTP):用于 WWW 服务。

应用层协议分为三类:①面向连接的 TCP 协议,如网络终端协议、简单邮件传输协议、文件传输协议等;②面向无连接的 UDP 协议,如简单网络管理协议等;③既依赖 TCP 协议,又依赖 UDP 协议,如域名系统等。

6.3.4 OSI 参考模型与 TCP/IP 参考模型比较

两者的共同点:采用层次结构概念;在传输层定义了相似功能;模型与协议都不完美。但两者在层次划分、使用的协议上有很大区别。

OSI 参考模型不能流行的原因之一是模型与协议自身的缺陷。大多数人都认为 OSI 参考模型的层次数量与内容可能是最佳选择,其实并不是这样的。会话层在大多数应用中很少用到,表示层几乎是空的。在数据链路层与网络层有很多子层插入,每个子层都有不同的功能。OSI 参考模型将"服务"与"协议"的定义相结合,使得参考模型变得格外复杂,实现起来更加困难。寻址、流量与差错控制在每层中重复出现,必然会降低系统效率。远程登录协议最初安排在表示层,现在安排在应用层。数据安全性、加密与网络管理等方面的问题也在参考模型的设计初期被忽略。有人批评参考模型的设计更多是被通信思想支配,很多选择不适用于计算机与软件工作方式。许多原语在很多高级语言中容易实现,但严格按照层次模型编程,则软件效率低。

TCP/IP 参考模型与协议也有自身缺陷。①服务、接口与协议的区别不是很清楚。一个好的软件工程应该将功能与实现方法区分开来,TCP/IP 参考模型没有很好地做到,使得 TCP/IP 参考模型对于使用新技术的指导意义不够。TCP/IP 参考模型不适用于其他非 TCP/IP 协议簇。②主机-网络层不是实际的一层,它定义了网络层与数据链路层接口。物理层与数据链路层的划分是必要和合理的,好的参考模型应该将它们区分开,而 TCP/IP 参考模型却没有。

TCP/IP 协议自 20 世纪 70 年代诞生以来,经历了多年的实践,赢得了大量用户和投资者。TCP/IP 协议的成功促进了互联网的发展,互联网的发展又进一步扩大了 TCP/IP 协议的影响。TCP/IP 协议首先在学术界争取了大批用户,同时越来越受到计算机产业界的青睐。IBM、DEC 等大公司纷纷宣布支持 TCP/IP 协议,局域网操作系统 NetWare、LAN Manager 和 UNIX、POSIX 操作系统也支持 TCP/IP 协议,Oracle 数据库也支持 TCP/IP 协议。相比之下,OSI 参考模型与协议显得有些势单力薄。人们普遍希望网络标准化,但却迟迟没有成熟的 OSI 产品推出,因此妨碍了第三方厂家开发相应的硬件与软件,影响了 OSI 产品的市场占有率与今后发展。因此,标准最重要的是要简单,易于实现,成本低,能够占领市场。

无论是 OSI 参考模型与协议还是 TCP/IP 参考模型与协议,都有成功和不足的方面。ISO 本来计划通过推动 OSI 参考模型与协议的研究来促进网络标准化,这个目标没有达到。但是其很多研究成果、方法对今后网络的发展有指导意义。TCP/IP 协议利用正确的策略,抓住有利时机,伴随着互联网发展而成为目前公认的工业标准,但其参考模型的研究却很薄弱。

物联网相关内容请扫描二维码。

物联网

习 题 6

一、选择题

1. (   )是指在有限地理范围(如一幢大楼、一个单位或部门)内,将各种计算机与外设互联起来的网络。

    A. 广域网   B. 城域网   C. 局域网   D. 公用数据网

2. 目前,实际存在与使用的广域网基本都是采用(   )。

    A. 总线型拓扑   B. 环型拓扑   C. 星型拓扑   D. 网状型拓扑

3. 以下关于环型拓扑构型特征的描述错误的是(   )。

    A. 环维护过程都比较简单

    B. 环型拓扑结构简单

    C. 环中数据将沿一个方向逐站传送

    D. 结点通过点对点线路连接成闭合环路

4. (   )是指为网络数据交换而制定的规则、约定与标准。

    A. 接口   B. 层次   C. 体系结构   D. 协议

5. 在 OSI 参考模型中,网络层的上一层是(　　)。

A. 物理层　　　　B. 应用层　　　　C. 传输层　　　　D. 数据链路层

6. 在 OSI 参考模型中,(　　)负责使分组以适当的路径通过通信子网。

A. 网络层　　　　B. 传输层　　　　C. 数据链路层　　　　D. 表示层

7. 在 OSI 参考模型中,传输层的数据服务单元是(　　)。

A. 比特序列　　　　B. 分组　　　　C. 报文　　　　D. 帧

8. 在 TCP/IP 参考模型中,与 OSI 参考模型的传输层对应的是(　　)。

A. 主机-网络层　　　　B. 应用层　　　　C. 传输层　　　　D. 互联层

9. 在 TCP/IP 协议中,UDP 协议是一种(　　)协议。

A. 传输层　　　　B. 互联层　　　　C. 主机-网络层　　　　D. 应用层

10. 有关协议数据单元 PDU 的描述错误的是(　　)。

A. 用于对等层之间传送数据　　　　B. 用于相邻层之间传送数据

C. 每层的 PDU 均不相同　　　　D. 每层都要加入自己的 PCI

二、填空题

1. 计算机网络的功能主要表现在_____、_____、_____ 3 个方面。

2. 计算机网络的分类可以按照_____、_____、_____、_____等进行划分。

3. 计算机网络常见的网络拓扑结构有_____、_____、_____、_____等。

4. 计算机网络的性能指标有_____、_____、_____、_____、_____、_____等。

5. OSI 参考模型包括_____、_____、_____、_____、_____、_____、_____ 7 层。

6. TCP/IP 参考模型包括_____、_____、_____、_____ 4 层。

7. 物联网的关键技术包括_____、_____、_____、_____ 4 项。

8. OSI 参考模型发送数据时每层都要加本层的控制信息,称为_____过程。

9. OSI 参考模型接收数据时每层都要解析并丢弃发送端对等层的控制信息,称为_____过程。

三、简答题

1. 计算机网络的发展可以划分为几个阶段?每个阶段都有什么特点?

2. 什么是计算机网络?通信子网与资源子网的联系与区别是什么?

3. 局域网、城域网与广域网的主要特征是什么?

4. 什么是计算机网络的拓扑结构?

5. 什么是计算机网络体系结构?采用层次结构的模型有什么好处?

6. 简述 OSI 参考模型的数据传输过程。

7. 简述 OSI 参考模型和 TCP/IP 参考模型的区别。

8. 简述什么是物联网并简述物联网的关键技术。

第7章　数据通信基础

7.1　数据通信的基本概念

7.1.1　数据通信模型

1. 通信系统的基本模型

通信的目的是将信息从一个地方传送到另一个地方。通信系统的基本模型如图 7-1 所示。

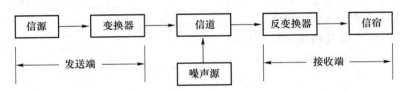

图 7-1　通信系统的基本模型

通信系统由发送端、信道和接收端组成。信道由传输信号的介质及相关设备组成,连接发送端和接收端。信源产生需要传输的信息,变换器根据信道特点,将信息转换成信道上的传输信号;信道将信号传输到接收端;反变换器将信号恢复成原来的信息,交给信宿。

在计算机中,以文字、语音、图形、图像等为载体的信息都用二进制编码方式表示。例如,信源、信宿都是计算机,则在通信系统中传输的是二进制数据,这种通信系统称为数据通信系统。所以,计算机网络是典型的数据通信系统。

数据通信系统工作过程示意图如图 7-2 所示,假设计算机 A 要向计算机 B 发送"NCEPU"。

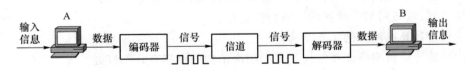

图 7-2　数据通信系统工作过程示意图

在发送端,通过键盘输入 NCEPU,计算机 A 按 ASCII 编码将 NCEPU 变换成二进制比特序列 01001110 01000011 01000101 01010000 01010101,形成要传输的数据。编码器将数据变换成一种特定电信号,然后通过信道传送到接收端。接收端的解码器从接收到的信号中还原出二进制数据 01001110 01000011 01000101 01010000 01010101 并传递给计算机 B,计算机 B 按照 ASCII 编码规则解释这一串二进制比特序列,输出字符 NCEPU。

2. 信息、数据与信号

① 信息。通信的目的是传输信息,信息载体可以是文字、语音、图形、图像以及视频等。例如,传输的文字 NCEPU 为信息载体。

② 数据。计算机为了存储、处理和传输信息,将表达信息的文字、语音、图形、图像及视频等用二进制数据表示。例如,文字信息 NCEPU 对应的数据是 01001110 01000011 01000101 01010000 01010101。

③ 信号。信号是数据的电气或电磁表示形式。在通信系统中,待传输的数据要用信号表示出来,才能够通过传输介质传输。信号分为模拟信号和数字信号。

用信号幅度的变化表示数据。信号幅度连续变化的称为模拟信号,例如,电话线上传送的按照语音强弱幅度连续变化的信号就是模拟信号。信号幅度不连续变化,取有限个离散值的称为数字信号,例如,计算机产生的电信号是电脉冲序列,电压幅度取两个值,一个表示二进制 0,一个表示二进制 1。模拟信号和数字信号波形如图 7-3 所示。

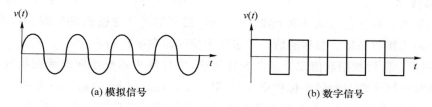

(a) 模拟信号 (b) 数字信号

图 7-3 模拟信号和数字信号波形

7.1.2 数据通信方式

1. 串行通信和并行通信

按照数据通信使用的信道数,可以分为串行通信和并行通信。

① 串行通信。在一条信道上顺序地传输数据的每一位,一般按低位至高位顺序传送。串行通信方式发送比特序列 01001110 的示意图如图 7-4(a)所示,发送顺序依次是 0、1、1、1、0、0、1、0。串行通信容易实现,需要外加同步措施,解决收发双方同步问题。长距离传输常采用串行通信。

② 并行通信。使用多条信道同时传输数据的多个位,如图 7-4(b)所示,用 8 条信道同时传送 8 位二进制数据。并行传输需要的传输信道多,设备复杂,不适合远距离传输,一般用于计算机系统内部各部件的数据传输。

(a) 串行通信 (b) 并行通信

图 7-4 串行通信与并行通信

2. 单工、半双工和全双工通信

按照信号传送方向与时间关系,通信系统有单工、半双工和全双工 3 种通信方式。

① 单工通信。信号只能单向传送,通信双方一方为发方,另一方为收方,不能改变,如图 7-5(a)所示。例如:无线广播、电视广播。

② 半双工通信。信号可以双向传送,但一个时间段内只能向一个方向传送,即只能一方发送,另一方接收,过一段时间再反过来,如图 7-5(b)所示。例如:无线对讲机。

③ 全双工通信。信号可以同时双向传送,即通信双方可以同时发送和接收数据,如图 7-5(c)所示。例如:手机、固定电话。

图 7-5　单工、半双工和全双工通信

3. 同步技术

同步是指通信双方在时间基准上要保持一致,接收端严格地按照发送端发送数据的频率以及起止时间来接收数据。数据通信的同步分为位同步和字符同步。

① 位同步。假设数据通信双方是两台计算机,在计算机系统中网卡承担收发数据任务。尽管两台计算机网卡的时钟频率标称值相同,但由于存在着误差,因此这两张网卡实际的时钟频率有差异,这种差异将导致发送方发送数据的时钟周期和接收方接收数据的时钟周期存在误差,造成接收数据的错误。因此在数据通信中,首先要解决收发双方时钟频率的一致性问题。

接收端根据发送端发送数据的时钟频率与比特流起始时刻,校正自己的时钟频率与接收数据的起始时刻,这个过程称为位同步。实现位同步的方法有外同步法、内同步法。

- 外同步法就是发送端在发送数据的同时,向接收端另外发送一路同步时钟信号,接收端根据这个同步时钟信号来校正时间基准与时钟频率,实现收发双方的位同步。
- 内同步法是接收端直接从接收到的自含时钟的编码的信号波形中提取同步信号。接收端从接收到的信号中提取同步时钟从而实现收发双方同步。例如:曼彻斯特编码与差分曼彻斯特编码。

② 字符同步。位同步使接收方可以正确识别出每个二进制位。实现位同步后,还需要确定各个字符边界,以便正确识别各个字符,达到字符同步。下面用一个例子来说明字符同步的必要性。

在电报年代,利用莫尔斯代码将信息编码,方便发送。莫尔斯代码用点"·"和横"—"的组合表示字符。例如,字母 A 的莫尔斯代码为"·—",字母 E 的莫尔斯代码为"·",字母 H 的莫尔斯代码为"····",数字 5 的莫尔斯代码为"·····"。如果发送端的报务员在一封电报中发送一个词"HE",则莫尔斯代码由表示 H 的 4 个点和表示 E 的 1 个点共 5 个点组成,和数字"5"的点数相同。那么接收端的报务员如何区分接收到的是"HE"还是"5"呢?事实上在发送电报时,报务员在发送每个字符编码之间需要一个时间上的停顿,报务员经过相应的培训和练习,可以做出恰当区分。

数据通信也需要用某种方式将一个字符同下一个字符,或将一组字符同下一组字符区开来,以便接收端能从接收到的一串二进制比特流中正确识别出每一个字符。字符同步的方法有同步传输、异步传输。

- 同步传输是将多个字符组织成组，以组为单位传送数据。组中字符无须任何附加位，连续发送，在每组字符之前和之后加上预先规定的起始序列和终止序列作为标识。起始序列和终止序列的形式取决于所采用的协议。起始序列除了标志组开始外，还包含发送端数据传输速率信息，使接收端能正确地调整它的接收速率，以匹配发送端设备的传输速率。同步传输示意图如图7-6(a)所示。
- 异步传输是每次发送一个字符，发送方在每个发送字符之前加入若干位起始位，在每个发送字符之后加入若干位终止位来表示一个字符的开始和结束。起始位和终止位长度因所采用协议的不同而不同。发送时，字符之间的时间间隔可以任意，不发送字符时，连续发送终止信号。异步传输示意图如图7-6(b)所示。

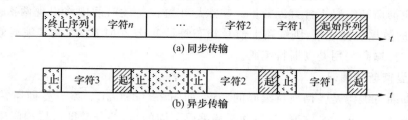

图 7-6　同步传输与异步传输示意图

与异步传输相比，同步传输不需要对每一个字符单独加"起""止"信号作为识别字符的标志，只需在一串字符前、后加上标志序列，因此同步传输效率较高。

7.2　数据传输技术

7.2.1　基带传输

基带传输是不搬移基带信号频谱的传输方式。未对载波进行调制的待传信号称为基带信号，它所占的频带称为基带。近距离传输时基带信号不经过载波调制而直接传输，称为数字基带传输系统。

数字基带传输系统传输的是数字基带信号。计算机等数字设备用电脉冲来表示数字数据就形成了数字基带信号，数字信号的电脉冲结构称为码型。例如，计算机用高电平表示二进制1，用低电平表示二进制0，在整个码元持续时间内电平保持不变，该码型称为单极性非归零码。

数字基带信号有多种码型，在数字基带传输系统中合适的传输码型应具备以下条件：①信号中不含直流分量，直流分量在传输介质中会衰减；②传输码型要包含同步时钟信号，据此同步时钟信号使收发双方保持同步；③传输码型具有抗干扰能力、码型变换设备简单易实现；等等。

计算机中的单极性非归零码不满足上述条件，因此，在基带传输系统中需要进行码型变换。适合信道传输的码型有多种，下面简单介绍3种。

1. 双极性非归零码

图7-7(a)所示为双极性非归零码波形。双极性非归零码规定用正电压表示1，用负电压

表示 0。当"1"和"0"出现的概率相等时,双极性非归零码电平平均值为 0,没有直流分量,并且该码的抗干扰能力较强。与单极性非归零码一样,没有同步时钟信息,接收方不能正确判断一位的开始与结束,在发送双极性非归零码时,用另一个信道同时传送同步信号来保证收发双方同步,如图 7-7(b)所示。

2. 曼彻斯特编码

曼彻斯特编码把每位信号的持续时间 T 分成两个相等部分,前 $T/2$ 传送该位的反码,后 $T/2$ 传送该位的原码,如图 7-7(c)所示。例如:对于"1",前 $T/2$ 传送 0,后 $T/2$ 传送 1;对于"0",前 $T/2$ 传送 1,后 $T/2$ 传送 0。

在图 7-7(c)中,每个比特中间都出现了一次电平跳变,两次电平跳变的时间间隔是 $T/2$ 或 T。接收端根据电平跳变提取出同步信号。因此,曼彻斯特编码是自含时钟编码,无须另发同步信号。曼彻斯特编码不含直流分量。缺点是在每位持续时间内将出现两次跳变,若要达到 10 Mbit/s 的数据传输速率,则线路上信号状态每秒变化 20M 次,因此其编码效率为 50%。传统以太网的传输码采用曼彻斯特编码。

3. 差分曼彻斯特编码

差分曼彻斯特编码是曼彻斯特编码的变形,如图 7-7(d)所示。差分曼彻斯特编码在每位持续时间的中间有一次电平跳变,与曼彻斯特编码不同的是,差分曼彻斯特编码用每位起始处有无电压跳变来表示 0 或 1:有电压跳变为 0;无电压跳变为 1。且差分曼彻斯特编码自含时钟编码。

差分曼彻斯特编码比曼彻斯特编码有更好的抗干扰性,但需要更复杂的设备来实现。

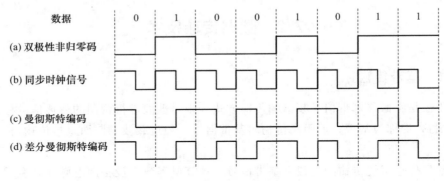

图 7-7 数字数据编码类型

7.2.2 频带传输

基带传输有局限性。计算机产生的数字基带信号有低频成分,对于无线信道来说,发送非常低频率的信号不切实际,因为天线大小与信号波长呈比例,低频信号需要相当大的天线。此外,在基带传输中,一对线路上只能传输一路信号,信道利用率低,不利于远距离传输。为此,采用调制技术将数字基带信号的频率范围搬移到较高频段,然后再进行传输,这种传输方法称为频带传输。

在发送端把基带信号的频率范围搬移到较高频段的过程称为调制,调制后的信号称为频带信号。完成调制功能的设备称为调制器。在接收端把接收到的频带信号还原为基带信号的过程称为解调。完成解调功能的设备称为解调器。同时具备调制和解调功能的设备称为调制解调器。采用频带传输方式实现数据通信示意图如图 7-8 所示。

图 7-8 采用频带传输方式实现数据通信示意图

调制时,首先要选择一个高频正弦信号或余弦信号作为载波信号,数字基带信号作为调制信号。调制过程就是按调制信号(数字基带信号)的变化规律去改变载波信号某些参数的过程。

选正弦信号 $u(t)=U_m \cdot \sin(\omega t+\varphi_0)$ 作为载波信号,其中,U_m 是振幅,ω 是角频率,φ_0 是相位。使载波信号的振幅随基带信号变化而变化的调制方法称为振幅键控;使载波信号的角频率随基带信号变化而变化的调制方法称为移频键控;使载波信号的相位随基带信号变化而变化的调制方法称为移相键控。

1. 振幅键控

振幅键控(Amplitude Shift Keying,ASK)方法通过改变载波信号的振幅来表示二进制 1 和 0。例如,规定载波信号振幅为 U_m 时表示二进制 1,振幅为 0 时表示二进制 0。

$$u(t)=\begin{cases} U_m \cdot \sin(\omega t+\varphi_0) & \text{二进制 1} \\ 0 & \text{二进制 0} \end{cases}$$

ASK 信号波形如图 7-9(a)所示。振幅键控技术简单,容易实现,但抗干扰能力差。

2. 移频键控

移频键控(Frequency Shift Keying,FSK)方法通过改变载波信号的角频率来表示二进制 1 和 0。例如,规定载波信号角频率为 ω_1 时表示二进制 1,为 ω_2 时表示二进制 0。

$$u(t)=\begin{cases} U_m \cdot \sin(\omega_1 t+\varphi_0) & \text{二进制 1} \\ U_m \cdot \sin(\omega_2 t+\varphi_0) & \text{二进制 0} \end{cases}$$

FSK 信号波形如图 7-9(b)所示。移频键控技术简单,容易实现,抗干扰能力较强,是目前最常用的调制方法之一。

3. 移相键控

移相键控(Phase Shift Keying,PSK)方法通过改变载波信号的相位值来表示二进制 1 和 0,分为绝对调相和相对调相。

① 绝对调相。绝对调相用载波信号相位的绝对值表示二进制 1 和 0。例如,规定载波信号相位为 0 时表示二进制 1,为 π 时表示二进制 0。绝对调相波形如图 7-9(c)所示。

$$u(t)=\begin{cases} U_m \cdot \sin(\omega t+0) & \text{二进制 1} \\ U_m \cdot \sin(\omega t+\pi) & \text{二进制 0} \end{cases}$$

② 相对调相。相对调相用载波信号在两位数字信号交接处产生的相位偏移来表示二进制 1 和 0。例如,规定在两位数字信号交接处载波相位不变表示二进制 0,载波相位偏移 π 表示二进制 1。相对调相波形如图 7-9(d)所示。该方法抗干扰能力强,实现技术复杂。

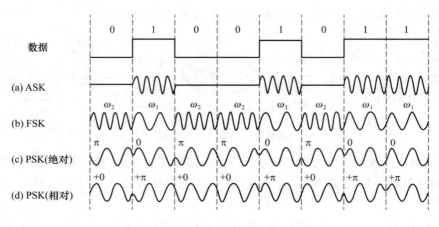

图 7-9　数字基带信号的调制方法

7.2.3　模拟信号脉冲编码调制

计算机只能处理数字信号,但生活中很多信息是用模拟信号表示的,如语音信息。用计算机来处理并在计算机网络中传输模拟信号,先要将其变换成数字信号。将模拟信号数字化常用的方法是脉冲编码调制(Pulse Code Modulation,PCM)。其数字化过程包括:采样、量化和编码。

1. 采样

采样也称为抽样,是指周期性地对模拟信号进行取样,将模拟信号变成时间上离散的样本。图 7-10(a)是对一个模拟信号 $f(t)$ 进行采样的例子,采样周期为 T_s,各采样时刻的样本用"·"表示,图中共有 8 个样本,记为 D0～D7。

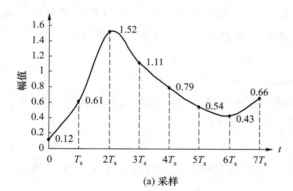

(a) 采样

样本	幅值	量化级	二进制编码
D0	0.12	1	0001
D1	0.61	6	0110
D2	1.52	15	1111
D3	1.11	11	1011
D4	0.79	8	1000
D5	0.54	5	0101
D6	0.43	4	0100
D7	0.66	7	0111

(b) 量化和编码

图 7-10　一个模拟信号脉冲编码调制的例子

采样后样本数量要足够多才能从中恢复原模拟信号信息。样本多少由采样频率 f_s 决定。根据奈奎斯特采样定理,对于一个最高频率为 f_{max} 的模拟信号 $f(t)$,若以采样频率 $f_s \geqslant 2f_{max}$ 来采样,则可从样本中无失真地恢复原模拟信号 $f(t)$。例如,音频信号的最高频率为 3.4 kHz,对它采样时 f_s 一般取 8 kHz,即采样周期 $T_s = 125\ \mu s$(采样频率的倒数)。

2. 量化

采样得到的样本在时间上离散了,但在幅度上仍是连续的。量化是将样本幅值按有限个量化级取值,从而在幅度上离散的过程。量化后,样本幅度为离散的量化级。量化过程为:首先按精度要求将样本幅度分为若干量化级,并规定每个量化级对应的幅度值范围,然后将样本幅值与量化级幅值比较并定级。图 2-10 中分为 16 个量化级,记为 0~15 级,幅值为 0 量化为 0 级,幅值为 0.1 量化为 1 级,…,幅值为 1.5 量化为 15 级。将样本 D0~D7 的幅值四舍五入取一位小数,量化后所取量化级如图 7-10(b)所示。例如,样本 D0 的幅值为 0.12,约等于0.1,取量化级为 1,样本 D7 的幅值为 0.66,约等于 0.7,取量化级为 7。

3. 编码

编码是用若干位二进制来表示量化后各样本的量化级。编码的二进制位数由量化级数确定:若有 k 个量化级,那么就应当至少用 $\log_2 k$ 位二进制来编码。在图 2-10 中有 16 个量化级,因为 $\log_2 16 = 4$,所以要用 4 位二进制数来编码,量化级 0 编码为 0000,量化级 1 编码为 0001,…,量化级 15 编码为 1111。编码结果如图 7-10(b)所示。图 7-10(a)所示的模拟信号经过上述采样、量化和编码后,得到其 PCM 编码为 00010110 11111011 10000101 01000111。

7.3 信道复用技术

信道复用技术是把多路信号合并在一起后,在一个信道中传输的技术,且多路信号彼此互不干扰。图 7-11(a)描述了 3 组通信对象 A1 与 A2、B1 与 B2、C1 与 C2 分别独享信道的通信示意图。一般来说,任何通信信号只占据有限频带宽度,远远小于信道带宽。

采用信道复用技术可充分利用信道带宽,在发送端使用一个复用器,按某种规则将各路信号组合起来,然后使用一个信道发送出去,在接收端利用分用器,从接收的信号中把每一路信号分离出来,分别送到相应终点。图 7-11(b)所示为 A1、B1、C1 与 A2、B2、C2 用共享信道通信的例子,复用器和分用器之间的信道为各路信号共享。基本信道复用技术有频分多路复用、时分多路复用。

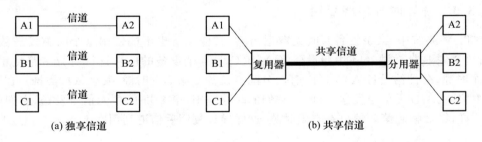

图 7-11 信道复用示意图

7.3.1 频分多路复用

频分多路复用(Frequency Division Multiplexing,FDM)为每一路信号分配一定的频带,各路信号占用的频带互不相同,使多路信号通过共享信道传输。在接收端利用接收滤波器把各路信号区分开来。频分多路复用技术比较成熟,但不够灵活。例如,家用计算机通过非对称数字用户线路(Asymmetric Digital Subscriber Line,ADSL)接入互联网就是利用频分多路复用技术。ADSL 在电话线上为传统电话信号和用户上网信号划分不同频带,如图 7-12 所示。其中用户上网信号的上行是指从用户到互联网服务提供商(Internet Service Provider,ISP)信号,下行是指从 ISP 到用户信号。用户上网信号经过调制后搬到指定频带。

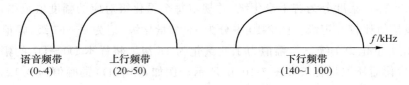

图 7-12　一个频分多路复用的例子

借用电信号传输时的频分多路复用概念,用一根光纤同时传输多个频率很接近的光载波信号,使光纤传输能力成倍提高。由于光载波频率很高,习惯用波长而不是频率来表示所用的光载波信号,这种复用方式称为波分复用(Wavelength Division Multiplexing,WDM)。

7.3.2　时分多路复用

在时分多路复用(Time Division Multiplexing,TDM)中,将发送时间划分为一段段等长的时分复用帧(TDM 帧),每个 TDM 帧又均匀地划分出一个个时隙,每一路信号都在每个TDM 帧中占用固定序号的时隙。图 7-13 所示为四路信号时分多路复用的情形。时隙是固定分配给某路信号的,接收端很容易将各路信号分离出来。时分多路复用技术成熟但不灵活。

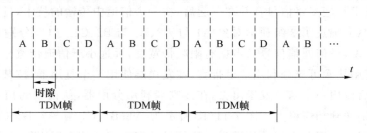

图 7-13　四路信号时分多路复用的情形

7.3.3　统计时分多路复用

在 TDM 系统中,某个设备暂时无数据传输,其他设备也不能使用这个时隙发送数据,造成了信道资源浪费。图 7-14 中假设要将 A、B、C、D 4 个设备的信号进行时分多路复用,每帧分成4个时隙,分配给设备 A 第 1 个时隙,分配给设备 B 第 2 个时隙,其余依次类推。在图 7-14中,第 1 帧 A、B、D 无信号发送,分配给它们的时隙空闲,第 2 帧 B、C 无信号发送,它们的时隙空闲,同样,第 3 帧和第 4 帧也有空闲时隙,这样导致复用后信道利用率不高。

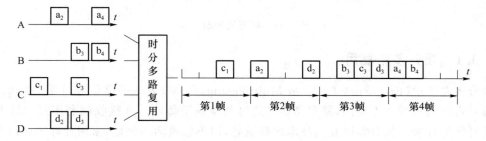

图 7-14　时分多路复用信道利用率低

统计时分多路复用(Statistic TDM,STDM)按需动态分配时隙,帧中没有空闲时隙,统计时分多路复用构成的帧如图 7-15 所示。第 1 帧只有 C 有发送信号,帧中只有 c_1 一个时隙,第 2 帧只有 A、D 有发送信号,帧中有 a_2 和 d_2 两个时隙,第 3 帧和第 4 帧依次类推。对比图 7-14 和图 7-15 可以看出,STDM 提高了信道利用率。

STDM 帧长度不固定,各传输信号的时隙位置变了。接收端如何正确地分离各路信号呢？每个时隙中带有用户地址信息,即图 7-15 中各时隙的阴影部分。

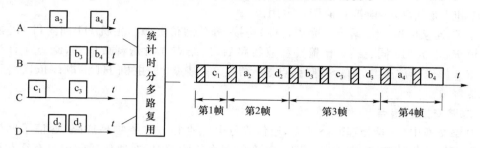

图 7-15　统计时分多路复用举例

7.4　数据交换技术

在计算机网络中通信子网为所有主机共享,负责任何主机间的通信,具备按照某种方式动态地分配传输线路资源的能力,为所有主机提供高效、可靠、经济的数据传输服务。从通信资源分配的角度看,按照某种方式动态分配传输线路资源的技术就是交换技术。常用的交换技术有电路交换、存储转发交换。存储转发交换又分为报文存储转发交换(简称报文交换)、分组存储转发交换(简称分组交换)。

7.4.1　电路交换

电路交换是通信双方首先建立一条专用的临时物理通路,通信时独占这条物理通路,直到通信结束才释放这条物理通路。

1. 电路交换通信过程

图 7-16 所示为主机 H1 和主机 H2 通过电路交换实现的通信过程。实现通信要经历 3 个阶段:建立连接、传输数据、拆除连接。

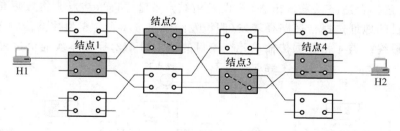

图 7-16　主机通过电路交换实现通信

① 建立连接阶段。在开始正式通信之前,通过通信子网建立一条从主机 H1 到主机 H2 的连接。建立过程:主机 H1 发请求与主机 H2 建立连接的数据包,结点 1 收到这个数据包,根据通信目的地,选择下一个结点 2,然后把数据包发送给结点 2。结点 2 收到数据包后和结点 1 做同样的工作,根据目的地选择下一个结点,并把数据包传递给它。这样,经过通信子网

中结点的一系列接续,最终将数据包送到了主机 H2 中。图 7-16 中假设数据包传递的路径为主机 H1—结点 1—结点 2—结点 3—结点 4—主机 H2。如果主机 H2 同意建立连接,就通过结点 4—结点 3—结点 2—结点 1 的路径发送同意连接的应答数据包。至此,主机 H1 与主机 H2 之间建立了一个连接,是一条物理通路,为双方传输数据做好了准备。

② 传输数据阶段。通信双方在已经建立的连接上传输数据,在双方通信过程中,这些资源为 H1 和 H2 独享,不能被其他用户占用。

③ 拆除连接阶段。数据传输完毕,拆除连接,释放通信资源。主机 H1 向主机 H2 发出释放连接请求,主机 H2 同意结束传输并释放线路后,向结点 4 发送释放应答,结点 4 释放线路并向结点 3 发送释放应答,随后按照结点 3—结点 2—结点 1—主机 H1 的顺序依次将建立的物理连接释放。

2．电路交换的特点

在电路交换中,一旦物理通路建立,通信双方会一直独占这条物理通路,通信子网中的结点对数据不做任何处理,数据按收发双方协商的速率传输,数据在通信子网中只有线路传播时延。因此通信实时性强,适用于交互式会话类通信。

电路交换不适合计算机网络的数据传输。原因如下:①线路利用率很低。在计算机通信过程中,据统计,线路真正用来传送数据的时间不到 10％,其余时间都是空闲的。②不同类型、不同规格、不同速率的主机很难相互通信。通信子网中的结点不具备存储数据和处理数据的能力,要求通信双方的速率相同。③需要长时间的通路建立过程。电路交换建立连接阶段需要 10 s 左右,无法满足许多计算机网络应用(如商业网点的刷卡消费)。

7.4.2　存储转发交换

1．存储转发交换概述

在通信过程中,主机将待发送数据与源地址、目的地址及控制信息按照一定格式组成一个数据传输单元,交给通信子网传送。通信子网中的结点把传送来的数据传输单元一一接收并存储,按顺序依次处理,根据每个数据传输单元的目的地址选择合适路径转发出去。数据传输单元在通信子网中由各相关结点按存储/转发方式接力转送,最终到达目的地。

图 7-17 所示是主机 H1 和主机 H2 存储转发交换示例。图 7-17 中的数据是指数据传输单元。主机 H1 将待发送数据、源地址(H1 地址)、目的地址(H2 地址)、控制信息一起封装成数据传输单元,然后将其发送给结点 1。结点 1 将数据传输单元接收下来,根据数据传输单元中的目的地址选择合适路径发送出去(假设发给结点 5)。同样,结点 5 将数据传输单元接收下来,根据其目的地址选择合适路径转发(假设发给结点 6),结点 6 为数据传输单元选择到结点 4 的路径,最终结点 4 将数据传输单元交给目的地主机 H2,完成本次通信过程。

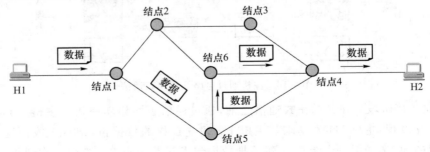

图 7-17　存储转发交换示例

存储转发交换与电路交换的不同点：①存储转发交换不需要预先建立一条专用的物理通道，不会占用这次通信过程中从源端到目的端的其余通信资源。②存储转发交换提高了整个网络的信道利用率，适用于计算机网络的数据传输。

2. 报文与分组

存储转发交换的数据传输单元可以是报文或分组。封装的数据传输单元不限制待发送数据长度，将其与源地址、目的地址、控制信息一起按规定格式封装，这种数据传输单元称为报文，如图 7-18(a)所示，其中首部由源地址、目的地址、控制信息组成。封装数据传输单元将待发送数据按规定的长度分成多个部分，将每部分数据分别加上源地址、目的地址、控制信息按规定格式封装，这种数据传输单元称为分组。一个待发送数据可能会打包成多个分组，这些分组交给通信子网分别传输，在接收端将收到的分组按顺序组合就可以获得发送来的数据。图 7-18(b)所示是分组形成示意图，图中待发送数据被分成 3 部分，分别封装成 3 个分组。

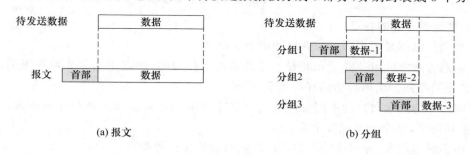

(a) 报文　　　　　　　　　　　　　　　(b) 分组

图 7-18　报文和分组

3. 报文交换和分组交换

根据数据传输单元的不同，存储转发交换分为报文交换和分组交换。将报文作为数据传输单元的存储转发交换方法称为报文存储转发交换，简称报文交换，不适合计算机网络使用。将分组作为数据传输单元的存储转发交换方法称为分组存储转发交换，简称分组交换，更适合计算机网络使用。在实际应用中，分组交换技术分为数据报方式与虚电路方式。

7.4.3　分组交换

1. 数据报方式

源主机将待发送数据打包成分组，随后主机将分组依次交给通信子网传输。分组到达一个结点后，先暂时存储起来，然后结点依据当时网络的通信状态为其选择路由并转发。

（1）数据报方式的传输过程

以图 7-19 为例简要说明其传输过程。

① 主机 H1 将待发送数据封装成分组 P1，P2，…，然后将分组按顺序依次发送给结点 1。

② 结点 1 接收到分组 P1，根据 P1 中的目的地址，为其选择路由并转发出去（假设转发给结点 5）。结点 1 接收到分组 P2 也对其进行路由选择和转发处理，假设结点 1 为分组 P2 选择的路径与分组 P1 相同，也转发给了结点 5。

③ 结点 5 对 P1 进行处理，将其转发给结点 6，接收到 P2 后根据网络情况，将其转发给结点 4。

④ 分组 P1 经过结点 6 转发给结点 4，结点 4 交给主机 H2。分组 P2 经过结点 4 也交给主机 H2。

⑤ 主机 H2 将收到的分组按顺序组合得到主机 H1 发送的数据。

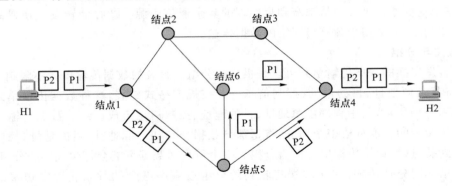

图 7-19　数据报方式的传输过程

（2）数据报方式的特点

① 每个分组都必须带有目的地址和源地址信息。

② 结点为每个分组独立寻找路径。受到路由选择策略、网络流量和故障等影响，同一个待发送数据的不同分组的传输路径可能会不同。

③ 同一个待发送数据的不同分组到达目的主机的顺序可能和发送顺序不一致。目的主机需要重新排序，甚至会出现分组丢失现象。

④ 传输延迟较大，分组在结点中存储转发时需要排队等待。

⑤ 对较短待发送数据，传输效率高，通信开销小，对网络故障有较强的适应能力。

TCP/IP 协议簇中 IP 协议是使用数据报方式传输分组的协议。

2．虚电路方式

用虚电路方式通信时，在源主机和目的主机之间要先建立一条虚电路，在通信过程中分组都沿着这条虚电路按照存储转发方式传递。其工作过程和电路交换类似，分为建立虚电路、传输数据与拆除虚电路 3 个阶段。

（1）虚电路方式的工作过程

图 7-20 所示是虚电路方式的工作过程。

① 建立虚电路阶段。假设主机 H1、H2 进行通信，H1 首先向结点 1 发送"呼叫请求分组"请求建立连接，结点 1 通过路由选择算法确定下一跳为结点 2，并向结点 2 发送"呼叫请求分组"，依次类推，"呼叫请求分组"经过结点 1—结点 2—结点 3—结点 4 的路径到达 H2。如果 H2 同意通信，就向 H1 发送"呼叫接收分组"，至此，虚电路主机 H1—结点 1—结点 2—结点 3—结点 4—主机 H2 成功建立，如图 7-20 中的虚线所示。虚电路被赋予一个号码，称为虚电路号。

② 传输数据阶段。主机 H1、H2 利用这条虚电路进行通信。分组中不含源地址和目的地址，但有虚电路号。发送端按顺序发送分组，结点按存储转发方式将分组按顺序沿虚电路传送。如图 7-20 所示，H1 打包了 P1、P2 两个分组，然后按 P1、P2 的顺序依次交给结点 1、结点 2、结点 3、结点 4、主机 H2。每个结点按分组中的虚电路号顺序处理 P1、P2。

③ 拆除虚电路阶段。在数据传输结束后，将虚电路拆除。源主机和目的主机都可以主动发送"拆除请求分组"来中止这条逻辑通路，具体过程由通信子网内部完成。

虚电路方式和电路交换方式的区别：电路交换方式需要建立一条真正的物理连接，在通信

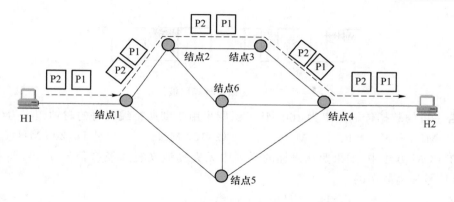

图 7-20　虚电路方式的工作过程

过程中独占该物理连接上的通信资源。而虚电路方式建立一条逻辑连接,在通信过程中如果暂时没有数据发送,逻辑连接上的通信资源可以用于其他服务,通信双方不独占通信资源。

(2) 虚电路方式的特点

① 通信前,源、目的主机间建立一条虚电路,所有分组按存储转发方式沿虚电路传送。

② 分组中含有虚电路号,不带目的地址和源地址。

③ 分组沿虚电路按顺序传送,顺序抵达目的主机。分组传输时延小,分组不易丢失。

④ 当线路或设备出现故障时,可能会导致虚电路中断,需要重新呼叫建立新连接。

⑤ 虚电路方式有建立、拆除连接过程,若待发送数据较短,则不适合用虚电路方式来传输,对于大数据量则传输效率较高,发生网络拥塞的可能性低。

传输介质相关内容请扫描二维码。

传输介质

习 题 7

一、选择题

1. 以下关于数据传输速率的描述中,错误的是(　　)。

A. 数据传输速率表示每秒钟传输的构成数据代码的二进制比特数

B. 对于二进制数据,数据传输速率为 $R=1/T$(bit/s)

C. 常用的数据传输速率单位有 1 Mbit/s=1.024×10^6 bit/s

D. 数据传输速率是描述数据传输系统性能的重要技术指标

2. 以下选项中不属于自含时钟编码的是(　　)。

A. 曼彻斯特编码　　　　　　　　　　B. 非归零码

C. 差分曼彻斯特编码　　　　　　　　D. 都不是

3. 如果图 7-21 是一个 8 bit 数据的曼彻斯特编码波形,这个数据是(　　)。

A. 10110100　　　　B. 01001011　　　　C. 11010010　　　　D. 01011100

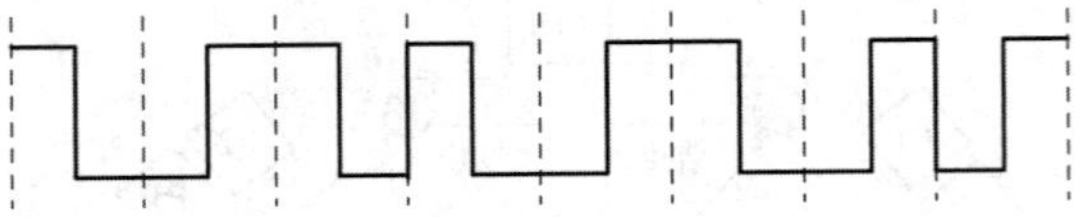

图 7-21　曼彻斯特编码波形

4. 若主机的数据传输速率为 100 Mbit/s,则采用曼彻斯特编码时的时钟频率为(　　)。

A. 50 MHz　　　　　B. 100 MHz　　　　C. 150 MHz　　　　D. 200 MHz

5. 在 PCM 方法中,如果要从采样的样本中无失真地恢复原模拟信号 $f(t)$,要求采样频率至少是信号最高频率的(　　)倍。

A. 2　　　　　　　B. 4　　　　　　　C. 6　　　　　　　D. 8

6. 以下关于统计时分多路复用技术特征的描述中,错误的是(　　)。

A. 统计时分多路复用的英文缩写是 STDM

B. 统计时分多路复用允许动态地分配时隙

C. 统计时分多路复用的每个时隙不需要有用户的地址信息

D. 多路复用设备提高了信道的利用率

7. 在(　　)中,通信的双方可以同时发送和接收数据。

A. 单工通信　　　B. 半双工通信　　　C. 全双工通信　　　D. 都不是

8. 两台计算机利用电话线路通信时,需要用(　　)对信号进行处理。

A. 集线器　　　　B. 调制解调器　　　C. 路由器　　　　　D. 网络适配器

9. 调制时,首先要选择一个高频的正弦信号或余弦信号作为载波信号,数字基带信号作为调制信号。调制的过程就是按(　　)的变化规律去改变载波信号某些参数的过程。

A. 数字基带信号　B. 模拟信号　　　　C. 载波信号　　　　D. 高频信号

10. 模拟信号要先变换成数字信号,才能用计算机来处理并通过计算机网络传输。将模拟信号数字化最常用的方法就是(　　)。

A. 调制　　　　　B. 解调　　　　　　C. 脉冲编码调制　　D. 编码

二、填空题

1. 信号有两类:模拟信号和_____。

2. _____是指数据从发送端到接收端所需的时间,有时也称为延迟或迟延。

3. _____就是通信双方在时间基准上要保持一致。

4. _____是指在一条信道上顺序地传输数据的每一位。

5. 数据通信系统有两种数据传输类型,分别是_____和频带传输。

6. 在频带传输中,发送端把基带信号的频率范围搬移到较高的频段的过程称为_____。

7. 虚电路的工作过程分为 3 个阶段:_____、传输数据阶段与拆除虚电路阶段。

8. 在异步传输中,字符之间的时间间隔可以是_____的。

9. 在常用的导向传输介质中,带宽最宽、信号传输衰减最小、抗干扰能力最强的传输介质是_____。

10. 由于微波信号沿直线传播,所以相邻两个中继站的天线之间不能有_____。

三、简答题

1. 举一个例子说明在数据通信系统中信息、数据和信号的含义。

2. 已知某无噪声信道的带宽 $B=3\ 000$ Hz,计算这个信道的最大数据传输速率。

3. 已知二进制比特序列为 01011011,请画出这个比特序列的差分曼彻斯特编码波形。

4. 简述频带传输方式中调制解调器的作用和基本数字基带信号每种调制方法的要点。

5. 为什么电路交换不适合计算机网络的数据传输?为什么存储转发交换适合计算机网络的数据传输?

6. 常用的传输介质有哪些?

7. 图 7-22 所示是用 PCM 方法对模拟信号采样的过程,图中标出了 8 个样本的幅值,设有 16 个量化级,各量化级对应的幅值如表 7-1 所示,请将各样本的量化及编码结果填写在表 7-2 中。

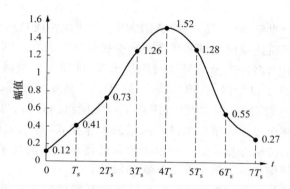

图 7-22　用 PCM 方法对模拟信号采样的过程

表 7-1　各量化级对应的幅值

量化级	0	1	2	3	4	5	6	7	8	9	10	11	12	13	14	15
幅值	0	0.1	0.2	0.3	0.4	0.5	0.6	0.7	0.8	0.9	1.0	1.1	1.2	1.3	1.4	1.5

表 7-2　量化及编码结果

样本	幅值	量化级	二进制编码
D0	0.12		
D1	0.41		
D2	0.73		
D3	1.26		
D4	1.52		
D5	1.28		
D6	0.55		
D7	0.27		

第8章 局域网技术

8.1 局域网概述

局域网发展始于 20 世纪 70 年代,当时 ARPNET 已建成并成功运行,随着微型机的广泛使用,产生了将这些微型机连成网络以共享资源和交换信息的需求。到 20 世纪 70 年代末,制造商们投入局域网研制中,多种类型的局域网纷纷出现,推动了局域网技术的发展。20 世纪 80 年代,局域网领域出现了以太网、令牌总线、令牌环三足鼎立的局面,形成了各自的国际标准。20 世纪 90 年代,双绞线用于以太网中,降低了以太网组网造价,可靠性和性价比大大提升。随后,全双工以太网改变了传统以太网半双工的工作模式,将以太网带宽增加了一倍,同时,光纤也用作以太网的传输介质。这些技术上的发展使得以太网技术得到了业界认可和广泛应用,局域网技术是网络技术发展中非常活跃的领域。

目前学校、企业中的校园网、企业网由多个局域网互联而成。局域网采用的网络拓扑结构、传输介质和介质访问控制方法决定了局域网的技术性能。局域网的主要特点如下。

① 覆盖的地理范围和网络中的站点数目均有限,便于系统维护和扩展。

② 数据传输速率较高。传统以太网的数据传输速率为 10 Mbit/s,目前以太网的数据传输速率可以达到 100 Gbit/s。

③ 通信时延小,误码率低,误码率一般为 $10^{-8} \sim 10^{-11}$。

在讲述局域网理论的资料中,常常将局域网中的计算机称为"主机""站点""结点""站"等。

8.1.1 局域网的类型

局域网按网络拓扑结构可分为总线型网、环型网和星型网等,其拓扑结构如图 8-1 所示。

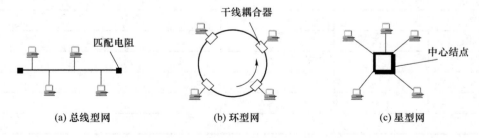

(a) 总线型网　　　　(b) 环型网　　　　(c) 星型网

图 8-1　局域网的拓扑结构

1. 总线型网

如图 8-1(a)所示,总线两端有匹配电阻,作用是吸收总线上传播的电磁波信号能量,防止信号反射造成传输错误。总线型网是一种共享介质的局域网,常用于以太网,其主要特点如下。

① 所有站点通过网络适配器直接连接在总线上。

② 总线是共享的公共传输介质,所有站点都通过总线接收或发送数据。

③ 站点以广播方式通过总线发送数据。一个站点发送数据时,其他站点都能检测到这个数据。

④ 某一时刻有两个或两个以上站点通过总线发送数据时,就会出现冲突而造成传输失败。图 8-2 所示为站点 A 和站点 B 在同一时刻发送数据出现冲突的情况。

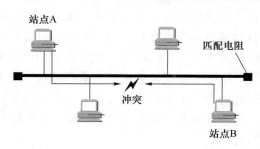

图 8-2 总线型网的冲突情况

⑤ 为了避免冲突发生,要设计一种介质访问控制方法解决多个站点如何通过共享总线发送、接收数据的问题。

2. 环型网

图 8-1(b)所示为环型网,在环型网中,一组干线耦合器通过点到点的链路连接成封闭的环,数据在环中沿一个方向单向传递。每个站点通过干线耦合器连接到网络中。环为各个站点共享,每个站点通过环发送、接收数据。因此,环型网也是共享介质局域网,需要介质访问控制方法来解决多个站点发送和接收数据的冲突问题。典型的是令牌环型网,简称令牌环网。

3. 星型网

图 8-1(c)所示为星型网,有一个中心结点,所有站点都连接到中心结点。星型网的工作方式和中心结点的类型有关。如果中心结点是中继器,那么这种星型网就属于共享介质局域网。例如,中心结点为集线器(和中继器功能相同,都是物理层设备)、传输介质采用双绞线的传统以太网就是这种星型网。其中集线器用电子器件来模拟总线工作,整个系统按总线型以太网方式运行。因此传统以太网的物理结构是星型的,而逻辑结构是总线型的。如果中心结点是交换机,那么这种星型网就属于交换式局域网,交换式以太网是典型的交换式局域网。

8.1.2 局域网的传输介质与介质访问控制方法

1. 局域网的传输介质

局域网中常用的传输介质有同轴电缆、双绞线、光缆和无线通信信道。早期应用最多的是同轴电缆,随后开始使用双绞线。由于双绞线非常便宜,并支持 10 Mbit/s、100 Mbit/s 乃至 1 Gbit/s 的局域网,因此双绞线已成为局域网的主流传输介质。在局域网骨干传输中,光缆的使用也相当普遍。目前在局域网中,近距离(100 m 左右)范围的中、高速局域网使用双绞线,远距离传输使用光缆,有移动站点的局域网使用无线传输技术。

2. 介质访问控制方法

8.1.1 节提到,在共享介质局域网中,多个站点共享公共信道发送数据时有介质访问冲突问题,因此需要设计一种信道分配方案来协调多个站点合理而方便地共享通信介质。信道分配方案要解决 3 个问题:哪个站点可以发送数据？发送数据时是否会发生冲突？发生冲突后如何处理？在局域网中将这种信道分配方案称为介质访问控制方法。

(1) 信道分配方法

在技术上有以下两种信道分配方法。

① 静态分配信道。频分多路复用、时分多路复用、波分多路复用等信道复用技术都属于静态分配信道方法。每个站点按分配到的时隙或频段发送数据,相互之间不会发生冲突。这种固定分配信道的方法适用于站点比较少且数量基本固定,每个站点都有大量数据需要传送的情况。局域网中站点多且数量经常发生变化,数据突发性、间歇性地传送不适合使用这种方法。以频分多路复用为例,假设有 N 个站点需要共享信道使用权,则将信道带宽分成 N 等份,每个站点分到其中的一个频段。站点都用自己私有的频段发送数据,彼此之间不会有干扰。但如果网络扩容站点数超过 N,新加入的站点由于缺少带宽资源无法进行数据传输,而已经分配到频段资源的站点可能并不发送数据,它们的频段资源也无法给需要发送数据的站点使用,使得带宽资源被白白浪费。

② 动态分配信道(又称多点接入)。其特点是信道不固定分配给站点,又分为随机接入和受控接入。随机接入的特点是所有站点可随机发送数据,数据发送时间都不预约,进行平等争用。当两个或两个以上站点同时发送数据时会发生冲突导致数据发送失败,需要有解决冲突的网络协议支持。受控接入的特点是站点不能随机发送数据,按照特定仲裁策略,首先取得数据发送权后,才开始发送数据,避免了冲突。

随机接入负荷较轻时网络性能较好,负荷较重时,会因为频繁发生冲突而导致网络性能下降。受控接入的仲裁策略会消耗时间,和随机接入相比,负荷较重时网络性能较好,负荷较轻时信道利用率不高。

(2) 局域网的介质访问控制方法

针对不同的局域网网络拓扑,研究者设计了多种介质访问控制方法,如带冲突检测的载波侦听多路访问(Carrier Sense Multiple Access with Collision Detection,CSMA/CD)方法、令牌总线、令牌环,前两种用于总线型网,后一种用于环型网。这 3 种介质访问控制方法属于国际标准。

带冲突检测的载波侦听多路访问方法采用随机接入方法分配信道,各个站点用随机争用方式获得总线控制权,传统以太网就使用这种方式。

令牌总线采用受控接入方法分配信道,用一种称为令牌的特殊格式的数据帧作为数据发送权证据。令牌在各个站点间传递,只有获得令牌的站点才能获得总线数据发送权,这种网络称为令牌总线网。令牌按站点地址由高到低、由最低到最高的顺序传送,构成一个逻辑环。因此,令牌总线网的物理结构为总线型而逻辑结构为环型。目前,令牌总线网已经退出市场,传统以太网的物理结构已经演变为星型结构,但逻辑结构仍然是总线型。

令牌环采用受控接入方法分配信道使用权,令牌沿着环传递,只有获得令牌的站点才能通过环路发送数据,这种网络称为令牌环网。

8.1.3 IEEE 802 参考模型和标准

20 世纪 80 年代,局域网已经有以太网、令牌总线、令牌环这 3 种典型技术。同时,市场上不同厂家的局域网产品不能互联。为此,电气和电子工程师协会(Institute of Electrical and

Electronics Engineers,IEEE)在 1980 年 2 月成立了局域网标准委员会(简称 IEEE 802 委员会)专门研究和制定局域网的体系结构和各种相关标准,这些标准对局域网的发展、推广使用起到了积极作用。

1. IEEE 802 参考模型

局域网是一个通信网络,只负责数据传输,因此局域网的体系结构只涉及 OSI 参考模型的物理层和数据链路层。IEEE 802 参考模型分为 3 个层次:物理层、介质访问控制(Media Access Control,MAC)子层、逻辑链路控制(Logical Link Control,LLC)子层。从功能上,IEEE 802 参考模型的物理层与 OSI 参考模型的物理层对应,MAC 子层和 LLC 子层与 OSI 参考模型的数据链路层对应,它们之间的对应关系如图 8-3 所示。

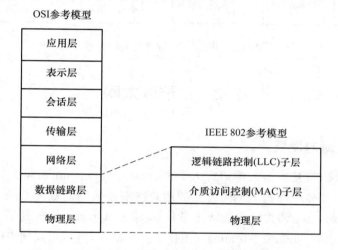

图 8-3　IEEE 802 参考模型与 OSI 参考模型的对应关系

制定标准时为了适应市场上的以太网、令牌总线和令牌环等不同类型的局域网,IEEE 802 委员会将数据链路层划分为两个子层。标准允许不同类型的局域网在 MAC 子层和物理层采用不同协议,但是在 LLC 子层必须采用相同协议,即不同类型局域网的介质访问控制方法、帧结构、传输介质可以不同,但在 LLC 子层都将它们封装成统一格式的 LLC 帧。

目前,几乎所有局域网都采用以太网,因此,LLC 子层的作用已经消失,很多厂商生产的网络适配器已经没有 LLC 协议,本章也不讨论 LLC 子层。

2. IEEE 802 标准

IEEE 802 委员会为制定局域网标准成立了工作组,各组制定的标准统称为 IEEE 802 标准,并以工作组名称命名,例如,802.3 工作组制定的标准称为 IEEE 802.3 标准。目前较活跃的工作组是 802.3、802.11。IEEE 802 系列主要标准如下。

① IEEE 802.1 标准:定义局域网体系结构、网络互联、网络管理与性能测试标准。

② IEEE 802.2 标准:定义 LLC 子层功能与服务标准。

③ IEEE 802.3 标准:定义 CSMA/CD 总线 MAC 子层与物理层标准。以太网遵循该标准。

④ IEEE 802.4 标准:定义令牌总线 MAC 子层与物理层标准。

⑤ IEEE 802.5 标准:定义令牌环 MAC 子层与物理层标准。

⑥ IEEE 802.11 标准:定义无线局域网 MAC 子层与物理层标准。

⑦ IEEE 802.15 标准:定义近距离无线个人局域网 MAC 子层与物理层标准。

⑧ IEEE 802.16 标准:定义宽带无线局域网 MAC 子层与物理层标准。

IEEE 802 标准之间的关系如图 8-4 所示。

图 8-4 IEEE 802 标准之间的关系

8.2 传统以太网

8.2.1 以太网的发展

20 世纪 70 年代初,夏威夷大学研究人员 Norman Abramson 和同事们设计了一个称为 ALOHA 网的系统,使各个岛屿上不同校区的用户终端连接到夏威夷 Oahu 岛主校园的一台中心计算机上。同期,在哈佛大学攻读博士学位的 Bob Metcalfe 了解到了 Abramson 的工作并非常感兴趣。毕业后,他先跟 Abramson 工作了一个夏天,然后正式到美国施乐公司的 Palo Alto 研究中心(简称 PARC)工作,利用从 Abramson 的工作中获得的知识,他和同事 David Boggs 于 1975 年设计并实现了一个局域网,以无源电缆为总线来传送数据帧,数据速率为 2.94 Mbit/s。他们以曾经在历史上表示电磁传播的"Ethernet"来为这个网络命名,这就是著名的以太网。1976 年 7 月,Metcalfe 和 Boggs 发表了以太网的里程碑论文"Ethernet: Distributed Packet Switching for Local Computer Network"。

1980 年 9 月,DEC 公司、英特尔公司和施乐公司合作,提出了第一版 10 Mbit/s 以太网的物理层和数据链路层规范,称为 DIX V1(DIX 为 3 个公司名称的缩写)。1982 年修改后推出第二版规约 DIX Ethernet V2,这是世界上第一个局域网产品规约。在此基础上,IEEE 802 委员会的 802.3 工作组于 1983 年制定了 10 Mbit/s 以太网标准 IEEE 802.3,推动了以太网技术的发展和广泛应用。

早期以太网使用的传输介质是同轴电缆。1990 年,IEEE 802.3 推出物理层标准 10Base-T,使用普通双绞线作为以太网传输介质。同年,以太网交换机产品问世,标志着交换式以太网出现。此后,以太网进入快速发展阶段。1993 年,IEEE 推出使用光纤介质的物理层标准 10Base-F 和产品,1995 年,推出传输速率为 100 Mbit/s 的快速以太网标准 IEEE 802.3u 和产品,1998 年,推出传输速率为 1 Gbit/s 的千兆以太网标准 IEEE 802.3z。2002 年后,IEEE 陆续推出万兆以太网标准,2007 年开始了更高速率的局域网研究。

为了区分百兆、千兆、万兆以太网,通常将最早进入市场的数据传输速率为 10 Mbit/s 的以太网称为传统以太网。本节主要讨论传统以太网的基本工作原理,为了叙述方便直接称其为以太网。

8.2.2　以太网物理层

IEEE 802.3 标准定义了多种以太网物理层协议来支持多种传输介质,如表 8-1 所示。它们发送的数据都使用曼彻斯特编码,介质访问控制子层也完全相同。

表 8-1　以太网物理层协议

协议名称	传输介质	最大的段长度	每段结点数	特点
10Base-5	粗同轴电缆	500 m	100	早期标准,现已废弃
10Base-2	细同轴电缆	185 m	30	已不常用
10Base-T	双绞线	100 m	1 024	较便宜的系统,广泛使用
10Base-F	光纤	2 000 m	1 024	适合在楼间使用

IEEE 802.3 物理层协议的命名格式为

<数据传输速率><信号方式><网段最大长度>/<传输介质>

其中,数据传输速率的单位为 Mbit/s,信号方式有基带和频带,Base 表示基带传输,网段最大长度的单位为 100 m。例如:10Base-5 表示网络数据传输速率为 10 Mbit/s,采用基带传输方式,每个网段最长为 500 m;10Base-T 中的 T 表示网络采用的传输介质是双绞线。

10Base-T 采用星型拓扑,中心结点是一台称为集线器的设备,每个结点都有一条专用的双绞线电缆通过 RJ-45 连接器与集线器相连。集线器使用大规模集成电路芯片模拟实际总线的工作,可靠性高。双绞线电缆价格便宜、使用方便,使得网络造价降低,易于维护。因此,这种以太网很快被广泛使用。10Base-T 以太网在物理结构上是一个星型网络,但逻辑上仍是一个总线网,各站点使用 CSMA/CD 方法解决共享传输总线发送数据的冲突问题。

由表 8-1 可见,协议的每个版本都限制了每段电缆的最大长度,在该长度内信号可以正常传播,否则信号会衰减而无法正常传播。为了扩大网络覆盖范围,以太网常使用中继器把多条电缆连接起来,中继器是物理层设备,能接收、放大、重发信号,从而延伸总线长度。双绞线以太网中完成中继器功能的设备是集线器,用集线器级联方式构成多级星型结构的以太网。但中继器会产生一些传输延迟,其他与单根电缆无区别。

8.2.3　以太网介质访问控制子层

1. 以太网数据帧格式

以太网数据帧格式如图 8-5 所示,其中字母 B 表示字节 Byte。以太网数据帧包括 7 个字段,分为 3 个部分。

前导码	帧开始定界符	目的地址	源地址	类型	数据	帧校验
7 B	1 B	6 B	6 B	2 B	46 B~1 500 B	4 B

图 8-5　以太网数据帧格式

第一部分包括前导码、帧开始定界符 2 个字段,共 8 字节。前导码占 7 字节,也称前同步码,每个字节都是 10101010,它的作用是使接收端的网络适配器在接收到数据帧时能迅速调整其时钟频率,与发送端时钟同步,实现收发双方的位同步。帧开始定界符占 1 字节,标志一个帧的开始,内容为 10101011,前 6 位的作用和前导码相同,后面两位连续的 1 通知接收端"以太网数据帧马上到来,请注意接收"。前导码和帧开始定界符在接收后被丢弃,不计入接收端接收的数据帧长度中。

第二部分包括目的地址、源地址、类型、帧校验 4 个字段,共 18 字节。6 字节的目的地址是接收数据帧的站点地址,可以是单一站点地址、组地址(多播地址)和广播地址。目的地址48 位全 1 表示是广播地址,该数据帧将被这个网络中的所有站点接收。目的地址首字节的最低位为 0,表示是单一站点地址,该数据帧只被地址与目的地址相同的站点接收;为 1,表示是一个组地址,该数据帧将被同属一组的站点接收。6 字节的源地址是发送数据帧的站点的硬件地址,硬件地址又称为 MAC 地址、物理地址或以太网地址。2 字节的类型字段表示发送方的网络层使用什么协议,接收方把收到的数据帧的数据字段上交给网络层的对应协议。类型字段的值是 0x0800 或 0x86DD 时,分别对应的网络层使用的是 IPv4 或 IPv6 协议。对于 4 字节的帧校验字段,以太网采用 32 位循环冗余校验(Cyclic Redundancy Check,CRC),校验范围是从数据帧的目的地址字段至数据字段。

第三部分是数据字段,长度可变,在 46~1 500 字节之间。数据字段一部分是网络层交付的数据单元,其余部分是 MAC 层添加的控制信息。规定数据字段的最大长度是为了防止某个结点长时间独占传输总线。接收端实际接收到的以太网数据帧的长度是数据字段的长度加上目的地址、源地址、类型、帧校验的长度,即接收到的数据帧最大长度为 1 500 B+18 B=1 518 B,最小长度为 46 B+18 B=64 B。如果网络层交付的数据单元长度小于 46 字节,MAC 层就会在该数据单元的后面填充字符至 46 字节,以保证数据帧长度不小于 64 字节。

2. CSMA/CD 协议简述

以太网是总线型局域网,站点以广播方式发送数据,当一台计算机发送数据时,总线上的所有计算机都能检测到这个数据。那么如何实现一对一通信呢?以太网中的每个站点都拥有一个与其他站点不同的地址,站点在发送数据帧时,要在帧的首部写明目的地址,当数据帧通过总线以广播方式发送出去后,其他站点都会接收到这个数据帧,接收站点将数据帧中的目的地址与自己的地址比较,如果地址一致,则数据帧是传递给自己的,就收下该数据帧,否则就丢弃该数据帧。

前面提到,以太网是多个站点共享一条总线,若有两个或两个以上站点发送数据就会发生冲突而导致传输失败,则称连接在这条总线上的所有站点构成了一个冲突域。例如,通过一个集线器或多个集线器级联结构接入局域网的所有结点属于一个冲突域。为了避免冲突发生,以太网用 CSMA/CD 协议控制多个站点对共享总线的访问。

CSMA/CD 协议采用动态随机接入方式分配信道,网络中的所有站点都不能预约发送数据时间,都可以随机发送数据,也没有控制中心来协调哪个站点可以发送数据,所有站点都是平等争用总线使用权来发送数据。因此 CSMA/CD 是一种随机争用型介质访问控制方法。

3. 以太网数据发送流程

以太网站点遵循 CSMA/CD 协议发送数据帧的流程如图 8-6 所示。其工作过程可概括为:先听后发,边听边发,冲突停止,随机延迟后重发。

① 载波侦听过程。站点在发送数据帧之前先检测总线上是否有其他站点在发送数据以太网发送的数据都使用曼彻斯特编码信号,其重要特点是在每一个码元的正中间一定有一次电压转换(由高到低或由低到高)。因此,如果总线电平按照曼彻斯特编码规律有跳变,则有数据传输,即为"总线忙",如果总线电平没有跳变,则没有数据传输,即为"总线空闲"。如果总线处于空闲状态,站点就可以发送数据。

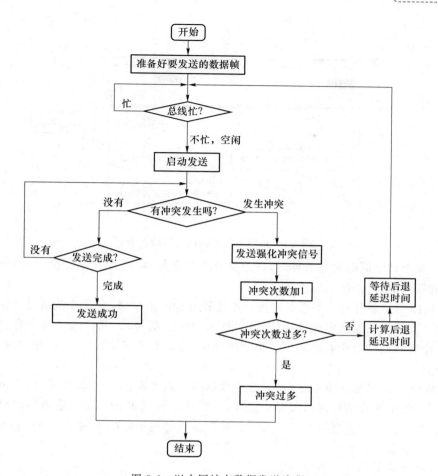

图 8-6 以太网站点数据发送流程

② 冲突检测方法。如果一个站点在发送数据时其他站点也发送数据,则发生冲突,所以站点在发送数据的过程中要进行冲突检测。如果检测到冲突,则数据发送失败,立即停止发送数据;如果没有检测到冲突,则顺序发送所有数据,直到该数据帧成功发送完成。

既然每个站点在发送数据之前已经监听到总线是空闲的,那么站点发送数据后为什么还会出现冲突呢?这是因为电磁波在总线上以有限速率传播,即存在传播时延,当某个站点监听到总线空闲时,总线并非一定是空闲的。图 8-7 所示是传播时延对载波侦听的影响,假设图中站点 A 和 B 用同轴电缆相连,相距 L。电磁波在同轴电缆上的传播速率约为 $c=1.95 \times 10^8$ m/s,则站点 A 发送的数据帧要 L/c 秒后到达站点 B,即数据由 A 到 B 的传播时延为 L/c 秒。在这个时间段内,站点 B 侦听不到站点 A 发送的数据帧,认为总线空闲,如果这时站点 B 也发送数据,必然会发生冲突。

发生冲突后,总线上传输的信号是多个站点发送信号的叠加,产生了严重失真,无法从中恢复出任何一个站点发送的有用信息,传输失败。因此,每个站点在发送数据的同时要进行冲突检测,一旦检测到冲突,立即停止发送数据,以免继续浪费网络资源。

冲突检测有两种方法。一是站点在发送数据的同时,将其发送的信号波形与从总线上接收到的信号波形进行比较。如果两个信号波形一致,则没有发生冲突;如果波形不一致,则有多个站点同时发送数据,已发生冲突。二是站点在发送数据的同时,检测总线上信号电压的变

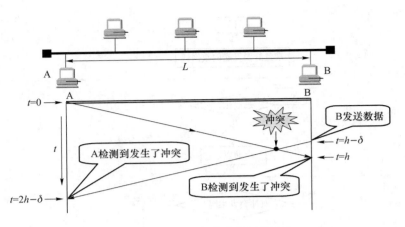

图 8-7　传播时延对载波侦听的影响

化情况。当多个站点同时发送数据时,各路信号相互叠加,电压变化幅度增大,如果变化幅度超过一定的门限值,则总线上发生了冲突。

③ 发现冲突停止发送。如果在发送数据过程中检测出冲突,发送数据站点立即停止发送数据,同时还要再继续发送强化冲突信号(一种人为干扰信号)。其目的是确保有足够的冲突持续时间,使得网络中的所有站点都能检测出冲突,并丢弃冲突帧,减少由于冲突浪费的时间,提高信道利用率。

④ 随机延迟后重发。冲突发生后,发送数据的站点要延迟一个随机时间,再重新开始数据发送流程。每个站点的延迟时间随机选取,可以减小站点重新开始传输数据时再次发生冲突的概率。以太网用二进制指数退避算法来确定站点延迟的随机时间。对算法感兴趣的读者可参考相关文献资料。

CSMA/CD 的工作过程总结如下。

① 从网络层获取数据,装配成以太网数据帧,准备发送。

② 侦听总线状态。如果总线空闲,则发送数据帧;否则继续侦听并等待总线空闲。

③ 在发送数据帧的过程中进行冲突检测。如果没有检测到冲突,则把该数据帧成功发送完毕;如果检测到冲突,则中止数据发送,并发送强化冲突信号。

④ 在中止发送后,执行二进制指数退避算法确定延迟随机时间,等待该延迟随机时间后,返回步骤②。

使用 CSMA/CD 协议的以太网,一个站点不可能同时发送数据和接收数据,因此网络中的站点间只能是半双工通信。

4. 以太网数据接收流程分析

① 以太网数据接收流程。以太网中的所有站点只要不发送数据,就处于接收状态。以太网站点数据接收流程如图 8-8 所示。当某个站点完成了一个数据帧接收后,首先判断接收到的数据帧长度,如果数据帧长度小于 64 字节,则发生了冲突,这是一个无效帧,站点就丢弃该帧,重新进入等待接收状态。如果数据帧长度大于等于 64 字节,则站点检查数据帧中的目的地址,确定该数据帧是不是发给自己的,如果是发给自己的,则接收下来,否则丢弃。然后CRC 方法对数据帧进行校验,确定数据帧在传输过程中是否出错。如果 CRC 校验正确,帧长度检查也正确,则将数据帧中的数据部分交给网络层处理,报告"成功接收",本次接收操作结束。如果帧长度不对,则报告"帧长度错",然后进入结束状态。

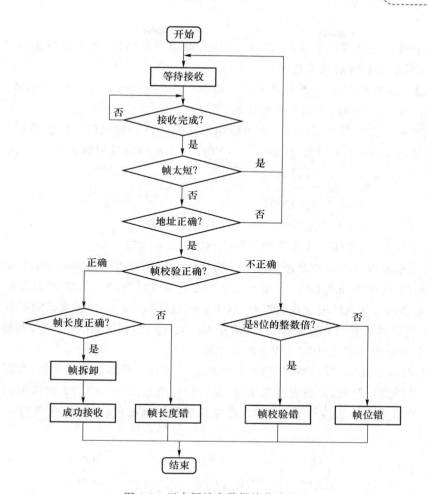

图 8-8 以太网站点数据接收流程

IEEE 802.3 标准规定,出现下列情况之一的即为无效数据帧:a. 帧长度不是字节的整数倍。b. 对帧进行循环冗余校验,查出有差错。c. 帧长度范围不在 64~1 518 字节。

接收到数据帧后,接收端根据数据帧中的目的地址属于下列情况之一的,则将其接收,否则就丢弃:a. 目的地址为单一站点地址且是本站点地址。b. 目的地址是组地址,接收站点属于这个组。c. 目的地址是广播地址。

如果帧校验发现有错,接着要判断该帧长度是不是 8 位的整数倍。如果是,报告"帧校验错",本次接收数据帧操作结束;如果不是,表示数据帧在传输过程中丢失了位,应报告"帧位错",进入结束状态。

② CRC 方法。CRC 方法是数据链路层广泛使用的检错技术,其检错能力强,漏检率低,容易实现。

CRC 使用多项式码,故称 CRC 码。多项式码的基本思想:任何一个二进制位串都可以用一个各项系数只取 0 或 1 的多项式来表示。k 位二进制位串对应一个 $k-1$ 次多项式,二进制位串的最高位是 x^{k-1} 项的系数,次高位是 x^{k-2} 项的系数,依次类推。例如,二进制位串 11010100 共有 8 位,则 $k=8$,表示成多项式为 $1x^7+1x^6+0x^5+1x^4+0x^3+1x^2+0x^1+0x^0$,即 $x^7+x^6+x^4+x^2$。反之,如有多项式 $x^7+x^5+x^4+x^3+1$,则对应二进制位串 10111001。

多项式的算术运算以 2 为模，加法没有进位，减法没有借位，加法和减法都等同于异或。因此，多项式的加法和减法结果相同。

【例 8-1】 多项式 $f(x)=x^7+x^6+x^5+x^4+x+1$，$t(x)=x^7+x^6+x^4+x$，请计算 $f(x)+t(x)$ 和 $f(x)-t(x)$，并将两个结果进行比较。

多项式算术运算可用其对应的二进制位串来完成。$f(x)$ 对应二进制位串 11110011，$t(x)$ 对应二进制位串 11010010，计算 $f(x)+t(x)$ 和 $f(x)-t(x)$ 的过程如下：

$$
\begin{array}{r}
11110011 \\
+\ 11010010 \\
\hline
00100001
\end{array}
\qquad
\begin{array}{r}
11110011 \\
-\ 11010010 \\
\hline
00100001
\end{array}
$$

因此，$f(x)+t(x)=x^5+1$，$f(x)-t(x)=x^5+1$，二者相等。

需要注意的是：多项式除法运算中用到的减法也是模 2 减。

循环冗余校验方法的工作原理如图 8-9 所示。使用循环冗余校验时，发送方和接收方需要预先商定一个生成多项式 $G(x)$。循环冗余校验的基本思想：发送端在待发送数据尾部附一个校验和（冗余码），从而形成发送数据帧，这个发送数据帧所对应的多项式能够被生成多项式 $G(x)$ 除尽。当接收方接收到数据帧后，试着用 $G(x)$ 去除它，如果余数不为 0，表明传输过程中有错误，如果余数为 0，判定传输过程中没有出现错误。

对于以太网，上述"待发送数据"包括目的地址、源地址、类型和数据字段，这部分数据和生成多项式运算得到校验和，形成发送数据帧，而校验和就是图 8-5 中以太网数据帧的帧校验字段。图 8-9 给出了在发送端计算校验和、形成发送数据帧的过程，以及在接收端进行校验的过程。

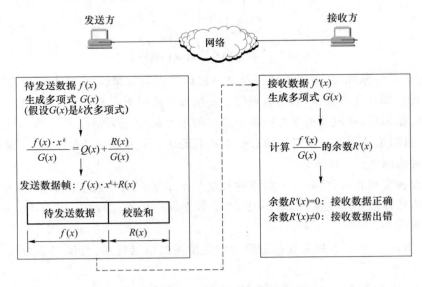

图 8-9　循环冗余校验方法的工作原理

设要发送 m 位数据，用多项式 $f(x)$ 表示，生成多项式 $G(x)$ 是一个 k 次多项式，形成发送数据帧的算法如下。

① 将 $f(x)$ 乘以 x^k，得到多项式 $f(x) \cdot x^k$。这个步骤相当于在待发送的 m 位数据的低端

添加 k 个连续的 0，构成 $m+k$ 位的二进制位串。

② 用多项式 $f(x) \cdot x^k$ 除以生成多项式 $G(x)$，得到余数多项式 $R(x)$。余数多项式对应的二进制位串就是校验和，校验和的长度（二进制码位数）与生成多项式的次数相同，等于 k。

③ 多项式 $f(x) \cdot x^k$ 加上余数多项式 $R(x)$，结果记为 $T(x)$。多项式 $T(x)$ 对应的二进制位串就是发送数据帧。这个步骤相当于在 m 位待发送数据的尾部附加了 k 位校验和，构成 $m+k$ 位的发送数据帧。

【例 8-2】　生成多项式 $G(x)=x^4+x+1$，待发送数据为 1101011111，计算校验和及发送数据帧。

将待发送数据 1101011111 表示成多项式 $f(x)=x^9+x^8+x^6+x^4+x^3+x^2+x+1$，$G(x)$ 对应的二进制位串为 10011。

$G(x)$ 为 4 次多项式，因此，$f(x) \cdot x^k=f(x) \cdot x^4=x^{13}+x^{12}+x^{10}+x^8+x^7+x^6+x^5+x^4$，对应二进制位串 11010111110000。

计算 $\dfrac{f(x) \cdot x^4}{G(x)}$，丢弃商，得余数多项式 $R(x)=x$，对应的二进制位串为 10，校验和为 0010。计算过程如图 8-10 所示。

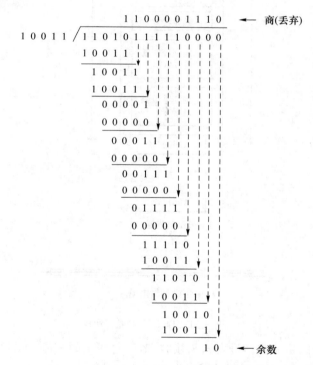

图 8-10　$\dfrac{f(x) \cdot x^4}{G(x)}$ 的计算过程

计算 $T(x)=f(x) \cdot x^4+R(x)=x^{13}+x^{12}+x^{10}+x^8+x^7+x^6+x^5+x^4+x$。因此，发送数据帧为 11010111110010。

观察这 14 位的发送数据帧，前 10 位是待发送数据，其后附加了 4 位校验和（冗余码）。

接收方将收到的数据帧除以生成多项式 $G(x)$，若余数不为 0，可断定传输中发生了错误，若余数为 0，判定传输中没有发生错误。

CRC 方法不能检测出所有错误,其检错能力与生成多项式 $G(x)$ 有很大关系。以太网中选用的生成多项式是一个 32 次多项式,即

$$x^{32}+x^{26}+x^{23}+x^{22}+x^{16}+x^{12}+x^{11}+x^{10}+x^8+x^7+x^5+x^4+x^2+x+1$$

因此,以太网数据帧的帧校验字段长度为 4 字节。

8.2.4 以太网实现方法

物理层协议采用 10Base-5 的以太网实现方法如图 8-11 所示。将一台主机连接到以太网中需要的设备包括网卡、收发器和收发器电缆。网卡置于主机箱中,通过 I/O 接口电路与计算机连接,收发器外置,收发器一端通过连接单元接口(Attachment Unit Interface,AUI),用收发器电缆和网卡相连,另一端紧紧夹住同轴电缆,以便插入式分接头可以接触到电缆的内芯。

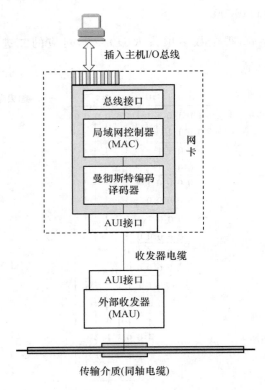

图 8-11 以太网实现方法

收发器的主要功能是完成信号发送和接收,监听总线上的信号,进行冲突检测。收发器直接和传输介质打交道,因此也称为媒体连接单元(Medium Attachment Unit,MAU)。在 10Base-5 设计中,收发器和网卡分离是因为收发器与同轴电缆在物理上必须连接到一起,另外网卡中的功能主要采用数字技术实现,而收发器包含了模拟部件。

随着网络技术和超大规模集成电路(VLSI)技术的发展,Intel、Motorola 和 AMD 等厂商都提供支持以太网原理的专用 VLSI 芯片,收发器和网卡也不再分离,而是集成在一块板上,统称网卡。选用 Intel 公司的 82588 以太网控制器、82502 以太网收发器等芯片设计的网卡如图 8-12 所示。

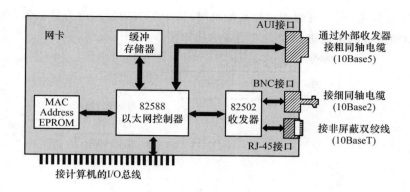

图 8-12　以太网网卡结构

网卡又称网络接口适配卡或网络接口卡。网卡实现了 IEEE 802.3 协议的 MAC 子层和物理层功能,能够实现发送和接收数据、冲突检测、CRC 冗余码生成与 CRC 校验、曼彻斯特编码和解码、组帧和拆帧、介质访问控制、提供与主机的接口和与网络的接口。目前,在实际应用中,网卡插在计算机主板的扩展槽上,而越来越多的网卡集成在计算机主板上。

8.2.5　以太网物理地址

物理地址又称 MAC 地址、硬件地址或以太网地址。IEEE 802 标准规定每台连接到网络中的结点都要有一个唯一的地址,这个地址就是结点网卡地址,由网卡生产商写入网卡 ROM 中。

结点在以太网中的物理地址就是其所用的网卡地址,与结点的物理位置、在哪个局域网无关。如果在局域网中的一台计算机更换了一个新网卡,则其在局域网中的地址就改为新网卡地址,但计算机的地理位置没有变,所接入的以太网也没有变。如果把一台计算机从一个城市的 A 以太网移到另一个城市的 B 以太网中,虽然网络变了,地理位置也变了,但计算机中的网卡没变,因此这台计算机在 B 以太网中的地址仍然和在 A 以太网中的地址一样。如果连接在以太网中的结点(如路由器)安装了多个网卡,那么该结点就有多个地址,不同网卡提供了连接以太网的不同接口,同时也提供了不同地址。

IEEE 802 标准规定 MAC 地址的长度可采用 6 字节或 2 字节,6 字节地址可以使全世界所有以太网适配器都具有不相同的地址,目前,网卡使用的都是 6 字节的 MAC 地址。

局域网 MAC 地址的法定管理机构是 IEEE 注册管理委员会(Registration Authority Committee,RAC),其负责分配 6 字节 MAC 地址的前 3 个字节,这 3 个字节称为机构唯一标识(Organizationally Unique Identifier,OUI),也称为公司标识(Company-id)。每个公司可以购买多个 OUI,也可以是几个公司合起来购买一个 OUI。MAC 地址的后 3 个字节由厂家设定,称为扩展标识符,只要保证出厂的网卡没有重复地址即可。用这种方式得到的 48 位 MAC 地址称为 EUI-48。生产网卡时,这种 6 字节地址被固化在网卡的 ROM 中。

例如,3Com 公司的公司标识之一是 02-60-8C,分配给某张网卡的 3 字节扩展标识符是 2A-10-C3,那么这张网卡的 48 位物理地址就是 02-60-8C-2A-10-C3。每个字节用两位十六进制数表示,字节和字节之间用连字符"-"隔开,这是以太网地址的标准记法。另一种记法是 0x 开头,后面写上一连串的十六进制数字,如 0x02608C2A10C3。

IEEE 802.3 规定,用二进制表示物理地址时,每个字节的最左边为最低位,最右边为最高位。以太网物理地址的十六进制和二进制表示法如图 8-13 所示。

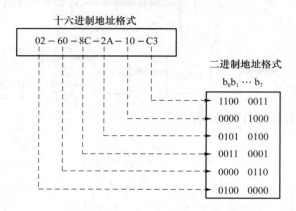

图 8-13 以太网物理地址的十六进制和二进制表示法

IEEE 802.3 规定,数据帧中目的地址字段首字节的最低位是组地址或单一站点地址的标识位,称单播/多播(Individual/Group,I/G)位。该位为 0,表示目的地址是单一站点地址,这是单播,网络中站点本身地址和目的地址相同的接收数据帧;该位为 1,表示目的地址是组地址,用来多播(也称组播),网络中同属这组的所有站点都接收数据帧。I/G 位的规定如图 8-14 所示,其中十六进制表示的目的地址为 02-60-8C-2A-10-C3。以太网按照字节顺序发送数据,在每个字节中,按照先低位后高位的顺序发送。因此,在数据帧的目的地址字段,最先发送出去的是首字节的最低位,即 I/G 位。

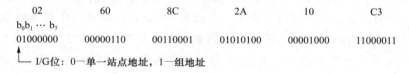

图 8-14 I/G 位的规定

8.3 交换式局域网与虚拟局域网

8.3.1 交换式局域网技术

1. 基本概念

随着网络规模不断扩大,传统局域网中站点数增多,网络通信负荷加重,冲突和重发现象将大量发生,网络效率与网络服务质量将急剧下降。为了解决网络规模和网络性能之间的矛盾,研究者提出改变网络工作模式,将共享介质方式改为交换方式,允许多个站点同时发送数据,达到增加网络带宽,改善网络性能和服务质量的目的。典型的交换式局域网是交换式以太网,其核心部件是以太网交换机。

交换式以太网采用星型拓扑,中心结点是以太网交换机。交换机有多个端口,在端口之间建立多个并发连接,使得在某一时刻,连接在不同端口上的站点可以同时发送数据而不会发生冲突。由于不存在冲突问题,因此交换式以太网不需要 CSMA/CD 介质访问控制方法。交换式以太网可以工作在全双工方式,站点可以同时发送和接收数据。为了与传统共享式以太网兼容,交换式以太网保留了传统以太网的帧结构、最小与最大帧长度等一些根本特征。

2. 局域网交换机的工作原理

交换式局域网的核心设备是局域网交换机,这里以以太网交换机为例来分析交换机的工作原理。以太网交换机有多个端口,每个端口可以连接单一结点,这个端口就是这个结点的独占端口,也可以连接一台以太网集线器,这个端口就是连接在集线器上的所有结点的共享端口,如图 8-15 所示。

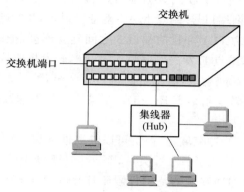

图 8-15　以太网交换机

通常以太网交换机包括端口、缓存区以及转发机构,如图 8-16 所示。交换机根据端口号与连接在各端口上的结点的 MAC 地址,建立并维护一张表格——端口号/结点 MAC 地址映射表,这张表记录了端口号与结点 MAC 地址的对应关系。当交换机从某个端口接收到数据帧时,就分析帧头信息并获取数据帧中的目的地址,根据目的地址从端口号/结点 MAC 地址映射表中查找到目的结点所在端口——目的端口。转发机构在源端口和目的端口之间建立一个连接,将数据帧从源端口传输到目的端口。交换机可以根据需要建立多个这种端口之间的连接,以实现多对端口之间数据帧的并发传输。

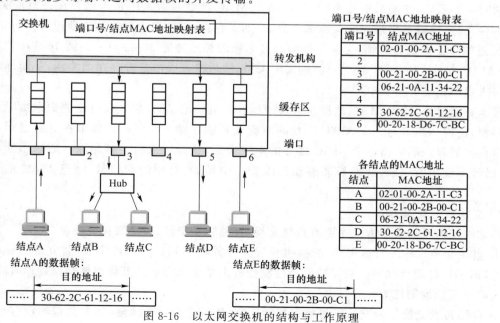

图 8-16　以太网交换机的结构与工作原理

图 8-16 中的交换机有 6 个端口,端口 1、5、6 分别连接结点 A、D、E,是独占端口,端口 3 通过集线器连接结点 B 和 C,是共享端口,端口 2、4 空闲,交换机根据这种连接方式建立端口号/结点 MAC 地址映射表。假设结点 A 要向结点 D 发送数据帧,结点 E 要向结点 B 发送数据帧,两个结点发送数据的过程同时进行,分析交换机的工作过程:首先结点 A 和结点 E 按以太网 MAC 帧格式分别构造数据帧,结点 A 的数据帧中的目的地址为结点 D 地址 30-62-2C-61-12-16,结点 E 的数据帧中的目的地址为结点 B 地址 00-21-00-2B-00-C1。结点 A 通过端口 1 将数据帧发送给交换机,从端口 1 收到数据帧后,交换机转发机构从数据帧中得到目的地址 30-62-2C-61-12-16,通过查询端口号/结点 MAC 地址映射表,获知与这个 MAC 地址对应的端口是 5 号,则转发机构在源端口 1 和目的端口 5 之间建立连接,把结点 A 发送的帧转发到端口 5,发送给结点 D。同时,结点 E 发送数据帧到端口 6,转发机构从数据帧中得到目的地址并查询端口号/结点 MAC 地址映射表,获知目的端口是 3 号,然后在端口 6 和端口 3 之间建立连接,把数据帧通过端口 3 转发给结点 B。结点 A 向结点 D 发送数据和结点 E 向结点 B 发送数据同时进行,相互之间不干扰。

交换机的每个端口是一个冲突域,交换机可以隔离冲突域。在图 8-16 中,结点 B、C 与交换机端口 3 通过 Hub 相连,构成了一个冲突域,而这个冲突域中的结点发送数据时,其他端口的结点可以同时发送数据,即冲突域的范围仅限于连接在这个端口上的结点。因此,与 Hub 相比,交换机把冲突域限制在了一个端口范围内,隔离了冲突域。

3. 映射表的建立和维护

建立和维护端口号/结点 MAC 地址映射表需要解决两个问题:交换机如何知道哪个结点连接到哪个端口? 交换机如何更新端口号/结点 MAC 地址映射表,以便适应网络结构变化(结点从一个端口转移到另一个端口,或者有新结点加入网络中)? 交换机采用地址学习方法来解决这两个问题。

地址学习方法是交换机检查接收到的数据帧的源地址并记录该数据帧进入交换机的端口号,得到 MAC 地址与端口的对应关系,从而不断完善端口转发表的方法。得到 MAC 地址与端口的对应关系后,交换机将检查端口号/结点 MAC 地址映射表中是否已存在该对应关系,如果不存在,交换机就将该对应关系加入表中,如果存在,交换机将更新该表项记录。例如,结点 D 通过端口 5 发送数据帧,交换机检测到这个帧的源地址是 30-62-2C-61-12-16,得到"端口号 5—MAC 地址 30-62-2C-61-12-16"的对应关系,然后检查表中是否存在该关系,从而确定是将其写入表中还是更新表中记录。

每次在端口号/结点 MAC 地址映射表中加入或更新记录时,加入或更新的记录被赋予一个计时器,使得该端口与一个 MAC 地址的对应关系能存储一段时间。如果在计时器到时之后没有再次捕获该端口与这个 MAC 地址的对应关系,这条记录将会被删除。通过不断删除过时、已经不使用的记录,交换机能够动态维护一个精确、有用的端口号/结点 MAC 地址映射表。

4. 交换机的交换方式

以太网交换机的交换方式主要有直接交换、存储转发交换、改进直接交换。

① 直接交换也称为直通交换,交换机只要接收并检测到目的地址字段,就立即将该帧转发出去,而不进行差错检测。数据帧差错检测任务由结点来完成。其优点是交换延迟时间短,缺点是缺乏差错检测能力。

② 存储转发交换是指交换机将帧完整地接收,然后进行差错检测,如果数据帧没有出错,

就根据帧中的目的地址找到对应的端口号,然后转发出去。其优点是具有数据帧差错检测能力,并支持不同速率端口之间的帧转发,缺点是交换延迟时间较长。

③ 改进直接交换是上述两种方法的结合。当接收到的数据帧长度超过 64 字节时,根据目的地址找到对应端口号开始转发,数据帧长度不足 64 字节说明是无效帧,就丢弃,不转发。和直接交换方式相比,改进直接交换方式能够避免对无效帧的转发。

3 种交换方式的比较如图 8-17 所示。

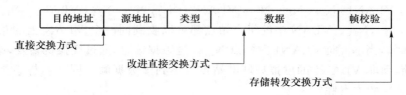

图 8-17　3 种交换方式的比较

5. 交换机的交换带宽

在共享式以太网中所有结点共享网络带宽(经常将数据传输速率称为带宽,见 2.1.2 节)。假设网络带宽为 10 Mbit/s,网络中共有 N 个结点,则估算出每个结点占有的平均带宽是 10/N Mbit/s。在交换式局域网中,假设每个端口带宽是 10 Mbit/s,结点在通信时独占这 10 Mbit/s 带宽,所以每个结点带宽是 10 Mbit/s。

交换机交换带宽的计算方法是 m×端口数×相应端口速率。参数 m 由端口的工作方式决定:若端口工作在全双工模式,m 取 2;若端口工作在半双工模式,m 取 1。

【**例 8-3**】 以太网交换机有 24 个 100 Mbit/s 全双工端口,2 个 1 000 Mbit/s 全双工端口,如果所有端口都工作在全双工状态,那么交换机的交换带宽为多少?

$$S = 2×24×100 \text{ Mbit/s} + 2×2×1 000 \text{ Mbit/s}$$
$$= 8 800 \text{ Mbit/s}$$
$$= 8.8 \text{ Gbit/s}$$

8.3.2　虚拟局域网技术

1. 虚拟局域网概念

虚拟局域网的基础是局域网交换机,用软件来实现逻辑工作组的划分与管理,工作组中的结点不受物理位置限制。同一个逻辑工作组的成员可以在不同物理网段上,可以连在同一台交换机上或连在不同交换机上,只要这些交换机互联并支持虚网划分即可。当结点从一个工作组转移到另一个工作组时,只需通过软件设定,而不用改变结点在网络中的物理位置。

2. 虚拟局域网与传统局域网的比较

用传统局域网技术组建局域网时,通常将隶属同一部门的结点放在同一个网段上构成一个工作组,多个工作组分属于不同网段,通过交换机或路由器互联。这种利用物理网段划分工作组的组网方式与结点的物理位置有关。例如,某公司技术开发部有 3 个办公室,技术总监、软件开发组、硬件开发组分别在五楼、三楼、二楼办公,这 3 个办公室组建一个网段,则在二楼至五楼间布线。如果硬件开发组搬到一楼,则要重新布线。可见,该组网方式受结点的物理位置限制,灵活性差,成本造价高。

目前主要用两种技术来解决这个问题。一是结构化布线技术:在建造楼宇时,按规划布好线,在所有可能使用计算机的位置预先安置插头,计算机通过插头接入网络。二是虚拟局域网技术:用局域网交换机组网,通过软件来划分工作组,工作组与结点的物理位置无关,是一种"逻辑工作组"。

　　传统局域网与虚拟局域网组网结构的比较如图 8-18 所示。图 8-18(a)是传统局域网,每个楼层的 4 个结点用集线器构成一个局域网,3 个局域网用交换机互联。这样只能按楼层划分工作组。某个结点从 LAN1 改到 LAN2,则要重新布线,将该结点与 LAN2 集线器相连。图 8-18(b)改用 4 台交换机组网,可以通过软件进行跨交换机划分 4 个逻辑工作组,即 4 个 VLAN,例如,VLAN1:N_{1-1},N_{2-1},N_{3-1},VLAN2:N_{1-2},N_{2-2},N_{3-2},VLAN3:N_{1-3},N_{2-3},N_{3-3},VLAN4:N_{1-4},N_{2-4},N_{3-4}。VLAN 中的每个站点都可以收到同一个 VLAN 上的其他站点发出的数据帧。例如,当 N_{1-1} 向 VLAN1 的站点 N_{2-1} 发送数据帧时,通过交换机转发,站点 N_{2-1} 将会收到该数据帧,而非 VLAN1 的虚拟局域网站点收不到该数据帧。同学们想想是否还可以有其他划分 VLAN 的方案呢?

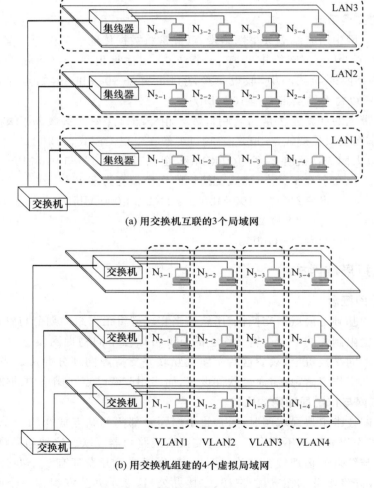

(a) 用交换机互联的3个局域网

(b) 用交换机组建的4个虚拟局域网

图 8-18　传统局域网与虚拟局域网组网结构的比较

3. 虚拟局域网的划分方法

　　① 基于交换机端口号方法是最常用的静态划分虚拟局域网的方法。交换机端口号划分 VLAN 示意图如图 8-19 所示。在图 8-19(a)中,网络管理员将一台交换机的端口划分成两个

虚拟局域网,这是单一交换机结构。虚拟局域网也可以跨越多台交换机,如图 8-19(b)所示,图中两台交换机的端口被分成两个虚拟局域网,每个虚拟局域网成员可以来自不同交换机的不同端口。但不允许不同虚拟局域网包含同一交换机的同一端口。例如,交换机 1 的端口 3 属于 VLAN1,就不能再属于 VLAN2。缺点是当结点转移到另一个端口时,网络管理员必须重新配置虚拟局域网成员。

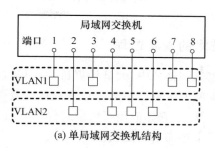

(a) 单局域网交换机结构

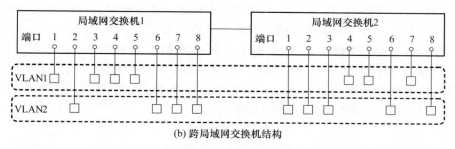

(b) 跨局域网交换机结构

图 8-19 交换机端口号划分 VLAN 示意图

② 基于结点 MAC 地址方法是较常用的划分 VLAN 的方法。网络管理员用结点 MAC 地址将结点划分到各个 VLAN 中。只与结点 MAC 地址有关,与结点具体连接到交换机的哪个端口无关,与结点物理位置发生变化无关,只要结点 MAC 地址不变。

③ 基于网络层方法用结点网络层协议或网络层地址来划分虚拟局域网。

④ 基于 IP 广播组方法。基于 IP 广播组的虚拟局域网是动态建立的,由代理对这个虚拟网络中的成员进行管理。当有广播包要发送到多个结点时,就需要动态建立虚拟局域网代理。代理通过广播信息通知各结点,如果结点响应该信息就加入该广播组,成为广播组虚拟局域网成员。优点是可以根据服务灵活组建,且可以跨越路由器与广域网互联。

4. 虚拟局域网技术的优点

① 方便网络管理,减少网络管理开销。在网络管理中,由于机构变化而调整工作组是常事。传统以太网调整工作组可能需要重新布线等,网络管理工作量以及开销都会增大。而虚拟局域网可以通过软件设置的方法灵活地调整逻辑工作组成员。

② 提供更好的安全性。不同网络用户对数据与信息资源有不同要求和权限,某些部门的数据和信息不允许其他部门的人员查看。虚拟局域网技术可以将不同部门的用户划分到不同逻辑工作组中,同组用户的数据只在虚拟局域网中传输,提高了局域网系统的安全性。

③ 改善网络服务质量。交换机根据数据帧的目的地址查询端口号/结点 MAC 地址映射表确定将数据帧向哪个端口转发。当交换机接收到的目的地址为多播或广播地址以及目的地址信息在映射表中查不到时,会将数据帧向输入端口之外的所有端口转发,这就形成了"广播风暴",将极大地影响网络性能和服务质量。而广播信息在虚拟局域网中被控制在自身范围

内,减少了潜在的广播风暴危害,改善了网络服务质量。例如,在图 8-18(b)所示的虚拟局域网中,当 N_{1-1} 向工作组内的成员发送广播数据帧时,只有站点 N_{2-1},N_{3-1} 会收到该广播信息,站点 N_{1-2},N_{1-3},N_{1-4} 与 N_{1-1} 不在同一个 VLAN 中,因而不会收到该广播数据帧。

8.4　高速局域网技术

8.4.1　高速局域网技术的发展过程

随着计算机广泛应用于家庭和办公中,大量计算机联入局域网,使网络规模不断扩大,网络通信量不断增加。传统以太网的带宽已不适应计算机性能及网络规模的发展。同时,对网络带宽有更高要求的分布式计算、多媒体应用等的发展促使人们研究高速局域网技术,以提高带宽、改善局域网性能,满足了上述需求的变化。

高速局域网技术研究始于 20 世纪 90 年代,传输速率从传统以太网的 10 Mbit/s 提高到 100 Mbit/s、1 Gbit/s、10 Gbit/s,2010 年,推出了数据传输速率为 40/100 Gbit/s 的局域网标准,以太网技术的发展过程如图 8-20 所示。在局域网工程领域中,常常将传输速率为 100 Mbit/s 的以太网称为快速以太网,简称 FE;将传输速率为 1 Gbit/s 的以太网称为千兆以太网,简称 GE;将传输速率为 10 Gbit/s 的以太网称为万兆以太网,简称 10 GE;将传输速率为 10 Mbit/s 的以太网称为传统以太网或以太网。

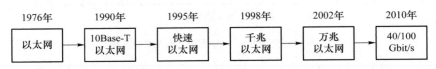

图 8-20　以太网技术的发展过程

在最初研究高速局域网技术时有两种建议:一是重新设计一种新局域网体系结构与介质访问控制方法来取代传统以太网技术;二是保持传统以太网的帧结构和介质访问控制方法不变,提高网络数据传输速率。IEEE 802.3 工作组决定采用后一种建议。因此,100 Mbit/s、1 Gbit/s、10 Gbit/s 以太网与传统以太网兼容,局域网中可以同时存在各种不同速率的以太网。这样便保护了用户已有设备和软件的投资,避免了全新设计带来的不可预见问题。

8.4.2　快速以太网

1992 年,IEEE 802.3 工作组开始研究快速以太网技术,1995 年 9 月,IEEE 802 委员会正式批准快速以太网标准,称为 IEEE 802.3u。在技术上,IEEE 802.3u 不是一个新标准,而是 IEEE 802.3 标准的一份补充。数据传输速率达到 100 Mbit/s,但保留了传统 10 Mbit/s 以太网的帧格式、介质访问控制方法以及最小和最大帧长度等特征。

1. 快速以太网的主要特点

① 在 MAC 层,快速以太网的通信方式:半双工模式、全双工模式。在半双工模式下,同传统以太网采用 CSMA/CD 作为介质访问控制方法,在全双工模式下,站点可以同时发送和接收数据,不存在冲突问题,MAC 子层不需要采用 CSMA/CD 方法。

② IEEE 802.3u 标准在物理层定义了新标准,采用新传输介质和编码效率更高的信号编码方案。为此,IEEE 802.3u 标准定义了介质独立接口,将 MAC 子层与物理层分隔开,使物

理层的变化不会影响 MAC 子层。

③ 兼容性好。快速以太网标准提供了自动协商机制,允许两个站点自行协商工作的最佳速率和通信方式,快速以太网交换机可处理 10 Mbit/s 和 100 Mbit/s 的混合情况。

2. 快速以太网的物理层标准

IEEE 802.3u 标准规定了 3 种不同物理层标准。传输介质采用双绞线或光纤,不支持同轴电缆,采用星型拓扑,中心结点是集线器或交换机。

① 100Base-TX。使用 2 对 5 类非屏蔽双绞线或 2 对 1 类屏蔽双绞线,一对双绞线用于发送,另一对用于接收。全双工系统,结点可同时以 100 Mbit/s 的速率发送和接收数据。

② 100Base-FX。使用两芯单模或多模光纤,一根用于发送,另一根用于接收。100Base-FX 主要用作高速主干网,全双工系统。多模光纤从结点到交换机最长可达 550 m,单模光纤可达 2 km。把 100Base-TX 和 100Base-FX 合在一起称为 100Base-X。

③ 100Base-T4。使用 4 对 3 类非屏蔽双绞线,3 对用于传送数据,1 对作为冲突检测接收信道,半双工系统。

8.4.3 千兆以太网

1996 年 8 月,IEEE 802.3 工作组成立 802.3z 工作组,研究使用单模和多模光纤、屏蔽双绞线的千兆以太网的物理层标准,1998 年 2 月批准了 IEEE 802.3z 标准;1997 年成立 802.3ab 工作组,研究使用非屏蔽双绞线的千兆以太网的物理层标准,1999 年批准了 IEEE 802.3ab 标准。对于千兆以太网,IEEE 802 委员会的目标是传输速率是快速以太网的十倍,并保持与 10 Mbit/s 以太网和 100 Mbit/s 以太网标准的兼容。

1. 千兆以太网的主要特点

① 数据传输速率是 1 Gbit/s,保留传统 10 Mbit/s 以太网的帧格式、介质访问控制方法以及最小和最大帧长度等特征。

② 通信方式:半双工和全双工模式。在半双工模式下,千兆以太网在 MAC 子层使用 CSMA/CD 方法作为介质访问控制方法;在全双工模式下,不存在介质争用问题,MAC 子层不需要 CSMA/CD 方法。

③ 在物理层定义了新标准。定义了千兆介质独立接口,将 MAC 子层与物理层分隔开,物理层使用的传输介质变化以及信号编码方式变化都不会影响 MAC 子层。

2. 千兆以太网的物理层标准

① 1000Base-X(IEEE 802.3z 标准),支持 3 种传输介质。

• 1000Base-SX。SX 表示短波长,使用 850 nm 激光器,传输介质为多模光纤。使用纤芯直径为 62.5 μm 和 50 μm 的多模光纤时,最大长度分别是 275 m 和 550 m。

• 1000Base-LX。LX 表示长波长,使用 1 300 nm 激光器,传输介质可以是单模光纤、多模光纤。使用纤芯直径为 62.5 μm 和 50 μm 的多模光纤时,最大长度为 550 m;使用纤芯直径为 10 μm 的单模光纤时,最大长度为 5 000 m。

• 1000Base-CX。传输介质为 2 对屏蔽双绞线电缆,双绞线最大长度为 25 m。

② 1000Base-T(IEEE 802.3ab 标准)。传输介质是 2 对 5 类非屏蔽双绞线,双绞线最大长度可达 100 m。

8.4.4 万兆以太网

1999 年 3 月,IEEE 802.3 工作组开始研究万兆以太网,2002 年发布了以光纤为传输介质的 IEEE 802.3ae 标准;2004 年发布了以双轴铜缆为介质的 IEEE 802.3ak 标准;2006 年发布了以双绞线为介质的 IEEE 802.3an 标准。

1. 万兆以太网的特征

① 数据传输速率是 10 Gbit/s,保留传统 10 Mbit/s 以太网的帧格式、最小帧长度和最大帧长度等特征。

② 只支持全双工方式。不存在介质争用问题,MAC 子层不需要采用 CSMA/CD 方法。

③ 应用领域逐渐扩展到广域网和城域网的核心交换网中。

④ 定义了介质独立接口,将 MAC 子层与物理层分开,物理层使用的传输介质变化以及信号编码方式变化都不会影响 MAC 子层。

2. 万兆以太网的物理层标准

万兆以太网的物理层协议分为局域网物理层标准与广域网物理层标准两类。

(1)局域网物理层(LAN PHY)标准

① 10GBase-SR。使用 850 nm 短波长,传输介质是多模光纤,最大长度为 300 m。

② 10GBase-LR。使用 1 310 nm 长波长,传输介质是单模光纤,最大长度为 25 km。

③ 10GBase-ER。使用 1 550 nm 超长波长,传输介质是单模光纤,最大长度为 40 km。

④ 10GBase-CX4。传输介质是 4 对双轴铜缆,最大长度为 15 m,由 IEEE 802.3ak 定义。

⑤ 10GBase-T。传输介质是 4 对 6 类非屏蔽或屏蔽双绞线,最大长度为 100 m,由 IEEE 802.3an 定义。

①、②、③点基于光纤的标准由 IEEE 802.3ae 定义。

(2)广域网物理层标准

实现该标准的技术主要有两种:一是 SONET/SDH 光纤通道技术,要符合光纤通道速率体系 SONET/SDH 的 OC-192/STM-64 标准,标准速率为 9.953 28 Gbit/s;二是光纤密集波分多路复用(Dense Wavelength Division Multiplexing,DWDM)技术,速率为 10 Gbit/s。

2007 年,IEEE 802.3 工作组开始对 40 Gbit/s 和 100 Gbit/s 以太网进行标准化,2010 年发布了 40/100 Gbit/s 以太网标准 IEEE 802.3ba。

8.5 无线局域网

8.5.1 无线局域网概述

随着笔记本计算机、个人数字助理以及智能手机等设备的普遍使用,人们希望有一种移动接入技术将这些移动电子设备联入网络,以满足人们随时随地上网的需求。无线局域网(Wireless Local Area Network,WLAN)提供了移动接入功能,在一些特殊环境(如不能布线的历史古建筑、临时性小型办公室、大型展会、大自然等)中提供有效联网方式,用户带着自己的移动电子设备随意走动或乘车移动时还可以上网处理公务、查询信息或者娱乐。

1. 无线局域网标准 IEEE 802.11

1990 年,IEEE 802 委员会成立 802.11 工作组,开展无线局域网研究,1997 年发布了 WLAN 标准 IEEE 802.11,其中给出了无线局域网的 MAC 层和物理层标准。IEEE 802.11 在物理层使用红外、跳频扩频和直接序列扩频技术,数据传输速率为 1 Mbit/s 或 2 Mbit/s。随后,IEEE 802.11 陆续推出一系列扩展版本,IEEE 802.11b 传输速率达到 11 Mbit/s,IEEE

802.11a、IEEE 802.11g 传输速率达到 54 Mbit/s,2009 年推出 IEEE 802.11n,传输速率达到 450 Mbit/s。

为了保证各生产厂商的无线局域网产品可以互联,1999 年成立了非营利性组织——无线以太网兼容联盟(Wireless Ethernet Compatibility Alliance,WECA),2002 年更名为无线相容认证(Wireless Fidelity,WiFi)联盟。WiFi 联盟的任务是保证基于 IEEE 802.11 系列协议的各厂商设备间的兼容性和互操作性,同时提高无线设备的标准化程度。对通过兼容性和互操作性测试的产品,联盟授予其 WiFi 认证标志。因此,通常把使用 IEEE 802.11 系列协议的局域网称为 WiFi。

2. 无线局域网的结构

无线局域网有两种结构:有固定基础设施、无固定基础设施。固定基础设施是指预先建立起来、能够覆盖一定地理范围的一批固定基站。有基站无线局域网支持基本服务集(Basic Service Set,BSS)和扩展服务集(Extended Service Set,ESS)两种基本结构单元,无基站无线局域网称为自组网络。

① 自组网络。自组网络结构如图 8-21(a)所示,采用不需要基站的"对等结构"移动通信模式,由一些处于平等状态的移动站点之间相互通信组成临时网络。与有基站无线局域网相比,自组网络的服务范围受到限制,并且一般不和外界其他网络相连接。

② BSS 与 ESS。一个 BSS 包括一个基站和若干移动站点,其中基站又称为接入点(Access Point,AP),如图 8-21(b)所示。一个 BSS 所覆盖地理范围的直径不超过 100 m,超出其覆盖范围,站点就无法接入无线局域网。一个 BSS 可以构成一个独立的无线局域网,如覆盖一间实验室或一间教室或一个运动场的无线局域网。

将两个或两个以上 BSS 互联起来,就构成了一个 ESS,如图 8-21(c)所示,互联方式有以太网和无线网络。例如,将校园中覆盖教室、阅览室、学生宿舍、运动场的多个 BSS 互联构成一个 ESS,形成覆盖整个校园的 IEEE 802.11 无线局域网。

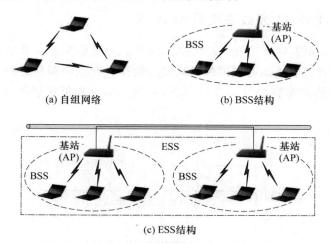

(a) 自组网络　　　　　　　　(b) BSS结构

(c) ESS结构

图 8-21　无线局域网的结构

8.5.2 IEEE 802.11 无线局域网物理层

所有 IEEE 802.11 技术都使用属于 ISM 频段的 2.4 GHz 或 5 GHz 频段,其最大优点是无须许可证,任何人只要遵守一些限定都可以免费使用。

IEEE 802.11 标准的物理层使用红外、跳频扩频和直接序列扩频技术,数据传输速率为 1 Mbit/s 或 2 Mbit/s。红外采用波长为 850 nm 或者 950 nm 的全向红外传输。红外线频谱非常宽,有可能提供极高的传输速率,但它按视距方式传播,即通信双方中间不能有阻挡,在室外由于太阳光影响而无法使用,因此很少有产品实现这种技术。由于技术原因,跳频扩频无法支持较高传输速率,因此跳频扩频现在已经很少使用。

IEEE 802.11b 工作在 2.4 GHz 频段,使用高速直接序列扩频技术,支持 1 Mbit/s、2 Mbit/s、5.5 Mbit/s 及 11 Mbit/s 的传输速率,其实际运行速率几乎总在 11 Mbit/s。IEEE 802.11a 工作在 5 GHz 频段,使用正交频分复用技术,传输速率可达 54 Mbit/s。为了解决 IEEE 802.11a 与 IEEE 802.11b 的相互兼容,IEEE 802 委员会发布了 IEEE 802.11g,IEEE 802.11g 工作在 2.4 GHz,使用正交频分复用技术,与 802.11b 兼容,传输速率为 54 Mbit/s。

表 8-2 所示是 3 种无线局域网的简单比较,3 种标准既可以用于有基站的无线局域网,也可以用于无基站的无线局域网。

表 8-2 3 种无线局域网的简单比较

标准	工作频段	数据传输速率	传输技术	优缺点
802.11b	2.4 GHz	最高 11 Mbit/s	高速直接序列扩频	最高数据率较低,价格最低,信号传播距离远且不易受阻
802.11a	5 GHz	最高 54 Mbit/s	正交频分复用	最高数据率较高,支持更多用户同时上网,价格最高,信号传播距离较短,且易受阻碍
802.11g	2.4 GHz	最高 54 Mbit/s	正交频分复用	最高数据率较高,支持更多用户同时上网,信号传播距离远且不易受阻,价格比 802.11b 贵

8.5.3 IEEE 802.11 无线局域网 MAC 层

IEEE 802.11 标准的 MAC 层在物理层之上,主要功能是实现多个站点共享无线通信信道的访问控制,确定站点在什么时间能发送或接收数据。有点协调功能和分布式协调功能两种访问控制方式,点协调功能提供无争用服务,分布式协调功能提供有争用服务,如图 8-22 所示。

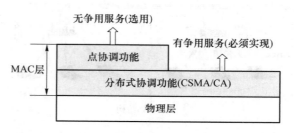

图 8-22 IEEE 802.11 的 MAC 层

① 点协调功能。实现点协调功能的系统有中心控制结点——基站,它集中控制整个 BSS 内的活动。基站以类似于轮询的方式把发送数据权轮流交给各站,避免冲突发生。因此,点协调功能向上层提供无争用服务。自组网络没有基站,因此就没有点协调功能子层。

② 分布式协调功能。实现分布式协调功能的系统无中心控制结点,在每个结点采用带有冲突避免的 CSMA(CSMA with Collision Avoidance,CSMA/CA)协议,通过争用信道来获取发送权。因此,分布式协调功能向上层提供的是有争用服务。

IEEE 802.11 协议规定所有 MAC 层的实现都必须有分布式协调功能,而点协调功能可选。在默认状态下,MAC 层工作在分布式协调功能模式,只有在对传输时间要求高的视频、音频会话类应用时,才会启动点协调功能。

网络互联与设备相关内容请扫描二维码。

网络互联与设备

习 题 8

一、选择题

1. 以下关于术语"共享介质""多路访问""冲突"与"以太网物理层协议"的描述中,错误的是(   )。

A. 传统以太网用一条作为总线的同轴电缆连接多个结点

B. 连接多个结点的同轴电缆被称为"共享介质"

C. 同一时刻有两个或两个以上结点利用同轴电缆发送数据的现象称为"冲突"

D. 用同轴电缆作为总线的以太网的物理层协议是 10Base-T

2. 以下对于 4 个主要的介质访问控制协议标准的描述中,错误的是(   )。

A. IEEE 802.3 标准定义 CSMA/CD 总线介质访问控制子层与物理层的标准

B. IEEE 802.11 标准定义无线局域网介质访问控制子层与物理层的标准

C. IEEE 802.15 标准定义无线广域网介质访问控制子层与物理层的标准

D. IEEE 802.16 标准定义宽带无线局域网介质访问控制子层与物理层的标准

3. 以下关于以太网物理地址的描述中,错误的是(   )。

A. 以太网物理地址又称为 MAC 地址

B. 地址用于 MAC 帧中

C. 网卡的物理地址写入主机的 EPROM 中

D. 每一块网卡的物理地址在全世界是唯一的

4. 以下关于 IEEE 802.11 无线局域网结构的描述中,正确的是(   )。

A. IEEE 802.11 在有基站的情况下支持两种基本的结构单元:BSS 与 ESS

B. BSS 的一个 AP 就是一个基站,覆盖范围的直径很大,一般超过 1 000 m

C. 可以将多个 AP 组成的 ESS 互联起来,构成一个 BSS

D. 自组网络存在基站,主机之间采用对等方式通信

5. 以下关于快速以太网的描述中,错误的是(   )。

A. 制定了快速以太网的协议标准 IEEE 802.3z

B. 保留着传统以太网的帧结构与 MAC 子层的 CSMA/CD 方法

C. 定义了介质专用接口 MII

D. 提供了 10 Mbit/s 与 100 Mbit/s 速率自动协商功能

6. 交换机的交换方式有(　　　)。

A. 电路交换方式
B. 分组交换方式

C. 虚电路方式
D. 直接交换方式

7. 下列说法错误的是(　　　)。

A. 中继器可以连接一个在以太网 UTP 线缆上的设备和一个在以太网同轴电缆上的设备

B. 中继器可以增加网络的带宽

C. 中继器可以扩展网络上两个结点之间的距离

D. 中继器能够再生网络上的电信号

8. 当网桥收到一帧,但不知道目的结点在哪个网段时,它必须(　　　)。

A. 在输入端口上复制此帧
B. 丢弃此帧

C. 将此帧复制到源端口以外的所有端口
D. 生成校验和

9. 当一个网桥处于学习状态时,它在(　　　)。

A. 向它的转发数据库中添加数据链路层地址

B. 向它的转发数据库中添加数据链路层地址和端口的对应关系

C. 从它的数据库中删除未知的地址

D. 丢弃它不能识别的所有帧

10. 下列有关网桥的说法,错误的是(　　　)。

A. 网桥工作在数据链路层,对网络进行分段,并将两个物理网络连接成一个逻辑网络

B. 网桥可以对不需要传递的数据进行过滤,并有效地阻止广播数据

C. 对于不同类型的网络可以通过特殊的转换网桥进行连接

D. 网桥要处理其接收到的数据,增加了时延

11. 不同网络互联设备实现的功能不同,主要取决于该设备工作在 OSI 的哪一层,下列哪组设备工作在数据链路层?(　　　)

A. 网桥和路由器
B. 网桥和交换机

C. 网关和路由器
D. 网卡和网桥

12. 用一个共享式集线器把几台计算机连接成网,这个网(　　　)。

A. 物理结构是星型连接,而逻辑结构是总线型连接

B. 物理结构是星型连接,而逻辑结构也是星型连接

C. 实质上还是星型结构的连接

D. 实质上变成网状型结构的连接

13. 一台交换机的(　　　)反映了它能连接的最大结点数。

A. 接口数量
B. 网卡数量

C. 支持的物理地址数量
D. 机架插槽数

14. 100 Mbit/s 的交换机每个端口都工作在全双工模式下,则 8 口交换机需要的最大交换带宽是(　　　)。

A. 200 Mbit/s
B. 400 Mbit/s
C. 800 Mbit/s
D. 1 600 Mbit/s

网交换机、ATM 交换机、拨号访问服务器、IP 电话网关、电信级综合业务接入平台及专用硬件防火墙等。VRP 采用分层设计,分为物理层硬件相关驱动界面、实时操作系统和任务调度接口、IP/ATM 转发中心和路由策略管理、系统管理和配置服务、路由应用层和业务服务层等。

VRP 以 TCP/IP 协议栈为核心,实现数据链路层、网络层和应用层的多种协议,在操作系统中集成了路由技术、QoS 技术、VPN 技术、安全技术和 IP 语音技术等数据通信要件。

另外还有:锐捷通用操作系统(Ruijie General Operation System,RGOS)是为锐捷网络设备互联设计,完全模块化支持多种平台的网络操作系统。H3C-Comware 系统平台是 H3C 公司的核心软件平台。瞻博网络 Juniper 在 1998 年 7 月推出了 JUNOS 网络操作系统。

3. 智能终端网络操作系统

智能手机和平板计算机等智能终端的出现让移动操作系统变得必不可少,移动操作系统有一个共性:在功能上偏向移动互联网的使用需求,并提供对移动互联网服务的支持,形成了智能终端网络操作系统。本节简要介绍广泛应用于智能手机上的网络操作系统。

智能手机是一种安装了相应开放式网络操作系统的手机,这些操作系统之间的应用软件互不兼容,但因为可以安装第三方软件,所以智能手机有非常丰富的功能。目前智能手机上的网络操作系统主要有 PalmOS、YunOS、Windows CE、Linux、Android 和 iOS[①],其中 iOS、Android 以及 YunOS 在中国广泛应用。

网络操作系统还可以根据网络操作系统的工作模式划分为集中模式、客户/服务器模式和对等模式。集中模式通常运行在大型主机上,实现资源一体化管理,用户通过简单终端(或 PC机)来访问服务器;客户/服务器模式目前最流行,在网络中连接多台计算机,有的计算机提供文件、打印、信息等服务,被称为服务器,而另一些计算机则向服务器请求服务,称为客户机或工作站,客户机有自己的处理能力,仅在需要网络服务时才向服务器发出请求,消除了不必要的网络传输负担;对等模式同时具有服务器和客户机功能,提供最基本的通信和资源共享,适用于工作组内装有相同协议栈的计算机。

9.1.2 网络操作系统的特征和功能

网络操作系统具备操作系统的基本特征和功能,但偏重于将与网络活动相关的特性加以优化,以满足其网络特性,并通过网络来管理各类资源。而操作系统则偏重于优化用户与系统的接口及在此之上运行的应用。

1. 网络操作系统的主要特征

网络操作系统应具备的特征有:硬件无关性、支持多种客户端和多任务、可方便地实现网络管理并具有很高的安全性和容错能力。

① 硬件无关性。网络操作系统可运行在不同硬件平台上,适应不同规模的计算机系统以及不同类型的网络硬件设备(交换机、路由器)、网络拓扑、网络技术(X.25、ISDN、以太网、令牌环网、FDDI、ATM 等)、智能终端设备。

② 支持多种客户端和多任务。a. 网络操作系统能够支持多种客户端访问。例如,Windows 类系统可支持 DOS、Windows 9x/ME、Windows 2000 等客户端,也对 Apple Talk网络客户端提供支持。b. 多用户、多任务支持。网络操作系统能够同时支持多个用户的访问请求,并可以提供多任务处理。Windows Server 系列、UNIX 等是多用户多任务操作系统。

① 2010 年苹果公司将"iPhone OS"改名为"iOS",并获得思科公司授权。

③ 网络管理。网络操作系统提供多种网络管理功能。虽然有些专用软件提供强大的网络管理功能,但网络操作系统在用户管理、系统备份、系统状态监测等方面不可或缺。

④ 网络安全控制。主要体现在登录控制、用户权限控制和资源访问控制。网络操作系统比一般操作系统提供更为安全的操作环境,更为严格的用户、资源管理。

⑤ 强大的系统容错和连续服务能力。网络操作系统及其管理的数据和应用不会因服务器出现故障而丢失,主要包括磁盘阵列、磁盘双工、双机、集群等技术。

- 磁盘阵列(Redundant Arrays of Inexpensive Disks,RAID)。磁盘阵列的实现方式有软件阵列和硬件阵列,两种方式均可保证任一硬盘故障时,仍可读出数据,在数据重构时,将数据经计算后重新置入新硬盘中。硬件阵列已经形成独立的系统;软件阵列则可通过网络操作系统自身提供的磁盘管理功能实现,其主要有速度快、实现简单、成本低等优点,但无法避免磁盘控制器出现的故障,存储效率根据 RAID 组的设定而有不同程度的降低。

- 磁盘双工。将两个磁盘驱动器分别接到不同磁盘控制器上。如果一个控制器出现故障,只要另外一个控制器正常,系统仍然可以正常运行,因此具备容错功能。

- 双机备份。同时配置两台完全相同的服务器,共享磁盘阵列分配的同一存储空间,其中一台为工作机,另一台作为备份机。提供网络服务时,工作机处于活动状态,备份机则处于备用状态,工作机会通过心跳线定时向备份机报告状态。若在一定时间间隔内,备份机收不到该信息,它就使自己从备用状态转为活动状态顶替原工作机。

- 集群。多台服务器构成服务器群,如果一台服务器出现故障,系统中的另一台服务器就会自动接替它的职责(切换操作对用户完全透明)。集群计算机通常用来改进单台计算机的计算速度、可靠性等。前面的双机备份模式也可以增强成为双机容错的集群结构,使系统具有极高的可靠性,同时两台服务器可以作为一个整体对网络提供服务,且互相监控。

目前,Windows 类和 UNIX 类网络操作系统都集成了先进的集群技术。Linux 虚拟服务器(LVS)提供常用的负载均衡集群软件。网络设备操作系统同样支持网络设备高可用性。

2. 网络操作系统的主要功能

网络操作系统除了操作系统具有的常规功能外,其他的主要功能有:①实现网络各结点间通信;②实现网络资源共享;③提供多种网络服务(如硬盘共享、打印机共享、数据加密和传输、文件管理等);④提供网络接口以及网络管理等功能。其中的网络管理功能将在本书后面章节详细介绍。

① 网络通信功能。网络操作系统支持多种网络通信协议,局域网中常用的网络协议有Microsoft 的 NetBEUI、Novell 的 IPX/SPX 和网络互联应用广泛的因特网协议集 TCP/IP,在实际应用中应根据需要来选择一种或多种合适的网络协议。安装了通信协议的网络操作系统能够在源端与目的端之间实现无差错的、透明的数据传输。通信方式可分为基于共享内存(也可称作共享变量)的通信方式和基于消息传递的通信方式。

② 资源共享。网络资源共享包括软件共享、硬件共享及数据共享。网络操作系统统一管理共享资源,协调各用户使用共享资源,保证数据安全性和一致性,用户远程访问共享资源时像访问本地资源一样。

③ 网络服务。网络服务是指一些在网络上运行、面向服务、基于分布式程序的软件模块,

网络操作系统提供的典型网络服务包括 DHCP、DNS、FTP、Telnet、WINS、SMTP 等,按照基本功能可划分为以下几类。

- 网络基础服务类。域名服务(DNS)、动态主机配置协议(DHCP)、Windows 网际命名服务(WINS)、路由和远程访问服务等。
- 网络应用服务类。电子邮件(SMTP)、文件传输协议(FTP)、远程登录(Telnet)、打印共享、电子公告系统(BBS)、电子信息和新闻(NetNews)等。
- 信息发布查询类。万维网(WWW)、分散式文件查询系统(Gopher)、广域网上信息检索查询(WAIS)等。

常见的有文件服务、打印服务。文件服务的主要形式包括文件共享和 FTP。文件共享主要用于局域网环境,允许通过映射,使登录到文件服务器的用户可以像使用本地文件系统一样来使用文件服务器上的文件资源。UNIX、Windows 和 NetWare 均提供该服务。FTP 主要用于广域网环境,客户端用户通过系统注册和登录,可以下载 FTP 服务器中的文件或将本地文件上传到 FTP 服务器。打印服务将一台物理打印机虚拟为多台逻辑打印机,包括软件形式和硬件形式两种。软件形式是将打印服务软件安装在网络服务器上或网上的任何一台计算机上;硬件形式是采用专用打印服务器硬件。目前大部分打印机均支持网络打印,即打印机本身可以配置 IP 地址,用户可以直接获得其打印服务。

④ 提供网络接口。网络操作系统与网络用户间主要有操作命令接口、编程接口和应用程序接口。

- 操作命令接口是用户通过键盘或鼠标键入或单击各种操作命令来控制、管理和使用网络,采用交互式。其为用户提供系统访问命令、文件与目录管理命令、信息处理类命令、网络通信类命令、打印输出类命令、进程控制类命令、Internet 类命令等。
- 编程接口通过网络操作系统提供的一组系统调用来实现。应用程序依靠编程界面与内核联系,各种应用程序都是通过编程界面来开发的。
- TCP/IP 网络环境下的应用程序是通过网络应用编程界面 Socket 实现的。在 UNIX 类中,网络应用编程界面有 BSD 的套接字 Socket,由于 SUN 公司的 Solaris 采用支持 TCP/IP 的 BSD 系统,因此 Socket 在网络编程中已成为标准。TCP/IP 的 Socket 有 3 种类型的套接字:流式 Socket(SOCK_STREAM)、数据报式 Socket(SOCK_DGRAM)、原始式 Socket(SOCK_RAW)。

两个网络程序间的网络连接包括通信协议、本地主机地址、本地主机协议端口、远端主机地址和远端主机协议端口 5 种信息,Socket 数据结构中包含这 5 种信息。无论何种编程语言调用 Socket,都是这 5 种信息,只是具体格式有差别。基本套接字调用包括:创建套接字——socket();绑定本机端口——bind();建立连接——connect(),accept();侦听端口——listen();数据传输——send(),recv();输入/输出多路复用——select();关闭套接字——closesocket()。

9.2 Windows 网络操作系统

9.2.1 Windows 网络操作系统概述

Windows 操作系统是微软公司推出的视窗计算机操作系统。Windows Server 2003(简写为 Win2k3)具有较高的可靠性、可用性、可伸缩性和安全性,本节以广泛应用的 Win2k3 为实例来介绍 Windows 网络操作系统。

1．Windows 网络操作系统的特性

（1）开放互联性

Windows 网络操作系统是开放系统。首先,Windows 允许网络环境中包容多种客户操作系统平台和多种硬件平台。Windows 提供全网单点登录和集中控制功能,网络服务器升级以后,现有的网络软、硬件都可以保留继续使用,并且使网络具有集成新技术的能力。通过 TCP/IP 协议可方便地与互联网连接;通过 NWLINK 协议,原来的 NetWare 客户可以访问 Windows 服务器。

（2）对称多处理技术

Windows 网络操作系统支持 Intel 系列计算机和 RISC 系列计算机,硬件平台可移植性强。由于它支持对称多处理技术(SMP),所以多处理器系统带来的优越硬件性能可以得到充分发挥。既能在不同硬件平台上运行,又支持多处理器计算机。

（3）内置网络

由于计算机通信的需要,现在网络功能已被普遍内嵌到 PC 机操作系统中,这些网络功能是通过在原操作系统上增加具有联网功能的应用软件和驱动程序实现的。这些软件实现了用户账号管理、资源安全控制和计算机通信机制。Windows 允许不同的联网软件、硬件利用 Windows 方便地入网运行。Windows 内置的网络软件可以很容易地装入操作系统和从操作系统中卸载,这可由安装和删除相应网络驱动程序实现。

（4）界面直观、操作方便

Windows 网络操作系统与中文 Windows 98/XP 等有着相同的用户界面,使得熟悉个人计算机 Windows 图形用户界面的用户很容易掌握 Windows 网络管理操作。在 Windows 中,资源管理器为管理文件、管理驱动器和网络连接提供了强有力的支持。Windows 还包含电话拨号联网、TCP/IP 协议和 Web 浏览器等全套互联网联网工具,以及服务软件包 IIS、DNS、DHCP、FTP、RRAS、VPN 等。

2．Win2k3 简介

Win2k3 通过提供集成结构,确保商务信息的安全性;提供用户需要的网络;通过提供灵活易用的工具,使用户设计和部署与单位和网络要求相匹配;通过加强策略、使任务自动化以及简化升级帮助用户主动管理网络;通过让用户自行处理更多的任务来降低支持开销。

Win2k3 家族包括以下产品。

① Win2k3 标准版。支持文件和打印机共享、安全的互联网连接,允许集中的应用程序部署。支持 4 个处理器,最高支持 4 GB 内存。

② Win2k3 企业版。支持高性能服务器、集群服务器、8 个处理器、8 点集群,最高支持 32 GB 内存。

③ Win2k3 数据中心版。具备最高级别的可伸缩性、可用性和可靠性,是最强大的服务器操作系统之一。支持 32 个处理器、8 点集群,最高支持 512 GB 内存。64 位版本支持 Itanium 和 Itanium2 两种处理器,支持 64 个处理器、8 点集群,最高支持 512 GB 内存。

④ Win2k3 Web 版。用于构建和存放 Web 应用程序、网页和 XML Web services。主要

使用 IIS 6.0 Web 服务器,提供快速开发和部署使用 ASP.NET 技术的 XML Web services 和应用程序,支持双处理器,最高支持 2 GB 内存。

⑤ Win2k3 改进版本(SP1、SP2、R2)。2005 年 3 月 30 日发布 Windows Server 2003 的第一个服务包(Service Pack 1),为用户提供很多类似于 Windows XP Service Pack 2 的功能。发布的 Service Pack 2 为"标准"服务,除包含先前发布的安全更新、修补程序、可靠性和性能方面的改进外,还包含 Microsoft 管理控制面板 3.0、Windows 开发服务、对 WPA2 的支持和 IPSec 与系统配置实用程序的改进。R2 是 Win2k3 的改进版本,包含 Win2K3 SP1,还有一片 CD,包含更多新功能。

9.2.2　Win2k3 安全管理

1. 可禁用服务

执行"开始"→"运行"→"services.msc",可以查看当前服务的运行、配置状况。部分默认禁用的服务如下。

① TCP/IPNetBIOS Helper:提供 TCP/IP 服务上的 NetBIOS 和网络上客户端的 NetBIOS 名称解析的支持,从而使用户能够共享文件、打印和登录到网络。

② Server:支持此计算机通过网络进行文件、打印、命名管道共享。

③ Computer Browser:维护网络上计算机的最新列表以及提供这个列表。

④ Task Scheduler:允许程序在指定时间运行。

⑤ Messenger:传输客户端和服务器之间的 NET SEND 和警报器服务消息。

⑥ Distributed File System:局域网管理共享文件。

⑦ Distributed Linktracking Client:用于局域网更新连接信息。

⑧ Error Reporting Service:发送错误报告。

⑨ Microsoft Search:提供快速的单词搜索。

⑩ NTLM(Windows NT LanManager)Security Support Provider:Telnet 服务。

⑪ Print Spooler:如果没有打印机可禁用。

⑫ Remote Registry:远程修改注册表。

⑬ Remote Desktop Help Session Manager:远程协助。

⑭ Workstation:关闭的话远程 NET 命令列不出用户组。

默认禁用的服务如无特别需要不要启动。

2. 禁止空连接

任何用户可通过空连接连上服务器,进而猜出账号和密码。通过修改注册表来禁止建立空连接:Local_Machine\System\CurrentControlSet\Control\LSA-RestrictAnonymous 的值改成"1"即可。

3. 启用 Win2k3 自带的网络防火墙

互联网连接防火墙可以有效地拦截对 Win2k3 服务器的非法入侵,同时,也可以有效拦截利用操作系统漏洞进行端口攻击的病毒。如果在用 Win2k3 构造的软件路由器上启用防火墙功能,能够对整个内部网络起到很好的保护作用。

9.2.3 Win2k3 路由和远程访问服务配置实例

路由器有两种：一种是硬件路由器，通过计算机管理和控制；另一种是软件路由器，用两个以上的网络适配器分别连接在不同子网里，作用与硬件路由器类似。Win2k3 就可以作为路由器，路由和远程访问服务（RRAS）是集成在 Windows 操作系统里的全功能的软件路由器，即一个开放式路由和互联网络平台。它为局域网（LAN）和广域网（WAN）环境中的商务活动，或使用安全虚拟专用网络（VPN）连接的互联网上的商务活动提供路由选择服务。RRAS 可以通过应用程序编程接口（API）进行扩展，开发人员使用 API 创建客户网络连接方案，新供应商可以使用 API 参与到不断增长的开放互联网络商务中。

① 单击"开始"，选择"管理工具"，单击"路由和远程访问"。在默认状态下，RRAS 是关闭的，所以选择"配置并启用路由和远程访问"，界面如图 9-1 所示，根据向导初始化 RRAS。选择"自定义配置"→"LAN 路由"，界面如图 9-2 所示。

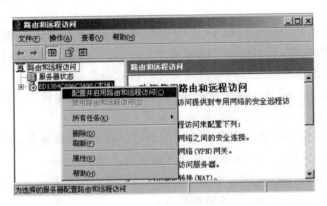

图 9-1　启用路由和远程访问

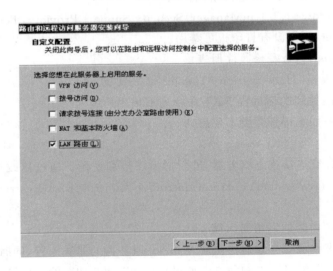

图 9-2　选择路由服务

② 初始化完成后，出现"路由和远程访问"管理界面，在"本地属性"配置中，可以重新设置服务器功能，界面如图 9-3 所示。

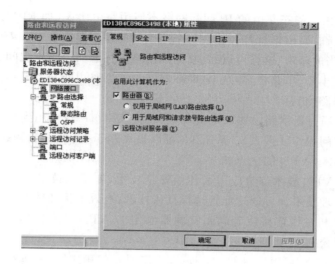

图 9-3　管理 RRAS

③ 配置网络接口、设备和端口。Win2k3 远程访问路由器将已安装的网络设备当作一系列网络接口、设备和端口查看。网络接口是转发单播或多播数据包的物理或逻辑接口。设备代表创建物理或逻辑点到点连接的硬件或软件。端口是支持单个点到点连接的通信信道。

a. 网络接口。通过单击 RRAS 的"网络接口"可以浏览已安装和配置的网络接口，Win2k3 路由器使用一个网络接口来转发单播 IP、IPX 或 AppleTalk 数据包以及多播 IP 数据报，有以下 3 种类型的网络接口。

- LAN 接口是物理接口，通常指使用以太网或令牌环技术的局域网连接。LAN 接口反映已安装的网卡。已安装的 WAN 适配器有时表示为 LAN 接口。例如，某些"帧中继"适配器为每个配置的虚电路创建独立的逻辑 LAN 接口。LAN 接口总是活动的并且不需要用身份验证过程激活。
- 请求拨号接口是点对点连接的逻辑接口，基于物理连接。例如：使用 Internet 虚拟专用网络连接的两台路由器。请求拨号连接包括请求（仅在需要时建立点对点连接）和持续（建立点对点连接然后保持已连接状态）两种，需要身份验证过程，其所需设备是设备上的一个端口。
- IP 中的 IP 隧道接口是指已建立隧道的点对点连接的逻辑接口，不需要身份验证过程。

b. 设备。通过查看"端口"属性可以浏览已安装设备。设备是提供请求拨号和远程访问连接以用于建立点对点连接的端口的硬件或软件，可以是物理设备（如调制解调器）或虚拟设备（如虚拟专用网络协议 VPN）。设备可以支持单个端口，如一个调制解调器；或者多个端口，如可以组织 64 个不同的模拟电话呼叫的调制解调器池。虚拟多个端口设备的范例是点对点隧道协议（PPTP）或第二层隧道协议（L2TP）。这些隧道协议中的每一个都支持多个 VPN 连接。

c. 端口。单击 RRAS 的"端口"可以浏览已安装的端口。端口是支持单个点对点连接的设备隧道。对于单端口设备（如调制解调器），设备和端口是不能区分的。对于多端口设备，端口是设备的一部分，通过它可以进行一个单独的点对点通信。例如，支持两个称为 B 独立通道的 ISDN 适配器：ISDN 适配器是设备；每个 B 通道都是端口，因为单个的点对点连接可在每个 B 通道上进行。

④ 配置静态路由。静态路由的 IP 网际网络不使用路由协议(如 RIP 或 OSPF)在路由器间传递路由信息。所有路由信息都存储在每个路由器的静态路由表中。需要确保每个路由器在其路由表中有适当的路由,这样可以在 IP 网际网络的任意两个终点之间交换通信。静态路由的 IP 环境最适合小型、单路径、静态 IP 网际网络。静态路由的缺点是不能容错和增加了管理开销(相对于动态路由)。

⑤ 动态路由。通过新增路由协议来实现,然后将该路由协议应用到某一接口。

⑥ 配置远程访问(VPN 接入)。Win2k3 可以提供基于 VPN 的远程访问服务,把远程用户接入本地局域网中。VPN 的优点如下。

- 安全性高。VPN 技术综合应用了各种安全技术,如密码技术、身份验证技术、隧道技术和密钥管理技术。可通过配置选择具体技术,有效地保证数据传输安全。
- 扩展性好。和专线连接或者调制解调器池相比,VPN 技术实施容易,只需要有 VPN 接入设备及公共 IP 地址即可。
- 节约成本。VPN 利用现有的 Internet,不需要专门租用线路,远程用户也不需要支付长途电话费用就可以接入企业网络,大大节省了企业通信成本。

Win2k3 路由和远程访问服务配置的主要步骤如下。

① 在图 9-2 中选择"VPN 访问",只有当服务器有两块网卡时才能选择这一项。指定为 VPN 客户机分配的 IP 地址范围,这个地址池中的地址必须与 VPN 内部网卡的 IP 地址在同一个子网,这些地址是当客户机连入 VPN 服务器时,为客户机分配的一个内网 IP 地址。

② 在 VPN 服务器上创建 VPN 访问用户,给予"拨入访问权限"。

③ 在 VPN 客户端用户使用的计算机上创建用于 VPN 的网络连接:右击"网上邻居",选择"属性",打开"网络连接"窗口,单击"新建网络连接",连接类型选择"连接到我的工作场所网络",网络连接选择"虚拟专用网络连接";然后指定 VPN 服务器的 IP 地址,该地址就是 VPN 服务器的外网卡的 IP 地址;最后双击"VPN 连接",它会先用"宽带连接"连入 Internet,再连接 VPN 服务器。连接成功后,该计算机就可以访问局域网内部资源了。

9.2.4 Win2k3 网络故障诊断、修复

Win2k3 提供了一整套可用于排除 TCP/IP 故障的配置、管理及诊断工具和服务。

1. 修复连接

利用网络连接修复功能,在尝试更正常见配置故障时快速恢复 IPv4 网络连接设置。网络连接修复会执行一系列尝试恢复连接的任务,就像刚刚初始化一样。右击要修复的连接,然后单击"修复",执行的任务如下。

① 检查 DHCP 是否启用,如果启用,则发送广播 DHCP Request 消息刷新 IPv4 地址配置。

② 刷新 ARP 缓存。相当于使用 arp -d * 命令。

③ 刷新 DNS 客户端解析器缓存,然后使用 Hosts 文件中的条目重新加载。相当于使用 ipconfig/flushdns 命令。

④ 使用 DNS 动态更新重新注册 DNS 名称。相当于使用 ipconfig/registerdns 命令。

⑤ 刷新 NetBIOS 名称缓存,然后使用 Lmhosts 文件中的 ♯PRE 条目重新加载。相当于使用 nbtstat -R 命令。

⑥ 释放后向 Windows Internet 名称服务(WINS)重新注册 NetBIOS 名称。相当于使用

nbtstat -RR 命令。

2. 验证 TCP 会话建立情况

要验证使用已知的目标 TCP 端口号是否能建立 TCP 连接,使用 telnet IP TCPPort 命令。例如,要验证 IPv4 地址为 202.206.208.65 的计算机上的 Web 服务是否正在接受 TCP 连接,可使用 telnet 202.206.208.65 80 命令。

如果 Telnet 工具成功地创建了 TCP 连接,命令提示窗口将会清空,然后根据协议显示一些文本。此窗口允许针对已连接的服务键入命令。键入 Control-C 退出 Telnet 工具。如果 Telnet 工具无法成功创建 TCP 连接,将显示消息"正在连接到 IPv4Address... 不能打开到主机的连接,端口为 TCPPort:连接失败"。

测试 TCP 连接还可以使用"端口查询",它是 Microsoft 提供的免费工具,旨在帮助排除特定类型 TCP 和 UDP 通信的 TCP/IP 连通性问题。"端口查询"有命令行版本(Portqry. exe)和图形用户界面版本(Portqueryui. exe),这两个版本均可在基于 Windows 2000、Windows XP 和 Win2k3 的计算机上运行。

可用来测试 TCP 连接建立情况的另外一个工具是 Test TCP(Ttcp)。使用 Ttcp,既可以启动 TCP 连接,也可以侦听 TCP 连接,还可以将 Ttcp 工具用于 UDP 通信。通过 Ttcp,可以将一台计算机配置为侦听特定 TCP 或 UDP 端口,而不必在该计算机上安装应用程序或服务。这样,便可以在服务就绪前测试特定通信的网络连通性。Ttcp. exe 附带在 Win2k3 中,位于 Win2k3 产品 CD-ROM 的 Valueadd\Msft\Net\Tools 文件夹中。

3. 路由诊断

使用 pathping IPAddress 命令追踪数据包到目标所采用的路由,并显示路径中每个路由器和链路的数据包丢失信息。-n 命令行选项可防止 Pathping 工具对路由路径中的每个近端路由器接口执行 DNS 反向查询,可以加快路由路径的显示速度。

9.3 典型网络设备操作系统和智能终端网络操作系统

Cisco 采用了多分支并存的发展思路,冠以 IOS 之名。Cisco 的 IOS 保留了对 AppleTalk、DecNet、Banyan 等古老协议的支持。

1. IOS 命名实例:"rsp-jo3sv-mz. 122-1. bin"

① rsp 是硬件平台(Cisco 7500 系列)。

② jo3sv 是指具有企业级(j)、带 IDS 防火墙(o3)、带有 NAT/VoIP 的 IP 增强(s)以及通用接口处理器 VIP(v)等特性。

③ mz 是指运行在路由器 RAM 内存中,并且用 zip 压缩。

④ 122-1 是指 Cisco IOS 软件版本 12(2)1,即主版本 12(2)的第一个维护版本。

⑤ . bin 是这个 IOS 软件的后缀。

2. 路由器配置实例

① 路由器基本配置步骤为:配置主机名→配置口令→配置端口地址和端口描述→配置默认路由→配置路由→查看状态。

② 主机名配置。按照一定的原则命名主机名,配置主机名是为了便于管理,主机名对应用没有影响。配置命令如下:

```
router(config)♯hostname  ××××
```

注意:此处××××表示用户自己定义的名字,下面的×表示用户自己输入的配置内容。

③ 设置口令。

- router＞enable:进入特权模式。
- router♯config terminal:进入全局配置模式。
- router(config)♯enable secret ×××:设置特权加密口令。
- router(config)♯enable password ×××:设置特权非加密口令。
- router(config)♯line console 0:进入控制台口。
- router(config-line)♯password ××:设置控制台口令××。
- router(config-line)♯line vty 0 4:进入虚拟终端。
- router(config-line)♯password ××:设置登录口令××。
- router(config)♯(Ctrl+z):返回特权模式。

④ 配置局域网端口。

- router(config)♯interface e0:配置局域网 e0 端口。
- router(config-if)♯description cnc:该端口接入 cnc。
- router(config-if)♯ip address 200.61.17.2 255.255.255.0:给环回口配置地址。
- router(config-if)♯no shutdown:打开环回口。
- router(config-if)♯exit:返回命令。

⑤ 配置广域网端口。

- router(config)♯int s0:配置广域网 s0 接口。
- router(config-if)♯ip address 200.61.16.2 255.255.255.0。
- router(config-if)♯encap frame-relay:封装协议。
- router(config-if)♯frame-relay lmi-type ansi:设置管理类型。
- router(config-if)♯fr map ip 200.61.16.2 104 bro:查看 IP 地址绑定情况。

⑥ 配置路由。路由主要包括静态路由和动态路由两种,静态路由需要手工配置,效率高,故障容易查找,但网络变化需要手动更改路由;动态路由使用路由协议,通过交换路由协议数据报动态生成路由表,网络变化不需要手动更改,但是路由表收敛需要时间,出现问题相对不易查找。

静态路由配置:

- router(config)♯ip route 0.0.0.0 0.0.0.0 x.x.x.x(默认路由)。
- router(config)♯ip route 10.1.0.0 255.255.0.0 10.2.1.1。

动态路由配置:

- router(config)♯router rip:启动 RIP 路由协议(路由协议中的一种)。
- router(config-router)♯network ××××:设置发布路由。

⑦ 路由表查询。路由配置后,可通过指令查看配置信息。

```
router♯sh ip route
```

Codes:C-connected, S-static, I-IGRP, R-RIP, M-mobile, B-BGP, D-EIGRP, EX-EIGRP external, O-OSPF IA-OSPF inter area,N1-OSPF NSSA external type 1, N2-OSPF NSSA external type 2,E1-OSPF external type 1 E2-OSPF external type 2, E-EGP, i-IS-IS, L1-IS-IS level-1, L2-IS-IS level-2, ia-IS-IS inter area, *-candidate default, U-per-user static route, o-ODR,P-periodic downloaded static route

```
10.0.0.0/8 is variably subnetted, 4 subnets, 3 masks
S      10.0.0.0/12 [1/0] via 192.168.1.1
C      10.100.1.0/30 is directly connected, Serial0/0
C      10.1.120.0/24 is directly connected, FastEthernet0/0
C      192.168.1.0/24 is directly connected, FastEthernet0/1
S      219.226.128.0/24 [1/0] via 192.168.1.1
S      211.82.224.0/20 [1/0] via 192.168.1.1
S      202.206.208.0/20 [1/0] via 192.168.1.1
```

3. 交换机配置实例

交换机配置方法各个品牌的产品差别比较大,但原理类似。Cisco 交换机主机名、口令等基本配置和路由器类似。

① 管理 IP 配置方法:

```
switch(config)# int vlan 1
switch(config-int)# ip address ××××  ××××
switch(config-int)# no shut
switch(config)# ip default-gateway ××××
```

② VLAN 配置。使用命令:

```
switch# vlan database
switch(vlan)# vlan vlan-num name vlan
switch(vlan)# exit
```

注意:VLAN 1、1002、1003、1004、1005 是系统默认创建好的。

③ VLAN 端口配置。将交换机端口设置为 VLAN 模式,将交换机端口划分到某一VLAN,使用命令:

```
switch(config)# interface interface f0/1
switch(config-if)# switchport mode access
switch(config-if)# switchport access vlan vlan-num
switch(config-if)# end
```

④ 查看配置命令。主要包括:show vlan、show run、show interface、show module。

智能终端网络操作系统相关内容请扫描二维码。

智能终端网络操作系统

习　题　9

一、选择题

1. 下面的操作系统中,不属于网络操作系统的是(　　)。

A. NetWare   B. UNIX

C. Windows Server 2003   D. DOS

2. 微软公司的 Windows 操作系统中,下面哪个是桌面 PC 操作系统?（　　）

A. Windows NT Server   B. Windows Server 2000

C. Windows Server 2003   D. Windows XP

3. 安装 Windows Server 2003 时,系统文件会被默认安装在（　　）目录内。

A. C:\Winnt32   B. C:\I386   C. C:\Wint   D. C:\Windows

4. 安装 Windows Server 2003 文件服务器时,为了安全,文件服务器的各个磁盘分区的文件系统格式为（　　）。

A. NTFS   B. FAT16   C. FAT32   D. CDFS

5. 以下哪种权限未授予"超级用户"组成员?（　　）

A. 创建任何用户和用户组   B. 删除任何用户和用户组

C. 创建网络共享   D. 创建网络打印机

6. 可以使用哪一项 Windows XP 实用程序核查和监视本地和网络上的计算机性能?（　　）

A. 系统监视器   B. WINS 管理控制台

C. SMTP   D. DHCP 服务器

7. 为限制密码的复杂程度应采用何种策略?（　　）

A. 本地策略   B. 安全策略   C. 密码策略   D. 账户封锁策略

8. 以下哪个用户组拥有最低级别的权限?（　　）

A. "用户"   B. "访客"   C. "任何人"   D. "复制员"

9. 在以下文件系统类型中,能使用文件访问许可权的是（　　）。

A. FAT   B. EXT   C. NTFS   D. FAT32

10. Windows Server 2003 Standard Edition 最大支持的内存是（　　）。

A. 2 GB   B. 4 GB   C. 8 GB   D. 32 GB

11. 可以用来映射网络驱动器的命令是（　　）。

A. net   B. NBTstat   C. Tracert   D. Netstat

12. 下列操作系统中,支持集群功能的有（　　）。

A. Windows 2000 Professional

B. Windows XP

C. Windows Server 2003 Standard Edition

D. Windows Server 2003 Enterprise Edition

13. "net share"命令的作用是（　　）。

A. 查看本机的共享资源   B. 创建本机的共享资源

C. 删除本机的共享资源   D. 查看局域网内其他主机的共享资源

14. Linux 是（　　）操作系统,意味着开放性源码是自由可用的。

A. 封闭资源   B. 开放资源   C. 用户注册   D. 开放性二进制

15. NFS 是（　　）系统。

A. 文件   B. 磁盘   C. 网络文件   D. 操作

16. （　　）负责把文档转换为打印设备所能够理解的格式,以便打印。

A. 打印机   B. 打印机驱动程序

C. 打印机池　　　　　　　　　　　　　D. 打印设备

17. 通过 console 口管理交换机在超级终端里应设为（　　　）。

A. 波特率：9600　数据位：8　停止位：1　奇偶校验：无

B. 波特率：57600　数据位：8　停止位：1　奇偶校验：有

C. 波特率：9600　数据位：6　停止位：2　奇偶校验：有

D. 波特率：57600　数据位：6　停止位：1　奇偶校验：无

18. 下列不属于交换机配置模式的有（　　　）。

A. 特权模式　　　　B. 端口模式　　　　C. VLAN 配置模式　　D. 线路配置模式

19. 以下哪种方式不能对路由器进行配置？（　　　）

A. 通过 console 口进行本地配置　　　　B. 通过 aux 进行远程配置

C. 通过 telnet 方式进行配置　　　　　　D. 通过 ftp 方式进行配置

20. 一个包含锐捷等多厂商设备的交换网络，其 VLAN 中 Trunk 的标记一般应选（　　　）。

A. IEEE 802.1q　　B. ISL　　　　C. VTP　　　　　　D. 以上都可以

二、填空题

1. 操作系统的基本功能包括＿＿＿＿、＿＿＿＿、＿＿＿＿、＿＿＿＿、＿＿＿＿、＿＿＿＿等。

2. 操作系统是＿＿＿＿与计算机之间的接口，网络操作系统可以理解为＿＿＿＿与计算机网络之间的接口。

3. 网络操作系统与网络用户间主要有＿＿＿＿和应用程序编程接口。

4. Windows Server 2003 有 4 个版本，分别是＿＿＿＿、＿＿＿＿、＿＿＿＿、＿＿＿＿。

5. Windows Server 2003 本地安全设置中的账户策略包含＿＿＿＿、＿＿＿＿。

6. 一台基于 Windows Server 2003 的远程访问服务器主要支持两种远程访问连接类型，即 VPN 连接和＿＿＿＿连接。

7. 在 Windows 计算机上能对＿＿＿＿实施共享，共享权限分＿＿＿＿、＿＿＿＿、＿＿＿＿。

8. TCP/IP 的 Socket 提供＿＿＿＿、＿＿＿＿、＿＿＿＿3 种套接字。

9. Telnet 是文件传输协议，它使用的端口是＿＿＿＿。

10. NetWare 所使用的网络协议是＿＿＿＿。

三、简答题

1. 网络操作系统有哪几种分类方式？

2. 简述 Windows 网络操作系统的特点。

3. 列出常用网络设备操作系统和智能终端网络操作系统。

4. 网络操作系统采用客户/服务器模式时，客户与服务器之间是如何交互的？与对等模式有何区别？

5. 简述网络操作系统的主要特征。除了具有通用操作系统的功能外，网络操作系统应具有哪些主要功能？

6. 网络操作系统的安全性、容错性表现在哪些方面？

第 10 章　Internet 技术与应用基础

10.1　Internet 简介

　　Internet,中文正式译名为因特网,又叫作国际互联网。Internet 是全球性的、最具影响力的计算机互联网络,也是世界范围内的信息资源宝库。Internet 是采用 TCP/IP 协议将分布在世界各地的各种计算机网络互联起来,形成的一个巨大的覆盖全球的国际计算机信息资源互联网络。

　　Internet 从一开始就打破了中央控制的网络结构,任何用户都不必担心谁控制谁。Internet 使世界变成了一个整体,而每个用户都变成了这个整体中的一部分。任何人、任何团体都可以加入 Internet 中。

10.1.1　Internet 发展

　　Internet 不是一种具体的物理网络技术,而是把不同物理网络技术与电子技术统一起来的一种高层技术。Internet 由成千上万个网络松散地连接而成,它不属于任何一个国家、部门、单位、团体,也没有一个专门的机构对它进行维护。

　　Internet 是现今世界上最流行的计算机互联网络,接入 Internet 的局域网不计其数,用户数量更是难以准确统计。Internet 是在美国国防部高级研究计划署网络(Advanced Research Projects Agency Network,ARPANet,简称阿帕网)的基础上经过不断发展变化而形成的。Internet 的形成与发展过程大致经历了以下 3 个阶段。

1. 研究试验网阶段

　　此阶段从 1969 年开始,结束于 1983 年主干网的形成。美国国防部高级研究计划署 ARPA 建立 ARPANet,向美国国内大学和一些公司提供经费,以促进计算机网络和分组交换技术的研究,人们普遍认为这就是 Internet 的雏形。1972 年,ARPANet 网上主机数量达到 40 台,它们彼此之间可以发送电子邮件和利用文件传输协议发送大文本文件,同时也设计实现了 Telnet。同年,全世界计算机和通信领域的专家学者在美国华盛顿举行了第一届国际计算机通信会议,成立了 Internet 工作组,负责建立一种能保证计算机之间进行通信的标准规范,即通信协议。1974 年,TCP/IP 协议问世,随后美国国防部决定向全世界无条件免费提供 TCP/IP。TCP/IP 协议核心技术的公开引发了 Internet 的大发展。1980 年,世界上既有使用 TCP/IP 协议的 ARPANet,也有很多使用其他通信协议的网络。为了使这些网络连接起来,美国专家 Vinton Cerf 提出了一个想法:在每个网络内部各自使用自己的通信协议,在与其他网络通信时则使用 TCP/IP 协议。这一思想促使了 Internet 的诞生,并确立了 TCP/IP 协议在网络互联方面不可动摇的地位。1983 年年初,ARPANet 上所有的主机完成了向 TCP/IP 协议转换,并将 TCP/IP 协议作为美国的军用标准,同时 SUN 公司也将它正式引入商业领域,以致形成了今天席卷全球的 Internet。同年,ARPANet 分为 ARPANet 和军用 MILNet,两个网络之间可以进行通信和资源共享,由于这两个网络都是由许多网络互联而成的,它们都被称为 Internet,所以,ARPANet 就是 Internet 的前身。

2. 推广普及网阶段

1983—1989 年是 Internet 在教育、科研领域发展和普及使用阶段,核心是美国国家科学基金会(National Science Foundation,NSF)建设的主干网 NSFNet。1986 年,NSF 开始规划建立 5 个超级计算机中心及国家教育科研网,用于支持科研和教育的全国性规模的计算机网络 NSFNet,并以此为基础,实现同其他网络连接。NSFNet 成为 Internet 上用于科研和教育的主干网,并且连接 13 个骨干结点代替了 ARPANet 的骨干地位。

1989 年,MILNet 实现和 NSFNet 连接后,开始采用 Internet 这个名称。到了 1990 年,鉴于 ARPANet 的实验任务已经完成,在历史上起到过重要作用的 ARPANet 就正式宣布关闭。1989 年,日内瓦欧洲粒子物理实验室成功开发了万维网 WWW,为 Internet 存储、发布和交换超文本图文信息提供了强有力的工具。WWW 技术给 Internet 带来了生机和活力,从此 Internet 进入了高速增长时期。

1986—1989 年,Internet 的用户主要集中在大学和有关研究机构。此时,Internet 处于推广时期。

3. 商用发展网阶段

从 20 世纪 90 年代初开始,商业机构开始进入 Internet,使 Internet 开始了商业化的新进程,成为 Internet 大发展的强大推动力。1991 年,NSFNet 建立了 ANS(Advanced Network and Service)公司,推出了 Internet 商业化股份公司。同年年底,NSFNet 的全部主干网点同 ANS 公司提供的 T3 主干网 ANSNet 连通。1992 年,Internet 学会成立。1993 年,美国伊利诺斯大学国家超级计算机中心成功开发了网上浏览工具 Mosaic,使得各种信息都可以方便地在网上浏览。1994 年,NSF 宣布停止对 NSFNet 的支持,由 MCI、Sprint 等公司运营维护,由此 Internet 进入了商业化时代。

10.1.2　Internet 管理

1. Internet 管理和技术支持机构

Internet 的管理是由总部设在美国弗吉尼亚州雷斯顿市的因特网协会协调。接入 Internet 的各国独立管理内部事务。全球 Internet 管理机构主要是因特网协会,是由一些国家组织进行的,如图 10-1 所示。

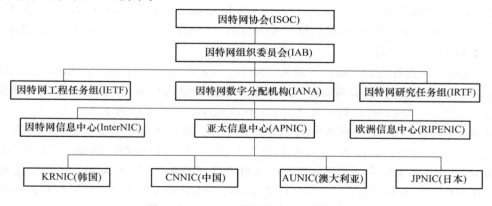

图 10-1　Internet 管理和技术支持机构

① 因特网协会(Internet Society,ISOC)是由各国志愿者组成的组织。该协会通过标准制定、全球协调和知识教育与培训等工作,实现推动因特网发展,促进全球化的信息交流。ISOC本身不经营因特网,只是通过支持相关机构完成相应的技术管理。

② 因特网组织委员会(Internet Architecture Board,IAB)创建于 1992 年 6 月,专门负责协调因特网技术的管理与发展。IAB 的主要任务是根据因特网的发展需要制定技术标准,发布工作文件,进行因特网技术方面的国际协调和规划因特网发展战略。

③ 因特网工程任务组(Internet Engineering Task Force,IETF)和因特网研究任务组(Internet Research Task Force,IRTF)是 IAB 中的两个具体部门,分别负责技术管理与发展方面的具体工作。IETF 的任务是为 Internet 工作和发展提供技术及其他支持,主要任务之一是简化现有标准并开发一些新标准,并向 Internet 工程指导小组推荐标准,主要工作领域有应用程序、Internet 服务、网络管理、运行要求、路由、安全性、传输、用户服务与服务应用程序。IRTF 是 ISOC 的执行机构,开展与 Internet 有关的长期项目研究,主要在 Internet 协议、体系结构、应用程序及相关技术领域开展工作。

④ 因特网数字分配机构(The Internet Assigned Numbers Authority,IANA)是全球最早的 Internet 机构之一,是 Internet 域名系统的最高权威机构,负责 Internet 域名系统设计、维护及地址资源分配等。IANA 所有任务大致分为以下 3 类。

- 域名。IANA 管理域名系统(Domain Name System,DNS)的根域名和. int、. arpa 域名以及国际化域名(Internationalized Domain Names,IDN)资源。
- 数字资源。IANA 协调全球 IP 和自治系统(Autonomous System,AS)号并将它们提供给各区域 Internet 注册机构。
- 协议分配。IANA 与各标准化组织一同管理协议编号系统。

IANA 有 3 个分支机构分别负责欧洲、亚太地区、美国与其他地区的 IP 地址资源分配与管理。它们是:RIPENIC(设在比利时的 Reseaux IP Europeans Network Information Center),负责整个欧洲地区的 IP 地址资源分配与管理;APNIC(设在澳大利亚的 Asia Pacific Network Information Center),负责亚洲与太平洋地区的 IP 地址资源分配与管理;InterNIC(设在美国的 Internet Network Information Center),负责美国与其他地区的 IP 地址资源分配与管理。另外,许多国家和地区都成立了自己的域名系统管理机构,负责从上述 3 个机构获取 IP 地址资源后在本国或本地区的分配与管理事务。这些国家和地区的域名系统管理机构大多属于半官方或准官方机构,中国的 CNNIC 和日本的 JPNIC 均属于此种机构。

⑤ 因特网网络信息中心(Internet Network Information Center,InterNIC)负责 Internet 域名注册和域名数据库管理,保证国际互联网络的正常运行和向全体互联网络用户提供服务。

2. Internet 工作文件

Internet 工作文件主要是以征求意见(Request for Comment,RFC)文件形式在网络上发布。Internet 管理机构在协调网络开发和准备采纳新网络协议时,往往先将有关文件在网络上公布。这些编了号的 RFC 后来就成了 Internet 发布其工作文件的主要方式。

目前 Internet 所有技术标准都是以 RFC 文件形式公布的,但这不是所有 RFC 文件。RFC 文件还包括政策研究报告、技术部门的工作总结、研讨会成果综述和网络使用指南等。每一份 RFC 文件都有唯一的编号。当某一文件产生了新版本时,就为新版本指派新的 RFC 编号。任何用户都可通过 E-mail 向 RFC 编委会投寄文稿申请作为 RFC 文件发表。以 RFC 文件形式公布的网络协议又可以用以下方式进行分级。

① 依据是否标准化:标准协议、标准草案、建议标准、试行标准和历史标准。

② 依据是否必须采纳:必须采纳、推荐采纳、选择采纳、不推荐采纳。必须采纳的标准协议是联网的任何一台主机所必须遵循的;推荐采纳的标准则是联网主机应该实现的,缺少时虽仍然能联网,但可能运行不正常;选择采纳的建议标准则是还在小范围内试用的网络协议。

10.1.3　Internet 在中国的发展

1. 网络探索

1987—1994 年是探索阶段。1987 年 9 月 14 日,北京计算机应用技术研究所发出了中国第一封电子邮件:"Across the Great Wall we can reach every corner in the world."(越过长城,走向世界),揭开了中国人使用互联网的序幕。1988 年,中国科学院高能物理研究所采用 X.25 协议使该单位的 DECnet 成为西欧中心 DECnet 的延伸,实现了计算机国际远程联网以及与欧洲和北美地区的电子邮件通信。1989 年 11 月,中关村地区教育与科研示范网络也称中国国家计算机网络设施(National Computing and Networking Facility of China,NCFC)正式启动,由中国科学院主持,联合北京大学、清华大学共同实施。1990 年 11 月 28 日,中国正式在国际互联网络域名分配管理中心注册登记了中国的顶级域名.CN,从此中国的网络有了自己的身份标识。1993 年 3 月 2 日,中国科学院高能物理研究所接入美国斯坦福线性加速器中心(Stanford Linear Accelerator Center,SLA)的 64K 专线正式开通。这一专线是中国部分连入 Internet 的第一根专线。1994 年 4 月 20 日,NCFC 工程连入 Internet 的 64K 国际专线开通,实现了与 Internet 的全功能连接。从此中国被国际上正式承认为真正拥有全功能 Internet 的第 77 个国家。1994 年 5 月 21 日,中国科学院计算机网络信息中心完成了中国国家顶级域名 CN 服务器设置,结束了中国顶级域名 CN 服务器一直放在国外的历史。

2. 蓄势待发

1995—1998 年是蓄势待发阶段。四大 Internet 主干网相继建设,开启了铺设中国信息高速公路的历程。这一阶段先后建设了以 NCFC 为基础发展起来的中国科技网(China Science and Technology Net,CSTNet),国家公用经济信息通信网(简称金桥工程)中国金桥信息网(China Gold Bridge Network,CHINAGBN),为公众服务的中国公用计算机互联网 CHINANet,由国家计委投资、国家教委主持的中国教育和科研计算机网(China Education and Research Network,CERNet)。1997 年 10 月,CHINANet 实现了与中国科技网 CSTNet、中国教育和科研计算机网 CERNet、中国金桥信息网 CHINAGBN 的互联互通。1997 年 11 月,中国互联网络信息中心(China Internet Network Information Center,CNNIC)发布了第一次《中国互联网络发展状况统计报告》,报告通告截止到 1997 年 10 月 31 日,我国共有上网计算机 29.9 万台,上网用户 62 万人,CN 下注册的域名 4 066 个,WWW 站点 1 500 个,国际出口带宽为 18.64 Mbit/s。1998 年 3 月 16 日,163.net 开通了容量为 30 万用户的中国第一个免费中文电子邮件系统。

3. 网络大潮

1999—2002 年年底,中国互联网进入普及和应用的快速增长期。新浪、网易、搜狐三大门户网站相继在美国纳斯达克上市,掀起了对中国互联网的第一轮投资热潮。"政府上网工程""企业上网工程""家庭上网工程"三大上网工程相继启动。

4. 繁荣与未来

2003 年至今,应用多元化阶段到来,互联网逐步走向繁荣。2022 年 4 月 2 日,中国互联网络信息中心发布了第 49 次《中国互联网络发展状况统计报告》(以下简称《报告》)。《报告》显示,截至 2021 年 12 月,我国网民规模达 10.32 亿,较 2020 年 12 月增长 4 296 万,互联网普及率达 73.0%。

① 网络基础设施全面建成,工业互联网取得积极进展。《报告》显示,截至 2021 年 12 月,在网络基础资源方面,我国域名总数达 3 593 万个,IPv6 地址数量达 63 052 块/32,同比增长 9.4%;移动通信网络 IPv6 流量占比已经达到 35.15%。在信息通信业方面,累计建成并开通 5G 基站数达到 142.5 万个,全年新增 5G 基站数达到 65.4 万个;有全国影响力的工业互联网平台已经超过 150 个,接入设备总量超过 7 600 万台套,全国在建"5G+工业互联网"项目超过 2 000 个,工业互联网和 5G 在国民经济重点行业的融合创新应用不断加快。

② 网民规模稳步增长,农村及老年群体加速融入网络社会。《报告》显示,2021 年我国网民总体规模持续增长。一是城乡上网差距继续缩小。我国农村网民规模已达 2.84 亿,农村地区互联网普及率为 57.6%,较 2020 年 12 月提升 1.7 个百分点,城乡地区互联网普及率差异较 2020 年 12 月缩小 0.2 个百分点。二是老年群体加速融入网络社会。截至 2021 年 12 月,我国 60 岁及以上老年网民规模达 1.19 亿,互联网普及率达 43.2%。

③ 网民上网总时长保持增长,上网设备使用呈现多元化。《报告》显示,我国网民的互联网使用行为呈现新特点。一是人均上网时长保持增长。截至 2021 年 12 月,我国网民人均每周上网时长达到 28.5 个小时,较 2020 年 12 月提升 2.3 个小时,互联网深度融入人民日常生活。二是上网终端设备使用更加多元。截至 2021 年 12 月,我国网民使用手机上网的比例达 99.7%,手机仍是上网的最主要设备;网民中使用台式计算机、笔记本计算机、电视和平板计算机上网的比例分别为 35.0%、33.0%、28.1% 和 27.4%。

④ 即时通信等应用广泛普及,在线医疗、在线办公用户增长最快。《报告》显示,2021 年我国互联网应用用户规模保持平稳增长。一是即时通信等应用基本实现普及。截至 2021 年 12 月,在网民中,即时通信、网络视频、短视频用户使用率分别为 97.5%、94.5% 和 90.5%,用户规模分别达 10.07 亿、9.75 亿和 9.34 亿。二是在线办公、在线医疗等应用保持较快增长。截至 2021 年 12 月,在线办公、在线医疗用户规模分别达 4.69 亿和 2.98 亿,同比分别增长 35.7% 和 38.7%,成为用户规模增长最快的两类应用;网上外卖、网约车的用户规模增长率紧随其后,同比分别增长 29.9% 和 23.9%,用户规模分别达 5.44 亿和 4.53 亿。

无线 WiFi 普及迅速,移动互联网更贴近生活,塑造了全新的社会生活形态,企业互联网使用比例上升,"互联网+"行动计划助力企业发展。互联网对于整体社会的影响已进入新的阶段。

10.1.4 Internet 基本结构

Internet 是一个使用路由器将分布在世界各地、数以万计、规模不一的计算机网络互联起来的网际网。从 Internet 使用者的角度,它是由大量计算机连接在一个巨大的通信系统平台上,从而形成的一个全球范围的信息资源网。接入 Internet 的主机既是信息资源及服务的使用者,又是信息资源及服务的提供者。Internet 使用者不必关心 Internet 内部结构,他们面对的只是 Internet 所提供的信息资源和服务。Internet 主要由通信线路、路由器、主机与信息资源等部分组成。

① 通信线路是 Internet 的基础设施,负责将 Internet 中的路由器与交换机、交换机与交换机、交换机与主机连接起来。

② 路由器负责将 Internet 中的局域网或广域网连接起来。当数据从一个网络传输到路由器时，它需要根据数据所要到达的目的地，通过路径选择算法为数据选择一条最佳的输出路径。数据从源主机发出后，需要经过多个路由器转发，经过多个网络才能到达目的主机。

③ 主机是 Internet 中信息资源与服务的载体，是各种类型的计算机。按照用途可以分为服务器与客户机两类。服务器使用专用的服务器软件向用户提供信息资源与服务，根据所提供的服务功能可以分为各种应用服务器，如 DNS 服务器、电子邮件服务器、OA（Office Automation）服务器等。客户机是信息资源与服务的使用者，用户使用客户端软件来访问信息资源与服务，如 WWW 浏览器、即时通信的腾讯 QQ 等。

④ 信息资源是 Internet 中存在的各种各样的信息资源，如文本、图像、声音与视频等信息类型，并且涉及社会生活的各个方面。我们通过 Internet 查找科技资料，获得商业信息，下载流行音乐，参与联机游戏或收看网上直播等。Internet 的发展方向是更好地组织信息资源并使用户快捷地获得信息。WWW 服务使信息资源的组织方式更加合理，而搜索引擎使信息的检索更加快捷。

10.1.5　Internet 常用服务功能

① 万维网（WWW）是目前 Internet 中最流行的服务，可通过 WWW 来浏览分布于世界各地的精彩信息。

② 文件传输协议（FTP）主要提供 Internet 使用者在 Internet 上正确传送及接收大量文件。特别是许多共享软件和免费软件都放在 FTP 的资源中心，只要使用 FTP 文件传输程序连接上所需软件所在的主机地址，就可以将软件下载到用户的主机中。

③ 电子邮件（E-mail）是 Internet 上使用最广泛的服务，电子邮件不只是传送单纯的文字信息，还可以传送声音、影像、动画等，而且可以全天候通过 Internet 让对方收到。

④ 电子公告栏（Bulletin Board System，BBS）提供较小型的区域性在线讨论服务（不像网络新闻组规模那样大）。它在 Internet 尚未流行之前已随处可见。通过 BBS 可进行信息交流、文件交流、信件交流、在线聊天等。

⑤ 域名服务（DNS）是将域名和 IP 地址相互映射的一个分布式数据库，能够使人们更方便地访问互联网，而不用去记忆数字 IP 地址（不易记住）。

⑥ 网络新闻组（Netnews）提供上千个新闻讨论组，供网民们谈天说地、交换信息。可以说网络新闻组也是 BBS 各种讨论区的大集合。

⑦ 多人实时聊天（Internet Relay Chat，IRC）和 BBS 的功能相似，都是闲话家常的好去处。唯一不同的是在 IRC 上有许多频道，并且我们在进入某个频道后，可以跟来自五湖四海的朋友同时用文字、语音、视频方式交谈，IRC 是目前使用人数最多、最快捷的一种实时聊天工具。

⑧ 网络会议是利用 Internet 使不同地方的人可以一起进行电话会议，如果配合视频设备的话，就可以进行视频会议。

⑨ 远程登录是使用 Telnet 和 Internet 上的某一台主机连线，只要拥有这台主机的账号及密码，就可以像本地一样使用这台主机上的资源。远程登录功能曾经是 Internet 最强大的功能之一。

以上只是 Internet 上比较常用的几种服务,在 Internet 上还有很多功能,如实时播放、网上理财、网络购物、网络传真、网上电影等。

10.2 Internet 地址

10.2.1 MAC 地址

前述章节已经详细介绍了 MAC 地址。MAC 地址也称为物理地址、硬件地址或链路地址,由网络设备制造商生产时写在硬件内部,用来标识网络设备。在 OSI 模型中,第二层数据链路层负责 MAC 地址。在 TCP/IP 参考模型中,主机-网络层负责接入具体网络(包括网络设备及主机),而所有网络设备以及主机均有唯一标识地址即 MAC 地址;在互联层则有标记主机及网络设备在互联网上的唯一地址即 IP 地址。因此一个联网主机会有一个 IP 地址,还有一个专属于它的 MAC 地址。

无论是局域网还是广域网中的计算机之间通信,都是将数据包从某种形式的链路上的初始结点出发,从一个结点传递到另一个结点,最终传送到目的结点。数据包在这些结点之间的移动都是由地址解析协议(Address Resolution Protocol,ARP)负责将 IP 地址映射到 MAC 地址上完成。这样做很好地体现了网络体系结构设计所遵循的分层思想。

10.2.2 IP 地址

在 Internet 中,每台主机为了与其他主机区别开来,都有一个唯一的主机号码。该主机号码由 32 位二进制数组成,即主机 IP 地址。这里介绍 IPv4 地址,有关 IPv6 地址将在后面的章节中介绍。IP 地址是 Internet 中识别主机的唯一标识。IP 地址由因特网名字与号码指派公司 ICANN 进行分配。IP 地址的编址方法经历了以下 3 个阶段。

① 分类的 IP 地址是最基本的编址方法,1981 年通过了相应的标准协议。

② 划分子网是对最基本的编址方法的改进,其标准 RFC950 在 1985 年通过。

③ 构成超网是无分类编址方法,1993 年提出后很快得到了推广应用。

为了方便人们的使用,IP 地址经常被写成十进制形式,中间使用符号"."分开不同的字节。例如,二进制:11001010110011101101101101101010,十进制:202.206.219.106。这种表示法称为"点分十进制"表示法,点分的每个十进制数字为 0~255。

1. 最基本的分类 IP 地址

"分类的 IP 地址"就是将 IP 地址划分为若干个固定类,每一类地址都由两个固定长度的字段组成,即网络号 net-id 和主机号 host-id 两部分,其中网络号标志主机(或路由器)所连接到的网络,主机号标志主机(或路由器)。同一个物理网络上的所有主机都使用同一个网络 ID,网络上的一个主机(包括网络上的工作站、服务器和路由器等)有一个主机 ID。Internet 委员会定义了 5 种 IP 地址类型以适合不同容量的网络,即 A 类~E 类。

图 10-2 给出了各类 IP 地址的网络号字段和主机号字段,最常用的是 A 类、B 类和 C 类地址。A 类、B 类和 C 类地址的网络号字段 net-id 分别为 1 字节、2 字节和 3 字节,而在网络号字段的最前面有 1~3 bit 的类别比特,其数值分别规定为 0、10 和 110。A 类、B 类和 C 类地址的主机号字段分别为 3 字节、2 字节和 1 字节。

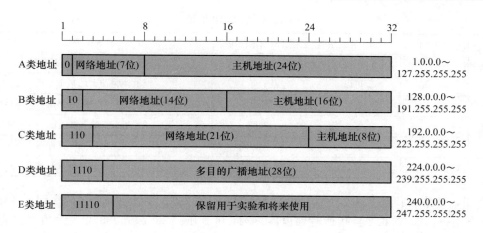

图 10-2 IP 地址中的网络号字段和主机号字段

2. 常用 IP 地址

常用 IP 地址是 A 类、B 类和 C 类。

① A 类地址的 net-id 字段占 1 字节,只有 7 个比特可供使用(最高位比特已固定为 0),可提供使用的网络号是 126 个(即 2^7-2)。减 2 的原因是:IP 地址中的全 0 表示"本网络上的本主机",net-id 字段为全 0 的 IP 地址是个保留地址,意思是"本网络";net-id 字段为 127(即 01111111)保留作为本地软件环回测试本主机之用。A 类地址的 host-id 字段为 3 字节,每一个 A 类网络中的最大主机数是 16 777 214(即 $2^{24}-2$)。减 2 的原因是:全 0 的 host-id 字段表示该 IP 地址是"本主机"所连接到的单个网络地址,而全 1 的 host-id 字段表示该网络上的所有主机,也称为本网广播地址。

整个 A 类地址空间有 2^{31} 个地址,而 IP 地址全部的地址空间共有 2^{32} 个地址,可见 A 类地址占整个 IP 地址空间的 50%。

② B 类地址的 net-id 字段有 2 字节,最高 2 位固定为 10,是类别标识,剩下 14 位可以变化,因此 B 类地址的网络数为 16 384(即 2^{14}),这里不存在减 2 的问题。B 类地址的每个网络中的最大主机数是 65 534(即 $2^{16}-2$),减 2 是因为要扣除全 0 和全 1 的主机号,分别表示网络地址与广播地址。整个 B 类地址空间共有 2^{30} 个地址,占整个 IP 地址空间的 25%。

③ C 类地址的 net-id 字段有 3 字节,最高 3 位固定为 110,是类别标识,还有 21 位可以变化,因此 C 类地址的网络数是 2^{21}。每一个 C 类地址的最大主机数是 254(即 2^8-2),减 2 是因为要扣除全 0 和全 1 的主机号,分别表示网络地址与广播地址。整个 C 类地址空间共有 2^{29} 个地址,占整个 IP 地址空间的 12.5%。表 10-1 所示为 A、B、C 类 IP 地址的使用范围。

表 10-1 IP 地址的使用范围

网络类别	最大网络数	第一个可用的网络号	最后一个可用的网络号	每个网络中的最大主机数
A	126(2^7-2)	1	126	16 777 214($2^{24}-2$)
B	16 384(2^{14})	128.0	191.255	65 534($2^{16}-2$)
C	2 097 152(2^{21})	192.0.0	223.255.255	254(2^8-2)

3. 特殊 IP 地址

在 IP 地址空间中,有的 IP 地址不能分配给主机或路由器,有的 IP 地址不能用在公网,有的 IP 地址只能在本机使用,特殊 IP 地址如表 10-2 所示。

表 10-2　特殊 IP 地址

net-id	host-id	源地址使用	目的地址使用	代表的意思
0	0	可以	不可	在本网络上的本主机
0	host-id	可以	不可	在本网络上的某个主机
全1	全1	不可	可以	只在本网络上进行广播(各路由器均不转发)
net-id	全0	不可	不可	net-id 的网络地址
net-id	全1	不可	可以	对 net-id 上的所有主机进行广播
127	任何数	可以	可以	用于本地软件环回测试

① 组播地址。其范围从 224.0.0.0 到 239.255.255.255。注意它和广播的区别。224.0.0.1 特指所有主机,224.0.0.2 特指所有路由器。224.0.1.0～238.255.255.255 为预留组播地址,组播地址应从此范围内选择。239.0.0.0～239.255.255.255 为私有组播地址。232.0.0.0～232.255.255.255 为特定源多播。

② 受限广播地址。广播通信是一对所有的通信方式。若一个 IP 地址的各位全为 1,即 255.255.255.255,则这个地址用于定义整个互联网。如果设备想使 IP 数据报被整个 Internet 接收,就给目的地址全为 1 的发送数据,这个就是广播包,这样会给整个互联网带来灾难性负担。因此,网络上所有路由器都阻止具有这种类型的分组被转发出去,使这样的广播仅限于本地网络。

③ 直接广播地址。一个网络中的最后一个地址为直接广播地址,也就是 host-id 全为 1 的地址。主机使用这种地址把一个 IP 数据报发送到本地网络的所有设备上,路由器会转发这种数据报到特定网络的所有主机上。这个地址在 IP 数据报中只能作为目的地址。另外,直接广播地址使一个网络中可分配给设备的地址数减少 1 个。

④ IP 地址是 0.0.0.0。这个 IP 地址在 IP 数据报中只能用作源 IP 地址,这发生在当设备启动时但又不知道自己的 IP 地址情况下。在使用 DHCP 分配 IP 地址的网络环境中,这样的地址是很常见的。用户主机为了获得一个可用的 IP 地址,就给 DHCP 服务器发送 IP 分组,并用这样的地址作为源地址,目的地址为 255.255.255.255(因为主机这时还不知道 DHCP 服务器的 IP 地址)。

⑤ net-id 为 0 的 IP 地址。当某个主机向同一网络上的其他主机发送报文时就可以使用这样的地址,分组也不会被路由器转发。例如,12.12.12.0/24 这个网络中的一台主机 12.12.12.2/24 在与同一网络中的另一台主机 12.12.12.8/24 通信时,目的地址可以是 0.0.0.8。

⑥ 环回地址。127 段的所有地址都称为环回地址,主要用来测试网络协议是否工作正常。例如,使用 ping 127.1.1.1 就可以测试本地 TCP/IP 协议是否已正确安装。

⑦ 私有或专用地址。有些 IP 地址被定义为私有或专用地址,它们不能分配给 Internet 网络设备,只能在企业内部使用,因此称为私有地址。在 Internet 上要使用这些地址,必须使用网络地址转换或者端口映射技术。这些私有地址如下。

- 10/8 地址范围:10.0.0.0 到 10.255.255.255 共有 2^{24} 个地址。
- 172.16/12 地址范围:172.16.0.0 至 172.31.255.255 共有 2^{20} 个地址。
- 192.168/16 地址范围:192.168.0.0 至 192.168.255.255 共有 2^{16} 个地址。

4. 划分子网

① 从两级 IP 地址到三级 IP 地址。在 Internet 早期,分类 IP 地址的设计不够合理,IP 地址空间利用率有时很低。给每一个物理网络分配一个网络号会使路由表变得太大而使网络性

能变差,两级 IP 地址划分不够灵活。为此,在 IP 地址中增加了一个"子网号字段",使两级 IP 地址变为三级 IP 地址,这种做法称为划分子网。

两级 IP 地址:IP 地址＝{＜网络号＞,＜主机号＞}

三级 IP 地址:IP 地址＝{＜网络号＞,＜子网号＞,＜主机号＞}

② 划分子网的基本思路。从两级 IP 地址的主机号中借用若干位作为子网号 subnet-id,而主机号 host-id 也相应减少了若干位。划分子网纯属一个单位内部的事情。单位对外仍然表现为没有划分子网的网络。凡是从其他网络发送给本单位某个主机的 IP 数据报,仍然是根据 IP 数据报的目的网络号 net-id,先找到连接在本单位网络上的路由器。然后此路由器在收到 IP 数据报后,再按目的网络号 net-id 和子网号 subnet-id 找到目的子网。最后将 IP 数据报直接交付给目的主机。

当没有划分子网时,IP 地址是两级结构,划分子网后 IP 地址就变成了三级结构。划分子网只是把 IP 地址的主机号 host-id 这部分进行再划分,而不改变 IP 地址原来的网络号 net-id。

③ 子网掩码。子网掩码是一个由连续的串 1 和连续的串 0 组成的 32 位二进制代码,连续的串 1 对应 IP 地址的网络号 net-id 和子网号 subnet-id 部分,连续的串 0 对应 IP 地址的主机号 host-id 部分。使用子网掩码的好处是:不管网络是否划分子网,只要把子网掩码和 IP 地址进行逐位"与(AND)"运算就可得出网络地址。从一个 IP 数据报的首部并无法判断源主机或目的主机所连接的网络是否进行了子网划分。使用子网掩码可以找出 IP 地址中的子网部分。

IP 地址各字段和子网掩码的对应关系如图 10-3 所示,图 10-3(a)中的 160.39.60.30 是一个 B 类两级地址,由网络号 net-id 和主机号 host-id 组成;图 10-3(b)是在两级地址的 host-id 借 8 位划分子网后由网络号 net-id、子网号 subnet-id 和主机号 host-id 组成的三级地址;图 10-3(c)是划分子网后的子网掩码;图 10-3(d)是图 10-3(b)和图 10-3(c)逐位"与"运算后得到的子网网络地址。默认子网掩码或网络掩码是对应于分类 IP 地址的子网掩码,连续的串 1 对应 IP 地址的网络号 net-id,连续的串 0 对应 IP 地址的主机号 host-id。

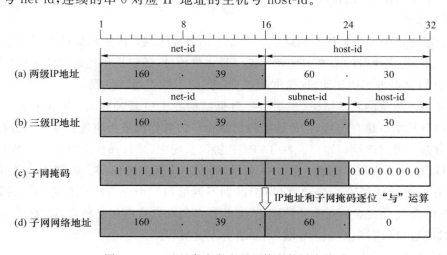

图 10-3　IP 地址各字段和子网掩码的对应关系

子网掩码是一个网络或一个子网的重要属性。路由器在和相邻路由器交换路由信息时,必须把自己所在网络(或子网)的子网掩码告诉相邻路由器。路由器的路由表中的每一个项目,除了要给出目的网络地址外,还必须同时给出该网络的子网掩码。若一台路由器连接在两个子网上就拥有两个网络地址和两个子网掩码。

5. IP 地址的特点

① 每个 IP 地址都由网络号和主机号组成,是一种分等级的地址结构。第一,IP 地址管理机构在分配 IP 地址时只分配网络号(第一级),剩下的主机号(第二级)由得到该网络号的单位自行分配,方便了 IP 地址管理。第二,路由器仅根据目的主机所连接网络号来转发分组,可以使路由表中的项目数大幅度减少,从而减小了路由表所占的存储空间。

② IP 地址是标志一台主机(或路由器)和一条链路的接口。当一台主机同时连接到两个网络上时,该主机就必须同时具有两个相应的 IP 地址,其网络号 net-id 必须是不同的,这种主机称为多归属主机或多接口主机。由于路由器至少应当连接到两个网络(这样它才能将 IP 数据报从一个网络转发到另一个网络),因此路由器至少应当有两个不同网络号 net-id 的 IP 地址。

③ 用转发器或网桥连接起来的若干个局域网仍为一个网络,因此这些局域网都具有同样的网络号 net-id。

④ 在 IP 地址中,所有分配到网络号 net-id 的网络都是平等的。

IP 地址是 IP 网络中数据传输的依据,它标识了 IP 网络中的一个连接,一台主机可以有多个 IP 地址。IP 分组中的 IP 地址在网络传输中是保持不变的。

10.2.3 端口地址

1. 端口概念

在网络技术中,端口一是物理意义上的端口,即 ADSL Modem、集线器、交换机、路由器等设备用于连接其他网络设备的接口,如 RJ-45 端口、SC 端口等;二是逻辑意义上的端口,是指 TCP/IP 协议中的端口,端口地址或端口号的范围从 0 到 65535,如用于浏览网页服务的 80 端口,用于 FTP 服务的 21 端口等。本节只介绍逻辑意义上的端口。

2. 端口作用

OSI 七层协议中的传输层与网络层在功能上的最大区别是传输层提供进程通信能力。从这个意义上讲,网络通信的最终地址就不仅仅是主机地址,还包括描述进程的某种标识符。为此,TCP/IP 协议提出了协议端口(简称端口)概念,用于标识通信进程。

端口是一种抽象的软件结构(包括一些数据结构和 I/O 缓冲区)。应用程序(即进程)通过系统调用与某端口建立连接后,传输层传给该端口的数据都被相应进程接收,相应进程发给传输层的数据都通过该端口输出。在 TCP/IP 协议实现中,端口操作类似于 I/O 操作,进程获取一个端口,相当于获取本地唯一的 I/O 文件,可以用读写原语访问。类似于文件描述符,每个端口都有一个端口号或端口地址,用于区别不同端口。由于 TCP/IP 传输层的两个协议 TCP 和 UDP 是完全独立的两个软件模块,因此各自的端口号也相互独立,如 TCP 有一个 255 号端口,UDP 也可以有一个 255 号端口,二者并不冲突。

3. 端口分配

端口分配有两种基本方式:一是全局分配,这是一种集中控制方式,由 ICANN 进行统一分配并公布于众,范围从 0 到 1023,这些端口号一般固定分配给一些服务。例如,21 端口分配给 FTP 服务,25 端口分配给 SMTP 服务,80 端口分配给 HTTP 服务,135 端口分配给 RPC (Remote Procedure Call,远程过程调用)服务等。二是本地分配,又称动态连接或动态端口范围从 1024 到 65535,这些端口号一般不固定分配给某个服务。只要运行的程序向系统提出访问网络申请,那么系统就可以从这些端口号中分配一个供该程序使用。例如,1024 端口就是分配给第一个向系统发出申请的程序。在关闭程序进程后,就会释放所占用端口号。TCP/IP 将端口号分为两部分,少量的作为保留端口,以全局分配方式分配给服务进程。因此,每一个标准服务器都拥有一个全局公认的端口,即使在不同计算机上,其端口号也相同。剩余的为自由端口,以本地分配方式进行分配。

由 ICANN 负责分配给一些常用应用层程序固定使用的端口,如表 10-3 所示。

表 10-3 应用程序及其端口号

应用程序	FTP	TELNET	SMTP	DNS	TFTP	HTTP	SNMP	SNMP(trap)
端口号	21	23	25	53	69	80	161	162

4. 套接字(Socket)

应用层通过传输层进行数据通信时,TCP 和 UDP 会遇到同时为多个应用程序进程提供并发服务的问题。为了区别不同的应用程序进程和连接,计算机操作系统为应用程序与TCP/IP 协议交互提供了称为套接字的接口。主要用通信的目的 IP 地址、使用的传输层协议(TCP 或 UDP)和使用的端口号这 3 个参数来区分不同应用程序进程间的网络通信和连接。通过这 3 个参数的结合,与一个"插座"Socket 绑定,应用层就可以和传输层通过套接字接口,区分来自不同应用程序进程或网络连接的通信,实现数据传输的并发服务。Socket 可以看成在两个程序进行通信连接中的一个端点,是连接应用程序和网络驱动程序的桥梁,Socket 在应用程序中创建,通过绑定与网络驱动程序建立关系。

10.2.4 域名地址

1. 域名概念

让人们记住 32 位主机的 IP 地址是很困难的,为了便于记忆和使用,人们就为每台主机起了一个符号名字,这个主机的符号名字就是域名。它由圆点分隔开的一连串单词组成,用户在访问网上的某台主机时使用方便记忆的域名,网上的 DNS 服务器会自动将域名解释成对应的IP 地址,然后用 IP 地址去访问主机,这种将域名解释成对应 IP 地址的过程是通过域名系统完成的。

域名中最右部分被分为适用于美国的由 3 个字母组成的命名方法和适用于除美国以外其他国家的由 2 个字母组成的命名方法。常用域名如表 10-4 所示。

表 10-4 常用域名

域名	国家或地区	域名	国家或地区
au	澳大利亚	at	奥地利
be	比利时	ca	加拿大
fl	芬兰	dk	丹麦
de	德国	fr	法国

续 表

域名	国家或地区	域名	国家或地区
ie	爱尔兰	in	印度
it	意大利	il	以色列
nl	荷兰	jp	日本
ru	俄罗斯	no	挪威
es	西班牙	se	瑞典
ch	瑞士	cn	中国
gh	英国	us	美国

主机 IP 地址和域名是等价的。对一台主机来说,它们之间的关系如同一个人的身份证号码和这个人的名字之间的关系。通常情况下,主机 IP 地址和域名的对应关系都被保存在因特网的 DNS 服务器中。域名的注册由位于美国的 Internet 网络信息中心 InterNIC 及其设在世界各地的分支机构负责审批,网络信息中心本着"先到先办"的原则,对于一个域名的注册申请,只要该域名尚无人使用,一般就予以批准。

2. 域名基本结构

域名基本结构自右到左分为 4 个级别,即最高层域名、网络类型名、组织机构名、计算机名,因此,域名结构为若干分量之间用点隔开,即…. 三级域名. 二级域名. 顶级域名,各分量代表不同级别的域名,级别最低的域名写在最左边,级别最高的顶级域名则写在最右边。完整的域名不能够超过 255 个字符,一个域名可以包含下级域名的数目并没有明确规定,各级域名由各自的上一级域名管理机构管理,而顶级域名由因特网相关机构管理。

现在顶级域名(Top Level Domain,TLD)有以下三大类。

① 国家顶级域名 nTLD:采用 ISO 3166 规定,如". cn"表示中国,". us"表示美国等。国家顶级域名又常记为 ccTLD(cc 表示国家代码),目前国家顶级域名约有 200 个。

② 国际顶级域名 iTLD:采用. int。国际性组织可在. int 下注册。

③ 通用顶级域名 gTLD:根据 RFC 1591 规定,最早的顶级域名共 6 个:". com"表示公司企业,". net"表示网络服务机构,". org"表示非营利性组织,". edu"表示教育机构,". gov"表示政府部门,". mil"表示军事部门。由于因特网用户的急剧增加,从 2000 年 11 月起,ICANN 又增加了 7 个通用顶级域名:". aero"表示航空运输企业,". biz"表示公司和企业,". coop"表示合作团体,". info"适用于各种情况,". museum"表示博物馆,". name"表示个人,". pro"表示会计、律师和医师等自由职业者。在国家顶级域名下注册的二级域名均由该国家自行确定。

10.3 互联层协议

Internet 互联层也叫网络层,在网络互联的通信中起着承上启下的作用,其结构如图 10-4 所示,其上层是传输层、下层是主机-网络层。与 IP 协议配套使用的还有 4 个协议:地址解析协议(Address Resolution Protocol,ARP)、逆向地址解析协议(Reverse Address Resolution Protocol,RARP)、互联网控制报文协议(Internet Control Message Protocol,ICMP)、互联网组管理协议(Internet Group Management Protocol,IGMP)。

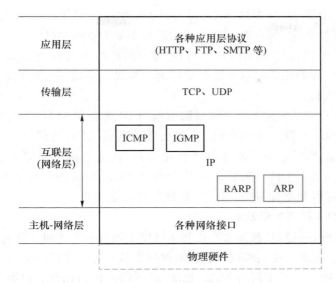

图 10-4　互联层的 IP 协议及其配套协议

① 互联层向上只提供简单灵活的、无连接的、尽最大努力交付的数据报服务。互联层不提供服务质量承诺，即所传送的分组可能出错、丢失、重复和失序（不按序到达终点），当然也不保证分组传送的时限。网络在发送分组时不需要先建立连接。每一个分组独立发送，与其前后的分组无关。

② 尽最大努力交付的好处是：由于传输网络不提供端到端的可靠传输服务，这就使网络中的路由器可以做得比较简单，而且价格低廉。如果主机中的进程之间的通信需要是可靠的，那么就由网络中主机的传输层负责（包括差错处理、流量控制等）。采用这种设计思路的好处是：网络造价大大降低，运行方式灵活，能够适应多种应用。

③ 虚拟互联网络是指逻辑互联网络，即互联起来的各种物理网络的异构性是客观存在的，但是利用 IP 协议就可以使这些性能各异的网络让用户看起来好像是一个统一的网络，使用 IP 协议的虚拟互联网络简称为 IP 网。使用虚拟互联网络的好处是：当互联网上的主机进行通信时，就好像在一个网络上通信一样，而看不见互联的各网络异构细节。

10.3.1　地址解析协议和逆向地址解析协议

1. ARP

不管网络层使用的是什么协议，在实际网络的链路上传送数据帧时，还是必须使用硬件地址。地址解析协议（ARP）用于将网络中的协议地址（当前网络中大多是 IP 地址）解析为本地的 MAC 地址。ARP 的工作流程如下。

① 每台主机都会在自己的 ARP 缓冲区中建立一个包含本网络上所有主机或路由器的 IP 地址和 MAC 地址对应关系的 ARP 列表。

② 当源主机需要将一个数据包发送到目的主机时，首先检查自己的 ARP 列表中是否存在该 IP 地址对应的 MAC 地址，如果有就直接将数据包发送到这个 MAC 地址；如果没有就向本网络所有主机或路由器发送一个 ARP 请求广播包，查询此目的主机对应的 MAC 地址。此 ARP 请求包里包括源主机的 IP 地址、MAC 地址及目的主机的 IP 地址。

③ 网络中所有主机收到这个 ARP 请求包后，会检查数据包中的目的 IP 地址是否和自己的 IP 地址一致。如果不相同就忽略此数据包；如果相同，该主机将发送端 MAC 地址和 IP 地

址添加到自己的 ARP 列表中,如果 ARP 列表中已经存在该信息,则将其覆盖,然后给源主机发送一个 ARP 响应数据包,告诉对方自己是它需要查找的目的主机。

④ 源主机收到这个 ARP 响应数据包后,将得到的目的主机 IP 地址和 MAC 地址添加到自己的 ARP 列表中,并利用此信息开始数据传输。如果源主机一直没有收到 ARP 响应数据包,表示 ARP 查询失败。

ARP 可解决同一个局域网上的主机或路由器的 IP 地址和 MAC 地址映射问题。如果所要找的主机和源主机不在同一个局域网上,那么就要通过 ARP 找到位于本局域网上的某台路由器的 MAC 地址,然后把分组发送给这台路由器,让这台路由器把分组转发给下一个网络。剩下的工作就由下一个网络来做。从 IP 地址到 MAC 地址的解析是自动进行的,主机用户对这种地址解析过程是不知道的,是计算机软件自动进行的。

2. 使用 ARP 的 4 种典型情况

① 发送方是主机,要把 IP 数据报发送到本网络上的另一台主机。这时用 ARP 找到目的主机 MAC 地址。②发送方是主机,要把 IP 数据报发送到另一个网络上的一台主机。这时用 ARP 找到本网络上的一台路由器的 MAC 地址,剩下的工作由这台路由器来完成。③发送方是路由器,要把 IP 数据报转发到本网络上的一台主机。这时用 ARP 找到目的主机 MAC 地址。④发送方是路由器,要把 IP 数据报转发到另一个网络上的一台主机。这时用 ARP 找到本网络上的一台路由器的 MAC 地址,剩下的工作由这台路由器来完成。

3. RARP

逆向地址解析协议(RARP)用于将本地 MAC 地址解析为网络中的协议地址(大多是 IP 地址)。常用于主机是无盘工作站的情形,RARP 目前已很少使用。RARP 的工作流程如下。

① 源主机发送一个本地 RARP 广播,在此广播包中,声明自己的 MAC 地址并且请求任何收到此请求的 RARP 服务器分配一个 IP 地址。

② 本地网络上的 RARP 服务器收到此请求后,检查其 RARP 列表,查找该 MAC 地址对应的 IP 地址。如果存在,RARP 服务器就给源主机发送一个响应数据包并将此 IP 地址提供给源主机使用;如果不存在,RARP 服务器对此不做任何响应。

③ 源主机收到 RARP 服务器的响应信息,就利用得到的 IP 地址进行通信;如果一直没有收到 RARP 服务器的响应信息,表示初始化失败。

4. ARP 和 RARP 的报头结构

ARP 和 RARP 使用相同的报头结构,如图 10-5 所示。

硬件类型		协议类型	
硬件地址长度	协议长度	操作类型	
发送方硬件地址(0~3字节)			
发送方硬件地址(4~5字节)		发送方IP(0~1字节)	
发送方IP(2~3字节)		目的硬件地址(0~1字节)	
目的硬件地址(2~5字节)			
目的IP(0~3字节)			

图 10-5　ARP/RARP 的报头结构

① 硬件类型字段：发送方想知道的硬件接口类型，以太网的值为 1。

② 协议类型字段：发送方提供的高层协议类型，IP 为 0806（十六进制）。

③ 硬件地址长度和协议长度：硬件地址和高层协议地址的长度，这样 ARP 报文就可以在任意硬件和任意协议的网络中使用。

④ 操作类型字段：报文类型，ARP 请求为 1、响应为 2，RARP 请求为 3、响应为 4。

⑤ 发送方硬件地址（0～3 字节）：源主机硬件地址的前 4 个字节。

⑥ 发送方硬件地址（4～5 字节）：源主机硬件地址的后 2 个字节。

⑦ 发送方 IP（0～1 字节）：源主机 IP 地址的前 2 个字节。

⑧ 发送方 IP（2～3 字节）：源主机 IP 地址的后 2 个字节。

⑨ 目的硬件地址（0～1 字节）：目的主机硬件地址的前 2 个字节。

⑩ 目的硬件地址（2～5 字节）：目的主机硬件地址的后 4 个字节。

⑪ 目的 IP（0～3 字节）：目的主机的 IP 地址。

10.3.2 网际协议

网际协议或互联网络协议（IP）是 TCP/IP 体系中最主要的协议之一，是为计算机网络相互连接进行通信而设计的协议。在因特网中，它是连接到网上的所有计算机网络实现相互通信的一套规则，是计算机在因特网上进行通信时应当遵守的规定。任何厂家生产的计算机系统，只要遵守 IP 协议就可以与因特网互联互通。

在 TCP/IP 标准中，IP 数据报格式常以 32 bit（即 4 字节）为单位来描述。从图 10-6 中可以看出，一个 IP 数据报由首部和数据两部分组成。首部的前一部分是固定长度，共 20 字节，是所有 IP 数据报必须具有的。在首部的固定部分后面是一些可选字段，其长度是可变的。

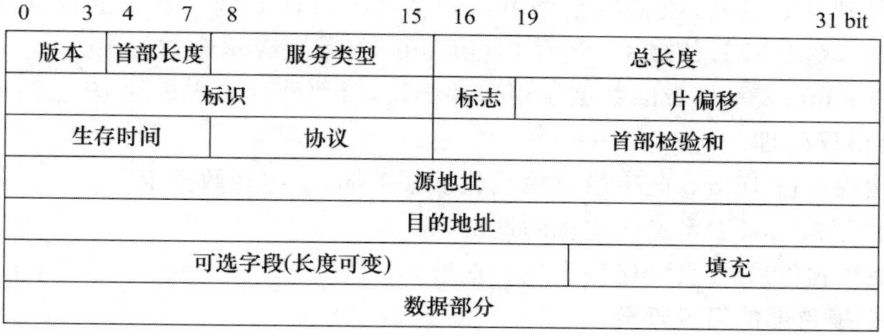

图 10-6　IP 数据报的格式

1. IP 数据报首部的固定部分

① 版本占 4 bit，指当前使用的 IP 协议版本。通信双方使用的 IP 协议版本必须一致，目前广泛使用的 IP 协议版本号为 4（即 IPv4）。

② 首部长度占 4 bit，指数据报协议头长度，可表示的最大数值是 15 个单位（一个单位为 4 字节），因此 IP 数据报首部长度的最大值是 60 字节。当 IP 分组的首部长度不是 4 的整数倍时，必须利用最后一个填充字段加以填充，因此数据部分永远在 4 字节的整数倍时开始。最常用的首部长度是 20 字节，即不使用任何选项。

③ 服务类型占 8 bit，指出上层协议对处理当前数据报所期望的服务质量，并对数据报按照重要性级别进行分配，用于分配优先级、时延、吞吐量以及可靠性。以前很少使用该字段，现

在需要传送实时多媒体信息时才启用。

前 3 个比特表示优先级,它可使数据报具有 8 个优先级中的一个。第 4 个比特是 D 比特表示要求有更低的时延;第 5 个比特是 T 比特,表示要求有更高的吞吐量;第 6 个比特是 R 比特,表示要求有更高的可靠性;第 7 个比特是 C 比特,表示要求选择代价更小的路由;最后一个比特目前尚未使用。

④ 总长度占 16 bit,指定整个 IP 数据报的字节长度,包括数据和协议头。其最大值为 65 535 字节。在 IP 层下面的各种数据链路层都有自己的帧格式,其中包括帧格式中的数据字段的最大长度,即最大传送单元(MTU)。当一个数据报封装成数据链路层的帧时,此数据报的总长度(即首部加上数据部分)一定不能超过数据链路层的 MTU 值。如以太网的帧长度为 64～1 518 字节,帧头为 18 字节,其 MTU 值是 1 518 字节。

⑤ 标识占 16 bit,它是一个计数器,用来产生数据报的标识。但这里的"标识"并不是序号,因为 IP 是无连接服务,数据报不存在按序接收问题。当 IP 协议发送数据报时,它将这个计数器的当前值复制到标识字段中。

⑥ 标志占 3 bit,目前只有前两个比特有意义,其中的最低位记为 MF,MF=1 表示后面还有分片数据报,MF=0 表示这已经是若干数据报片中的最后一个。其中的中间一位记为 DF,DF=1 表示不能分片,DF=0 表示允许分片。

⑦ 片偏移占 13 bit,表示较长分组在分片后某片在原分组中的相对位置。即相对于用户数据字段的起点,该片从何处开始。片偏移以 8 字节为偏移单位,每个分片的长度是 8 字节的整数倍。

⑧ 生存时间(TTL)占 8 bit,表示数据报在网络中的寿命,由发出数据报的源点设置。其目的是防止无法交付的数据报无限制地在因特网中兜圈子,而白白消耗网络资源。每经过一个路由器时,就把 TTL 减去数据报在路由器中消耗的一段时间。若数据报在路由器中消耗的时间小于 1 s,就把 TTL 值减 1。当 TTL 值为 0 时,就丢弃这个数据报。

⑨ 协议占 8 bit,表示携带的数据使用何种协议,以便使目的主机的 IP 层知道应将数据部分上交给哪个协议处理。

⑩ 首部检验和占 16 bit,此字段只检验数据报首部,不包括数据部分。

⑪ 源地址占 32 bit,表示发送主机的地址。

⑫ 目的地址占 32 bit,表示接收主机的地址。

2. IP 数据报首部的可变部分

① 可选字段。允许 IP 支持各种选项,如安全性。此字段的长度可变,从 1 字节到 40 字节不等,取决于所选择的项目。某些选项只需要 1 字节,它只包括 1 字节的选项代码,但还有些选项需要多个字节,这些选项一个个拼接起来,中间不需要有分隔符,最后用全 0 的填充字段补齐成为 4 字节的整数倍。

② 数据部分。IP 层接收由更低层(如主机-网络层的以太网设备驱动程序)发来的数据报,并把该数据报发送到更高层(TCP 或 UDP 层);相反,IP 层也把从 TCP 或 UDP 层接收来的数据报传送到更低层。IP 数据报是不可靠的,因为 IP 不做任何差错检查。IP 数据报中含有发送它的主机地址(源地址)和接收它的主机地址(目的地址)。

IP 数据报指的是第三层的协议数据单元,IP 首部只是其中的一部分,是在第三层网络层加上去的,是给路由器看的。IP 数据报的总长度过大,超过链路最大 MTU 时,数据报就会被分成多片。接收端根据 IP 首部中的标识、标志、片偏移字段值重组数据报。

10.3.3 互联网控制报文协议

为了提高 IP 数据报交付成功的机会,在网络层使用了互联网控制报文协议(ICMP)。ICMP 允许主机或路由器报告差错情况和提供有关异常情况的报告。ICMP 是因特网标准协议,是 IP 层协议。ICMP 报文作为 IP 层数据报的数据,加上数据报的首部,组成数据报发送出去。

1. ICMP 报文

ICMP 报文由 IP 数据报首部 20 字节、ICMP 报文首部 8 字节、ICMP 报文数据组成。ICMP 报文的种类有两种,即 ICMP 差错报告报文和 ICMP 询问报文。

ICMP 报文首部的前 4 个字节是类型、代码和检验和,接着的 4 个字节内容与 ICMP 的类型有关,再后面是数据字段,其长度取决于 ICMP 的类型。ICMP 报文的类型字段值与 ICMP 报文类型的对应关系如表 10-5 所示。

表 10-5　ICMP 报文的类型字段值与 ICMP 报文类型的对应关系

ICMP 报文种类	类型字段值	ICMP 报文的类型
差错报告报文	3	终点不可达
	4	源站抑制
	5	改变路由或重定向
	11	时间超过
	12	参数问题
询问报文	8 或 0	回送请求或应答
	13 或 14	时间戳请求或应答
	15 或 16	路由器询问或通告
	17 或 18	地址掩码请求或应答

ICMP 报文的代码字段是为了进一步区分某种类型中的几种不同情况。检验和字段用来检验整个 ICMP 报文。但 IP 数据报首部的检验和并不检验 IP 数据报的数据部分,因此不能保证经过传输的 ICMP 报文不产生差错。

2. ICMP 差错报告报文

① 终点不可达。分为网络不可达、主机不可达、协议不可达、端口不可达、需要分片但 DF 比特已置为 1、源路由失败等 6 种情况,其代码字段分别置为 0、1、2、3、4、5。当出现以上 6 种情况时就向源站发送终点不可达报文。

② 源站抑制。当路由器或主机由于拥塞而丢弃数据报时,就向源站发送源站抑制报文,告知源站将数据报的发送速率放慢。

③ 改变路由(重定向)。路由器将改变路由报文发送给主机,让主机知道下次应将数据报发送给另外的路由器(可通过更好的路由)。

④ 时间超过。当路由器收到生存时间为零的数据报时,除丢弃该数据报外,还要向源站发送时间超过报文。当目的站在预先规定的时间内不能收到一个数据报的全部数据报片时,就将已收到的数据报片丢弃,并向源站发送时间超过报文。

⑤ 参数问题。当路由器或目的主机收到的数据报首部中有的字段值不正确时,就丢弃该数据报,并向源站发送参数问题报文。

3. ICMP 询问报文

ICMP 询问报文包括回送请求和应答、时间戳请求和应答、地址掩码请求和应答、路由器询问和通告。

① ICMP 回送请求报文是由主机或路由器向一台特定的目的主机发出的询问。收到此报文的机器必须给源主机发送 ICMP 回送应答报文。这种询问报文用来测试目的主机是否可达以及了解其有关状态。在应用层有一个因特网包探索器（Packet InterNet Grope，Ping），用来测试两台主机之间的连通性。Ping 使用了 ICMP 回送请求与回送应答报文，是应用层直接使用网络层 ICMP 的一个例子，它没有通过传输层的 TCP 或 UDP。

② ICMP 时间戳请求报文是请求某台主机或路由器应答当前的日期和时间。在 ICMP 时间戳应答报文中有一个 32 bit 字段，其中写入的整数代表从 1900 年 1 月 1 日起到当前时刻一共有多少秒。时间戳请求与应答可用来进行时钟同步和测量时间。

③ 主机使用 ICMP 地址掩码请求报文可从子网掩码服务器得到某个接口的地址掩码。

④ 主机使用 ICMP 路由器询问和通告报文可了解连接在本网络上的路由器是否正常工作。主机将路由器询问报文进行广播（或多播）。收到询问报文的一台或几台路由器就使用路由器通告报文广播其路由选择信息。

4. 利用 ICMP 测试网络状况的两个命令

① Ping 命令。用于测试本机是否能够到达目的主机或路由器以及网络连通性的程序 Ping 可以测试计算机名或 IP 地址，只有安装 TCP/IP 协议的主机可以使用。

a. 命令格式与参数：

ping [-t] [-a] [-n count] [-l size] [-f] [-i ttl] [-v tos][-r count][-s count][[-j host-list] | [-k host-list]][-w timeout] target_name

常用参数含义如下，其他参数需要时可查阅相关资料。

- -t：Ping 指定计算机直到 Ctrl＋C 或 Ctrl＋Break 中断查看结果。
- -a：将地址解析为计算机名。
- -n count：发送 count 指定的 ECHO 数据包数。默认值为 4。
- -l size：发送 size 大小的 ECHO 数据包。默认为 32 字节，最大为 65 527 字节。
- -f：在数据包中发送"不要分段"标志，数据包就不会被路由上的网关分段。
- target_name：指定要 Ping 的远程计算机，可以是 IP 地址，也可以是域名。

【例 10-1】

```
C:\> ping 202.206.211.1
Pinging 202.206.211.1 with 32 bytes of data：
Reply from 202.206.211.1：bytes = 32 time = 17ms TTL = 121
Reply from 202.206.211.1：bytes = 32 time = 12ms TTL = 121
Reply from 202.206.211.1：bytes = 32 time = 13ms TTL = 121
Reply from 202.206.211.1：bytes = 32 time = 13ms TTL = 121
Ping statistics for 202.206.211.1：
    Packets：Sent = 4，Received = 4，Lost = 0(0 % loss)，
Approximate round trip times in milli-seconds：
    Minimum = 12ms，Maximum = 17ms，Average = 13ms
```

【例 10-2】

```
C:\> ping www.zaobao.com
```

Pinging a1868.g.akamai.net [124.40.42.16] with 32 bytes of data：

Reply from 124.40.42.16：bytes = 32 time = 117ms TTL = 45

Reply from 124.40.42.16：bytes = 32 time = 124ms TTL = 45

Reply from 124.40.42.16：bytes = 32 time = 121ms TTL = 45

Reply from 124.40.42.16：bytes = 32 time = 120ms TTL = 45

Ping statistics for 124.40.42.16：

　　Packets：Sent = 4，Received = 4，Lost = 0（0％ loss），

Approximate round trip times in milli-seconds：

　　Minimum = 117ms，Maximum = 124ms，Average = 120ms

【例 10-3】

C：\> ping www.edu.cn

Pinging www.edu.cn [202.205.109.205] with 32 bytes of data：

Request timed out.

Request timed out.

Request timed out.

Request timed out.

Ping statistics for 202.205.109.205：

Packets：Sent = 4，Received = 0，Lost = 4（100％ loss）

例 10-1 可以 Ping IP 地址，例 10-2 可以 Ping 计算机名或域名，例 10-3 是测试结果没有连通或者 Ping 不成功。

当网络出现故障的时候，可以用这个命令来预测故障和确定故障地点。Ping 命令成功只是说明当前主机与目的主机之间存在一条连通路径。如果不成功，则考虑网线是否连通、网卡设置是否正确、IP 地址是否可用等。

b. 利用 Ping 检查网络状态的方法。

- Ping 本机 IP 地址。如果显示内容为 Request timed out，则表明网卡安装或配置有问题。将网线断开再次执行此命令，如果显示正常，则说明本机使用的 IP 地址可能与另一台正在使用的机器的 IP 地址重复了。如果仍然不正常，则表明本机网卡安装或配置有问题，需继续检查相关网络配置。

- Ping 默认网关 IP 地址。表明局域网中的默认网关路由器与用户的计算机连接是否正常。

- Ping 远程 IP 地址。这一命令可以检测本机能否正常访问 Internet。

② Tracert 命令。Tracert(trace route)是路由跟踪实用程序，用于确定 IP 数据包访问目标所采取的路径。Tracert 命令用 IP 生存时间字段和 ICMP 错误消息来确定从一台主机到网络上其他主机的路由。

命令格式为

tracert [-d] [-h maximum_hops] [-j computer-list] [-w timeout] target_name

各参数含义如下。

- -d：指定不将地址解析为计算机名。

- -h maximum_hops：指定搜索目标的最大跃点数。

- -j computer-list：指定沿 computer-list 的稀疏源路由。

- -w timeout：每次应答等待 timeout 指定的毫秒数。

- target_name：目标计算机名称。

最简单的用法是"tracert hostname",其中"hostname"是计算机名或想跟踪其路径的计算机 IP 地址,Tracert 将返回本机到达目的地所经过各路由器的 IP 地址。

通过 Tracert 可以知道信息从源计算机到互联网另一端主机所经过的路径。当然每次数据包由某一同样的出发点到达某一同样的目的地走的路径可能会不一样,但基本上来说大部分时候所走的路由是相同的。在 UNIX 系统中,命令为"Traceroute",在 MS Windows 中,命令为"Tracert"。Tracert 通过发送小的数据包到目的设备直到其返回,来测量其需要多长时间。一条路径上的每台设备 Tracert 要测 3 次。输出结果中包括每次测试的时间(ms)和设备名称及其 IP 地址。

例如:

```
C:\> tracert www.edu.cn
Tracing route to www.edu.cn [202.112.0.36]
over a maximum of 30 hops:
  1     8 ms     8 ms     6 ms   192.168.0.1
  2    12 ms     8 ms     7 ms   172.22.0.1
  3    10 ms     8 ms     9 ms   172.16.246.1
  4    13 ms     7 ms     9 ms   172.16.245.1
  5     *        *        *      Request timed out.
  6     *        *        *      Request timed out.
  7    14 ms     8 ms    10 ms   10.254.1.57
  8    14 ms    14 ms     9 ms   10.254.1.34
  9     *        *        *      Request timed out.
 10     *        *        *      Request timed out.
 11     *        *       94 ms   202.112.61.237
 12    18 ms     9 ms    11 ms   galaxy.net.edu.cn [202.112.0.36]
Trace complete.
```

Tracert 在送出 UDP 数据包到达目的地时,它所选择送达的 port number 是一个应用程序都不会用的号码(30000 以上),所以当此 UDP 数据包到达目的地后该主机会送回一个"ICMP port unreachable"消息,而当 Tracert 收到这个消息时,便知道目的地已经到达了。

Tracert 有一个固定的时间等待响应。如果超过了这个时间,它将输出一系列的"＊"号,表明在这个路径上,这台设备不能在给定时间内发出 ICMP TTL 到期消息的响应。

10.3.4　路由选择

通信子网给源结点和目的结点提供多条可选的传输路径。网络结点在收到一个分组后,要确定向下一结点传送的路径,这就是路由选择。在数据报方式中,网络结点要为每个分组路由做出选择;而在虚电路方式中,只需在连接建立时确定路由。确定路由选择的策略称为路由算法,设计路由算法时要考虑诸多技术要素,感兴趣的读者请查阅相关资料。

1. 静态路由选择策略

静态路由选择策略按某种固定规则进行路由选择。静态路由选择策略还可分为泛射路由选择、固定路由选择和随机路由选择 3 种。

① 泛射路由选择是最简单的路由算法,一个网络结点从某条线路收到分组后,向除该条线路外的所有线路重复发送收到的分组。结果最先到达目的结点的一个或若干个分组肯定经

过了最短路线,而且所有可能的路径都被同时尝试过。这种方法可用于军事网络等强壮性要求很高的场合,即使有网络结点遭到破坏,只要源、目间有一条信道存在,则泛射路由选择仍能保证数据可靠传送。另外,这种方法也可用于将一条分组从数据源传送到所有其他结点的广播式数据交换中,还能用来进行网络的最短传输延迟测试。

② 固定路由选择是常用的简单路由算法,每个网络结点存储一张表格(路由表),表格中每一项记录对应着某个目的结点或链路。当一个分组到达某结点时,该结点只要根据分组的地址信息便可从路由表中查出对应的目的结点及所应选择的下一结点。固定路由选择的优点是简便易行,在负载稳定、拓扑结构变化不大的网络中运行效果很好。缺点是灵活性差,无法应付网络中发生的阻塞和故障。

③ 随机路由选择。在这种方法中,收到分组的结点在所有与之相邻的结点中为分组随机选择一个出路结点。这种方法虽然简单,也较可靠,但实际路由不是最佳路由,增加了不必要的负担,而且分组传输延迟也不可预测,现实中很少采用。

2. 动态路由选择策略

结点路由选择要依靠网络当前的状态信息来决定的策略称为动态路由选择策略,这种策略能较好地适应网络流量、拓扑结构变化,有利于改善网络性能,但由于算法复杂,会增加网络负担,有时会因反应太快而引起振荡或因反应太慢而不起作用。独立路由选择、集中路由选择和分布路由选择是3种动态路由选择策略的具体算法。

① 独立路由选择。在这种路由算法中,结点仅根据自己搜到的有关信息做出路由选择决定,与其他结点不交换路由选择信息,虽然不能正确确定距离本结点较远的路由选择,但还是能较好地适应网络流量和拓扑结构变化。

② 集中路由选择。集中路由选择也像固定路由选择一样,在每个结点上存储一张路由表。不同的是,固定路由选择算法中的结点路由表由手工制作,而集中路由选择算法中的结点路由表由路由控制中心定时根据网络状态计算、生成并分送各相应结点。优点是得到的路由选择是完美的,同时减轻了各结点计算路由选择的负担。

③ 分布路由选择。采用分布路由选择算法的网络,所有结点定时地与其每个相邻结点交换路由选择信息。每个结点均存储一张以网络中其他每个结点为索引的路由选择表,网络中每个结点占用表中一项,每一项又分为两个部分,即所希望使用的到目的结点的输出线路和估计到目的结点所需要的延迟或距离。度量标准可以是毫秒或链路段数、等待的分组数、剩余的线路和容量等。结点可由此确定路由选择。

10.4 传输层协议

10.4.1 传输控制协议

1. TCP 概述

传输控制协议(TCP)是 TCP/IP 体系中面向连接的传输层协议,它提供全双工、可靠交付的服务。图 10-7 所示是 TCP 发送报文段的示意图。图 10-7 中只画出了一个方向的数据流,只要建立了 TCP 连接,是支持同时双向通信的数据流,任何一方(不论是客户端还是服务器端)都能多发送和接收数据。每一个端口也是用两个队列(一个入队列和一个出队列)来实现的。为简单起见,在表示端口的小方框中没有画出这两个队列。TCP 连接建立后,数据传输过程简要描述如下。

发送端的应用进程按照自己产生数据的规律,不断地将数据块(其长短可能各异)陆续写入 TCP 的发送缓存中。TCP 再从发送缓存中取出一定数量的数据,将其组成 TCP 报文段逐个传送给 IP 层,然后发送出去。图 10-7 表示的是在 TCP 连接上传送 TCP 报文段,而没有画出 IP 层及底层的动作。接收端从 IP 层收到 TCP 报文段后,先将其暂存在接收缓存中,然后交给接收端的应用进程。

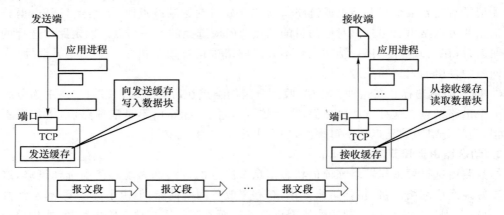

图 10-7　TCP 发送报文段的示意图

2. TCP 报文段的首部

如图 10-8 所示,一个 TCP 报文段分为首部和数据两部分。TCP 的全部功能在首部各字段中规定,下面详细描述 TCP 首部各字段的作用。

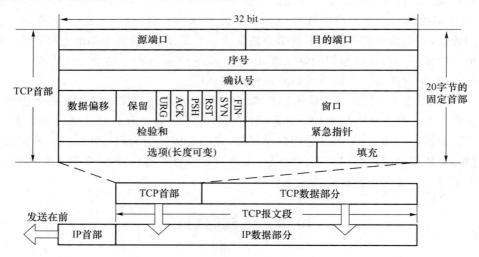

图 10-8　TCP 报文段

TCP 报文段首部的前 20 个字节是固定的,后面有 $4N$ 字节是根据需要而增加的选项(N必须是整数),因此 TCP 首部的最小长度是 20 字节。首部固定部分各字段的含义如下。

① 源端口和目的端口各占 2 字节。端口是传输层与应用层的服务接口。传输层的复用和分用功能都要通过端口实现。

② 序号占 4 字节。序号字段值是本报文段所发送数据的第一个字节序号。TCP 是面向数据流的,TCP 传送的报文可看成连续的数据流。在一个 TCP 连接中传送的数据流的每一

字节都编了一个序号,整个数据的起始序号在连接建立时设置。

③ 确认号占 4 字节,是期望收到的对方的下一个报文段的数据的第一个字节序号,也就是期望收到的下一个报文段首部序号字段的值。

④ 数据偏移占 4 bit,是指 TCP 报文段的数据起始处距离 TCP 报文段的起始处有多远,即 TCP 报文段首部长度。由于首部长度不固定,因此数据偏移字段是必要的。但应该注意,"数据偏移"的单位不是字节而是 32 bit 字(即以 4 字节长的字为计算单位)。由于 4 bit 能够表示的最大十进制数字是 15,因此数据偏移的最大值是 60 字节,这也是 TCP 首部的最大长度。

⑤ 保留占 6 bit,保留为今后使用,但目前应置为 0。下面有 6 个比特是说明本报文段性质的控制比特,它们的意义见⑥~⑪。

⑥ 紧急比特 URG(URGent)。

⑦ 确认比特 ACK。

⑧ 推送比特 PSH(PuSH)。

⑨ 复位比特 RST(ReSeT)。

⑩ 同步比特 SYN。

⑪ 终止比特 FIN(FINal)。

⑫ 窗口占 2 字节,用来控制对方发送的数据量,单位为字节。

⑬ 检验和占 2 字节,检验范围包括首部和数据这两个部分。和 UDP 用户数据报一样,在计算检验和时,要在 TCP 报文段的前面加上 12 字节的伪首部。

⑭ 选项长度可变。TCP 只规定了一种选项,即最大报文段长度(Maximum Segment Size,MSS)。MSS 告诉对方 TCP:"我的缓存所能接收报文段的数据字段最大长度是 MSS 个字节。"当没有使用选项时,TCP 的首部长度是 20 字节。

3. TCP 数据编号与确认

TCP 协议是面向字节的。TCP 将所要传送的整个报文(可能包括许多个报文段)看成一个字节组成的数据流,并使每一个字节对应于一个序号。在连接建立时,双方要商定初始序号。TCP 每次发送的报文段首部中的序号字段数值表示该报文中的数据部分第一个字节的序号。

TCP 确认是对接收到的数据最高序号表示确认。但接收端返回的确认号是已收到数据的最高序号加 1,即确认号表示接收端期望下一次收到的数据中的第一个字节序号。

TCP 可靠传输是由于使用了序号和确认。当 TCP 发送一报文段时,它同时也在自己的重传队列中存放一个副本。若收到确认,则删除此副本。若在计时器时间结束之前没有收到确认,则重传此报文段的副本。TCP 确认并不保证数据已由应用层交付给用户,而只是表明接收端 TCP 收到了对方所发送的报文段。

在发送端,TCP 怎样决定发送一个报文段的时机呢? TCP 有 3 种基本机制来控制报文段的发送。第一种是 TCP 维持一个变量,它等于最大报文段长度 MSS。只要发送缓存从发送进程得到的数据达到 MSS 字节时,就组装成一个 TCP 报文段,然后发送出去。第二种是发送端应用进程指明要求发送报文段,即 TCP 支持推送操作。第三种是发送端的一个计时器时间到了,这时就把当前已有的缓存数据装入报文段发送出去。但如何控制 TCP 发送报文段的时机仍然是一个较为复杂的问题。

4. TCP 连接建立

TCP 连接包括连接创建、数据传送和连接终止 3 个状态。TCP 用 3 次握手过程创建接。在创建连接过程中要进行参数初始化，一对终端同时初始化通常是由一端打开一个接然后监听来自另一端的连接，这就是通常所说的被动打开。服务器被动打开后，用户端就能始创建连接，如图 10-9 所示。

① 客户端通过向服务器端发送一个 SYN 来创建一个主动打开。

② 服务器端为一个合法的 SYN 创建一个被动打开。

③ 最后，客户端再发送一个 ACK，这样就完成了 3 次握手，并进入连接创建状态。

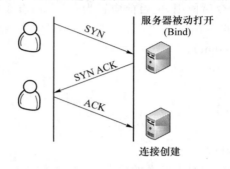

图 10-9　TCP 连接

在 TCP 连接创建状态，两台主机的 TCP 层间要交换初始序号（Initial Sequence NumbeISN）。这些序号用于标识字节流中的数据，并且还是对应用层数据字节进行计数的整数。每个 TCP 报文段中都有一对序号和确认号，TCP 报文发送者认为自己的字节编号为序号，认为接收者的字节编号为确认号。TCP 报文接收者为了确保可靠性，在接收到一定数量的续字节流后才发确认，通常称为选择确认。选择确认使得 TCP 接收者可以对乱序到达的数块进行确认。每一个字节传输过后，ISN 都会递增 1。

通过使用序号和确认，TCP 层可以把收到的报文段中的字节按正确顺序交付给应用层序号是 32 位的无符号数，在它增大到 $2^{32}-1$ 时，便会回到 0。对 ISN 的选择是 TCP 中的关操作，它可以确保 TCP 的强壮性和安全性。

使用序号与确认的举例：

发送方首先发送第一个包含序号 1（可变化）和 1460 字节数据的 TCP 报文段给接收方接收方以一个没有数据的 TCP 报文段来回复（只含报头），用确认号 1461 来表示已完全收并请求下一个报文段。然后发送方发送第二个包含序号 1461 和 1460 字节数据的 TCP 报段给接收方。在正常情况下，接收方以一个没有数据的 TCP 报文段来回复，用确认号 292（1461＋1460）来表示已完全收到并请求下一个报文段。发送和接收这样继续下去。

发送方在发送了第三个 TCP 报文段以后，如果没能在规定时间内（时钟超时）收到接收的确认回应，则重发第三个 TCP 报文段（每次发送方发送一个 TCP 报文段后，都会再次启一次时钟 RTT）。

10.4.2　用户数据报协议

1. UDP 概述

用户数据报协议（UDP）只在 IP 数据报服务之上增加了两个功能，就是端口功能（有了

,传输层就能进行复用和分用)和差错检测功能。虽然 UDP 用户数据报只能提供不可靠交
,但 UDP 在某些方面具有其特殊优点:发送数据之前不需要建立连接,减少了开销和发送
据之前的延迟;UDP 不使用拥塞控制,也不保证可靠交付,因此主机不需要维持具有很多参
的、复杂的连接状态表;UDP 用户数据报只有 8 字节的首部开销,比 TCP 20 字节的首部要
;由于 UDP 没有拥塞控制,因此网络出现的拥塞不会使源主机发送速率降低。很多实时应
(如 IP 电话、实时视频会议等)要求源主机以恒定速率发送数据,并允许在网络发生拥塞时
失一些数据,但却不允许数据有太大时延,UDP 正好适合这种要求。但 UDP 不使用拥塞控
功能可能会引起网络严重的拥塞问题。表 10-6 给出了一些应用和应用层协议主要使用的
输层协议(UDP 和 TCP)。

表 10-6 一些应用和应用层协议主要使用的传输层协议

应用	应用层协议	传输层协议
名字转换	DNS	TCP、UDP
简单文件传送	TFTP	UDP
路由选择	RIP	UDP
IP 地址配置	BOOTP、DHCP	UDP
网络管理	SNMP	UDP
远程文件服务器	NFS	UDP
IP 电话	专用协议	UDP
流式多媒体	专用协议	UDP
多播	IGMP	UDP
电子邮件	SMTP、POP3	TCP
远程终端接入	TELNET	TCP
万维网	HTTP、HTTPS	TCP
文件传送	FTP	TCP

2. UDP 用户数据报首部格式

UDP 用户数据报有数据字段和首部字段两个字段。首部字段有 8 字节,由 4 个字段组
,每个字段都是 2 字节。各字段意义如下:①源端口是源端口号;②目的端口是目的端口号;
长度是 UDP 用户数据报长度;④检验和是防止 UDP 用户数据报在传输中出错。

UDP 用户数据报首部中检验和的计算方法有些特殊。在计算检验和时,要在 UDP 用户
据报之前增加 12 字节的伪首部,图 10-10 给出了伪首部各字段内容。所谓"伪首部"是因为
种伪首部并不是 UDP 用户数据报真正的首部,只是在计算检验和时,临时和 UDP 用户数
报连接在一起,得到一个过渡的 UDP 用户数据报。检验和就是按照这个过渡的 UDP 用户
据报来计算的。伪首部既不向下传送也不向上递交,仅是为了计算检验和。

伪首部第 3 个字段是全 0,第 4 个字段是 IP 首部中的协议字段,对于 UDP,此协议字段值
17,第 5 个字段是 UDP 用户数据报长度。这个检验和既检查 UDP 用户数据报的源端口
、目的端口号及 UDP 用户数据报的数据部分,又检查 IP 数据报的源 IP 地址和目的 IP
址。

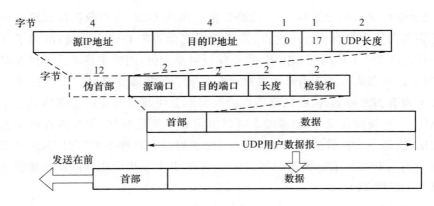

图 10-10　UDP 用户数据报的首部和伪首部

10.5　Internet 基本应用

10.5.1　域名系统

　　域名系统(DNS)是因特网的核心服务,是将域名和 IP 地址相互映射的一个分布式数据库系统,使人可以方便地访问互联网,而不用记住相应的 IP 地址。DNS 使用 TCP/UDP 协议,默认端口号为 53。因特网中的域名解析服务是通过 DNS 服务器完成的,安装了 DNS 软件的计算机称为 DNS 服务器,也称域名服务器。

　　因特网的域名体系是由成千上万个域名服务器组成的一个庞大的分布式数据库系统,IP 地址和相应域名的信息存放在这些分布式的域名服务器中,这些域名服务器组成一个层次结构的系统。最高层称为根域,根域下是顶级域,每个顶级域下都有自己的一组域名服务器,这些服务器中保存着当前域的主机信息和下级子域的域名服务器信息。根域名服务器不必知道根域内的所有主机信息,它只要知道所有顶级域的域名服务器地址即可。图 10-11 所示是 Internet 域名空间的一部分。

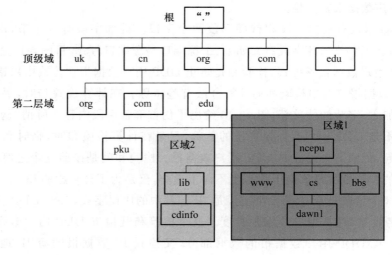

图 10-11　Internet 域名空间的一部分

根域名服务器(root-servers.org)是互联网域名解析系统中最高级别的域名服务器,最初包括 13 台主要服务器。主根服务器(A)美国 1 台,设置在弗吉尼亚州的杜勒斯;辅根服务器(B~M)美国 9 台,瑞典、荷兰、日本各 1 台,部分根域名服务器在全球设有多个镜像点。全球 13 台根域名服务器以英文字母 A~M 依序命名,格式为"字母. root-servers. net"。例如:www. ncepu. edu. cn 作为一个域(ncepu. edu. cn)内的主机名,对应 IP 地址 202. 204. 65. 100。DNS 就像是一个自动的电话号码簿,我们可以直接拨打域内的主机名来代替电话号码(IP 地址)。

DNS 查询有两种方式:递归和迭代。DNS 客户端设置使用的 DNS 服务器一般都是递归服务器,它负责全权处理客户端 DNS 查询请求,直到返回最终结果。而 DNS 服务器之间一般采用迭代查询方式。下面以通过华北电力大学(保定)校园网查询 www. pku. edu. cn 为例,其解析过程如下。

① 客户端发送查询报文"query www. pku. edu. cn"至本地 DNS 服务器,DNS 服务器首先检查自身缓存,如果存在记录则直接返回结果。

② 如果记录不存在,则本地 DNS 服务器向根域名服务器发送查询报文"query www. pku. edu. cn",根域名服务器返回. cn 域的域名服务器地址。

③ 本地 DNS 服务器向. cn 域的域名服务器发送查询报文"query www. pku. edu. cn",得到. edu. cn 域的域名服务器地址。

④ 本地 DNS 服务器向. edu. cn 域的域名服务器发送查询报文"query www. pku. edu. cn",得到. pku. edu. cn 域的域名服务器地址。

⑤ 本地 DNS 服务器向. pku. edu. cn 域的域名服务器发送查询报文"query www. pku. edu. cn",得到主机 www 的记录,存入自身缓存并返回给客户端。

10.5.2　远程登录协议

远程登录协议(Telnet Protocol)是一个简单的远程终端协议,能够把本地用户所使用的计算机变成远程主机系统的一个终端。使用客户/服务器方式,在本地系统运行 Telnet 客户进程,在远程主机系统运行 Telnet 服务器进程。

使用 Telnet 功能需要具备两个条件:①用户计算机要有 Telnet 应用软件,如 Windows 操作系统提供的 Telnet 客户端程序;②用户在远程计算机上有自己的用户账户(用户名与密码),或者该远程计算机提供公开的用户账户。用户远程登录成功后就可以像远程计算机的本地终端一样使用远程计算机对外开放的全部资源。

10.5.3　电子邮件

电子邮件(E-mail)是 Internet 用户之间发送和接收信息使用的一种快捷、廉价的现代化通信手段。电子邮件系统不但可以传输各种格式的文本信息,还可以传输图像、声音、视频等多种信息,它已成为多媒体信息传输的重要手段之一。电子邮件系统结构如图 10-12 所示。

邮件服务器是 Internet 邮件服务系统的核心。一方面,邮件服务器负责接收用户送来的邮件,并根据收件人地址发送到对方邮件服务器中;另一方面,邮件服务器负责接收由其他邮件服务器发来的邮件,并根据收件人地址分发到相应电子邮箱中。

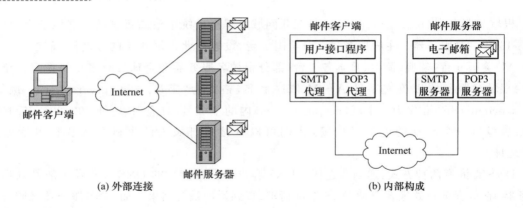

(a) 外部连接　　　　　　　　　　　(b) 内部构成

图 10-12　电子邮件系统结构

电子邮箱是由提供电子邮件服务的机构(一般是 ISP)在邮件服务器上为用户建立的。当用户向 ISP 申请 Internet 账户时,ISP 就会在它的邮件服务器上建立该用户的电子邮件账户,包括用户名与密码。任何人都可以将电子邮件发送到某个电子邮箱中,但只有电子邮箱的拥有者输入正确的用户名与密码,才能查看电子邮件内容或处理电子邮件。

邮件服务器包括发送邮件的 SMTP 服务器、接收邮件的 POP3 服务器或 IMAP 服务器以及电子邮箱;邮件客户端包括发送邮件的 SMTP 代理、接收邮件的 POP3 代理以及为用户提供管理界面的用户接口程序。

每个电子邮箱都有一个邮箱地址,称为电子邮件(E-mail)地址。电子邮件地址的格式是固定的并且是全球唯一的,用户电子邮件地址的格式为"用户名@主机名"。其中"@"符号表示"at",主机名是指拥有独立 IP 地址的计算机的名字,用户名是指在该计算机上为用户建立的电子邮件账号。例如,在"ncepu.edu.cn"主机上,有一个名为 xyz 的用户,那么该用户的电子邮件地址为 xyz@ncepu.edu.cn。用户通过邮件客户端访问邮件服务器中的电子邮箱和其中的邮件,邮件服务器根据邮件客户端的请求对邮箱中的邮件进行处理。

电子邮件收发过程如图 10-13 所示,邮件客户端使用 SMTP 协议向邮件服务器发送邮件,使用 POP3 协议或 IMAP 协议从邮件服务器中接收邮件。至于使用哪种协议接收邮件,取决于邮件服务器与邮件客户端支持的协议类型,一般邮件服务器与客户端应用程序都支持 POP3 协议。通过客户机中的电子邮件应用程序,才能发送与接收电子邮件。电子邮件应用程序分为专用与通用两种,专用的主要有 Microsoft 公司的 Outlook Express 与 Netscape 公司的 Messenger 软件,通用的是浏览器作为客户端软件。

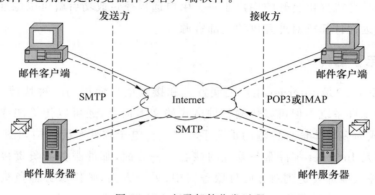

图 10-13　电子邮件收发过程

10.5.4 万维网

万维网(WWW)的出现是 Internet 发展中的一个里程碑。WWW 服务是 Internet 上最方便、最受用户欢迎的信息服务类型,它的影响力已远远超出了专业技术范畴,并已进入电子商务、远程教育、远程医疗与信息服务等领域。万维网以客户/服务器方式工作,浏览器就是在用户计算机上的万维网客户端程序。万维网文档所驻留的计算机则运行服务器程序,因此这个计算机也称为万维网服务器。

超文本与超媒体是 WWW 的信息组织形式,也是 WWW 实现的关键技术之一。在 WWW 系统中,信息是按超文本方式组织的。用户直接看到的是文本信息本身,在浏览文本信息的同时,随时可以选中其中的"热字"。"热字"往往是上下文关联的单词,通过选择"热字"可以跳转到其他文本信息。超媒体进一步扩展了超文本所链接的信息类型。用户不仅能从一个文本跳到另一个文本,而且可以激活一段声音,显示一个图形,甚至可以播放一段视频。超媒体可以通过集成化方式将多种媒体信息联系在一起。图 10-14 所示是超媒体方式的工作原理。

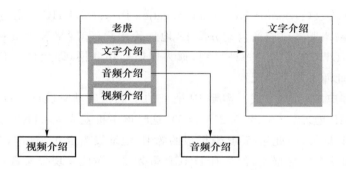

图 10-14 超媒体方式的工作原理

WWW 是以超文本标注语言(Hypertext Markup Language,HTML)与超文本传输协议(Hypertext Transfer Protocol,HTTP)为基础的,提供面向 Internet 服务的、一致的用户界面的信息浏览系统。信息资源以主页(也称网页)的形式存储在 WWW 服务器中,用户通过 WWW 客户端程序(浏览器)向 WWW 服务器发出请求;WWW 服务器根据客户端请求内容,将保存在 WWW 服务器中的某个页面发送给客户端;浏览器在接收到该页面后对其进行解释,最终将图、文、声并茂的页面呈现给用户。通过页面中的链接,用户可以方便地访问位于其他 WWW 服务器中的页面,或是其他类型的网络信息资源。

在 Internet 中有如此众多的 WWW 服务器,而每台服务器中又包含很多主页,我们如何找到想看的主页呢? 这时,就需要使用统一资源定位器(Uniform Resource Locators,URL)。标准的 URL 由协议类型、主机名、路径及文件名三部分组成。例如,华北电力大学的 WWW 服务器的 URL 为

http://www.ncepu.edu.cn/index.html

协议类型　主机名　路径及文件名

其中:"http:"指出要使用 HTTP 协议;"www.ncepu.edu.cn"指出要访问的服务器主机名;"index.html"指出要访问的主页的路径与文件名。

通过使用 URL 机制,用户可以指定要访问什么服务器、哪台服务器、服务器中的哪个文件。如果用户希望访问某台 WWW 服务器中的某个页面,只要在浏览器中输入该页面的 URL,便可以浏览该页面。

主页是指个人或机构的基本信息页面,是人们通过 Internet 了解一个人、学校、公司或政府部门的重要手段。用户通过主页可以访问有关信息资源。主页一般包含以下几种基本元素。

① 文本:最基本的元素,就是通常所说的文字。

② 图像:WWW 浏览器一般只识别 GIF 与 JPEG 两种图像格式。

③ 表格:类似于 Word 中的表格,表格单元内容一般为字符类型。

④ 超链接:HTML 中的重要元素,用于将 HTML 元素与其他主页相连。

目前流行的浏览器软件有很多种,如 Microsoft 公司的 Internet Explorer、360 浏览器、腾讯浏览器、奇虎浏览器等。

10.5.5 动态主机配置协议

动态主机配置协议(Dynamic Host Configuration Protocol,DHCP)是局域网网络协议,有两个主要用途:①网络服务供应商自动分配 IP 地址给用户;②网络管理员对所有计算机进行集中管理的手段。DHCP 提供了一种机制,称为即插即用联网,即允许一台计算机加入新的网络和获取 IP 地址而不用手动配置。

DHCP 使用客户/服务器方式。需要 IP 地址的主机在启动时就向 DHCP 服务器发送广播发现报文(目的 IP 地址为 255.255.255.255),这时该主机就成为 DHCP 客户。这台主机目前还没有自己的 IP 地址,因此它将 IP 数据报的源 IP 地址设为全 0。这样,在本地网络上的所有主机都能够收到这个广播报文,但只有 DHCP 服务器才对此发现报文进行应答。DHCP 服务器先在其数据库中查找该计算机的配置信息,若找到,则返回找到信息,若找不到,则从服务器的 IP 地址池中取一个地址分配给该计算机。DHCP 服务器的应答报文称为提供报文,表示"提供"了 IP 地址等配置信息。

如果在局域网内的每一个网络上都设置一个 DHCP 服务器,会使 DHCP 服务器的数量太多,因此通过在每一个网络上至少配置一个 DHCP 中继代理来解决问题。DHCP 中继代理配置了 DHCP 服务器的 IP 地址信息。当 DHCP 中继代理收到主机 A 以广播形式发送的发现报文后,就以单播方式向 DHCP 服务器转发此报文,并等待其应答。收到 DHCP 服务器应答的提供报文后,DHCP 中继代理再将此提供报文发送回主机 A,其过程如图 10-15 所示。

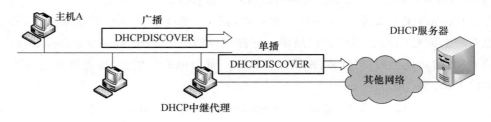

图 10-15　DHCP 中继代理以单播方式转发发现报文

DHCP 服务器分配给 DHCP 客户的 IP 地址是临时的,因此 DHCP 客户只能在一段有限的时间内使用这个分配到的 IP 地址。DHCP 称这段时间为租用期,但并没有具体规定租用期应取为多长或至少为多长,这个数值由管理员通过 DHCP 服务设置来控制。可供选择的租用期范围从 1 秒到 136 年。

DHCP 很适合于经常移动位置的计算机。当计算机使用 Windows 操作系统时,单击控制面板的网络图标就可以添加 TCP/IP 协议。然后单击"属性"按钮,在"IP 地址"这一项下面有两种方法可供选择:一种是"自动获取 IP 地址",另一种是"指定 IP 地址"。若选择前一种,就表示是使用 DHCP。

10.5.6　网络搜索引擎

搜索引擎是指根据一定的策略、运用特定的计算机程序从互联网上搜集信息,在对信息进行组织和处理后,为用户提供检索服务,将用户检索的相关信息展示给用户的系统。百度和谷歌等是搜索引擎的代表。根据搜索结果来源的不同,搜索引擎可分为两类:一类拥有自己的检索程序,俗称"蜘蛛"程序或"机器人"程序,能自建网页数据库,搜索结果直接从自身的数据库中调用;另一类则是租用其他搜索引擎的数据库,并按自定的格式排列搜索结果。其工作原理包括抓取网页、处理网页、提供检索服务 3 个方面。

1. 抓取网页

每个独立的搜索引擎都有自己的网页抓取程序"蜘蛛"。"蜘蛛"程序顺着网页中的超链接,连续地抓取网页,被抓取的网页被称为网页快照。由于互联网中超链接的应用很普遍,理论上,从一定范围内的网页出发,就能搜集到绝大多数的网页。搜索引擎的自动信息搜集功能分为两种:一种是定期搜索,即每隔一段时间(如 Google 一般是 28 天),搜索引擎主动派出"蜘蛛"程序,对一定范围内的 IP 地址互联网站进行检索,一旦发现新的网站,它会自动提取网站的信息和网址加入自己的数据库;另一种是提交网站搜索,即网站拥有者主动向搜索引擎提交网址,搜索引擎在一定时间内(2 天到数月不等)定期向用户的网站派出"蜘蛛"程序,扫描用户的网站并将有关信息存入数据库,以备用户查询。

2. 处理网页

搜索引擎抓取到网页后,还要做大量的预处理工作,才能提供检索服务,其中最重要的就是提取关键词,建立索引文件。其他还包括去除重复网页、分词(中文)、判断网页类型、分析超链接、计算网页的重要度/丰富度等。

3. 提供检索服务

当用户以关键词查找信息时,搜索引擎会在数据库中进行搜寻,如果找到与用户要求内容相符的网站,便采用特殊的算法,通常根据网页中关键词的匹配程度、出现的位置和频次、链接质量,计算出各网页的相关度及排名等级,然后根据相关度高低,按顺序将这些网页链接返回给用户。为了用户便于判断,除了网页标题和 URL 外,还会提供一段来自网页的摘要以及其他信息。

接入 Internet 及下一代互联网概述相关内容请扫描二维码。

接入 Internet　　　　下一代互联网概述

习 题 10

一、选择题

1. 下列说法正确的是( )。

A. Internet 计算机必须是个人计算机

B. Internet 计算机必须是服务器

C. Internet 计算机必须使用 TCP/IP 协议

D. Internet 计算机在相互通信时必须运行同样的操作系统

2. 以下关于 Internet 的知识不正确的是( )。

A. 起源于美国军方的网络　　　　　　B. 可以进行网上聊天

C. 可以传递资源　　　　　　　　　　D. 消除了安全隐患

3. TCP 协议称为( )。

A. 互联协议　　　　　　　　　　　　B. 传输控制协议

C. Network 内部协议　　　　　　　　D. 应用控制协议

4. 在 Internet 中,主机的 IP 地址与域名的关系是( )。

A. IP 地址是域名中部分信息的表示

B. 域名是 IP 地址中部分信息的表示

C. IP 地址和域名是等价的

D. IP 地址和域名分别表达不同的含义

5. 在 ISO 规范中,代表中国的"国家域"是( )。

A. ca　　　　　B. ch　　　　　C. cn　　　　　D. China

6. WWW 浏览器和 WWW 服务器之间的应用层通信协议是( )。

A. HTTP 协议　　B. FTP 协议　　C. TCP 协议　　D. IP 协议

7. WWW 是( )。

A. 局域网的简称　　　　　　　　　B. 广域网的简称

C. 万维网的简称　　　　　　　　　D. Internet 的简称

8. 远程登录程序 Telnet 的作用是( )。

A. 让用户以模拟终端方式向 Internet 上发布信息

B. 让用户以模拟终端方式在 Internet 上搜索信息

C. 让用户以模拟终端方式在 Internet 上下载信息

D. 让用户以模拟终端方式登录到网络上或 Internet 上的一台主机,进而使用该主机的
服务

9. Internet 是一个计算机互联网络,由分布在世界各地的数以万计的、各种规模的计算机
网络,借助于网络互联设备( )相互连接而成。

A. 服务器　　　　B. 终端　　　　C. 路由器　　　　D. 网卡

10. 提供 Internet 接入服务的公司或机构称为 Internet 服务提供商,简称 ISP。下列选项
不是 ISP 所必须具备的条件的是( )。

A. 有专线与 Internet 相连

B. 有运行各种 Internet 服务程序的主机,可以随时提供各种服务

C. 有 IP 地址资源,可以给申请接入的计算机用户分配 IP 地址

D. 有大量的网卡

11. 使用 ping 127.0.0.1 这样的命令是为了(　　)。

A. 测试网络连接是否正常　　　　　　B. 测试 DOS 程序是否正常

C. 测试本机协议工作是否正常　　　　D. 测试操作系统是否正常

12. 下列不属于无线上网接入方式的是(　　)。

A. DDN　　　　　B. WLAN　　　　　C. GPRS　　　　　D. CDMA

13. IE 浏览器本质上是一个(　　)。

A. 连入 Internet 的 TCP/IP 程序

B. 连入 Internet 的 SNMP 程序

C. 浏览 Internet 上 Web 页面的服务器程序

D. 浏览 Internet 上 Web 页面的客户程序

14. 用 IE 浏览器浏览网页,在地址栏输入网址时,通常可以省略的是(　　)。

A. http://　　　　B. ftp://　　　　C. https://　　　　D. news://

15. 以下选项不是搜索引擎的是(　　)。

A. Yahoo　　　　B. Google　　　　C. baidu　　　　D. Http

16. 收发电子邮件有两种方式,一种方式是通过 WWW 方式在线收发 E-mail,另一种方式是选择一种收发电子邮件的工具,使用(　　)协议将邮件收取下来。

A. SMTP　　　　B. POP3　　　　C. DNS　　　　D. FTP

17. 利用有线电视网上网,必须使用的设备是(　　)。

A. Modem　　　　B. HUB　　　　C. Bridge　　　　D. Cable Modem

二、填空题

1. 计算机网络是计算机技术与_____技术相结合的产物,它的最主要目的在于提供不同计算机和用户之间_____。

2. Internet 的国际管理者是_____,Internet 的中国管理者是_____。

3. 网络协议由 3 个要素组成,分别是_____、_____和_____。

4. Internet 通信的基础协议是_____协议,其对应于 OSI 参考模型的传输层协议是_____协议,对应于 OSI 参考模型的网络层协议是_____协议。

5. 域名服务器是一个安装有_____处理软件的主机,它的功能是_____。

6. WWW 服务的核心技术主要包括_____、_____。

7. FTP 客户端程序主要有 3 种类型,分别是_____、_____、_____。

8. 远程登录服务是指用户使用_____命令,使本地计算机暂时成为远程计算机的一个_____。

9. Windows 系统的主机测试到目标路由器或主机的连通性使用_____命令。

10. Windows 系统的主机测试到目标路由器或主机经过的路由器使用_____命令。

三、简答题

1. 简述 WWW 的工作模式。

2. 简述 P2P 的概念以及网络结构特点。

3. 简述常见的 Internet 接入方式。

4. 请写出下列缩写的含义：Telnet、FTP、WWW、HTML、HTTP、URL。

5. 在访问 Internet 资源时，URL 中可否缺省路径及文件名？

6. 简述 DNS 的工作原理。

7. 简述 E-mail 的工作原理。

8. 下一代互联网有什么特点？

第11章 组网实践

本章以一个虚构单位为例介绍组网与应用的实现知识。该单位基本情况及要求如下：①该单位在一个院子里有5栋建筑物，分别为1、2、3、4、5号楼；②人员规模在500人以内，要求人手一台计算机；③部门有办公室15人、人力资源部20人、物资采购供应部50人、销售部80人、研发部120人、生产部200人；④1号楼有办公室15人、人力资源部20人、物资采购供应部50人、网络中心机房；⑤2号楼有销售部60人、研发部40人；⑥3号楼有销售部20人、研发部40人、生产部40人；⑦4号楼有研发部40人、生产部60人；⑧5号楼有生产部100人；⑨按部门组成虚网，动态分配IP地址，有一个100M公网出口，楼之间用光缆、楼内用双绞线连接；⑩提供WWW、DNS、DHCP服务。

11.1 组网设计

11.1.1 拓扑规划

根据分析，该网络工程实施内容包括：网络支持近500个用户，所有计算机设备都连接上网；构建跨楼宇虚拟局域网；提供基础网络服务DNS、DHCP以及WWW；要求高速网络传输，广泛可连接性，开放应用平台；与Internet相连。针对用户需求，网络工程做如下要求。

① 网络技术。所选网络技术应当成熟先进，并能兼容现有网络技术和产品，规划采用千兆以太网技术。

② 站点带宽和信息传输。a. 高带宽站点：1 000 Mbit/s适用于挂接局域网服务器，100 Mbit/s适用于挂接多媒体终端和部分局域网。b. 普通站点：共享100 Mbit/s，适用于文件传输、数据检查、电子邮件等。

③ 拓扑结构。网络要适合高速、有效信息传输，还要满足主干网、局域网的层次结构，适合楼宇地理位置，站点和信息流量均衡分布，保证网络安全、可靠运行。

④ 网络设备。a. 主干设备：中心交换机性能应该保证各类型数据高速传输和安全性要求，增加可扩充性端口，适应今后网络发展需要。b. 路由器和远程访问设备：要求支持多点访问、异步传输，同时支持多种协议和网管。c. 端口设备：要求性能稳定，支持可堆叠技术和所选的网管协议。d. 网络操作系统：要与现有局域网络操作系统相适应。

⑤ 布线系统。遵循国际开放式布线标准，便于今后网络升级。

⑥ 可靠性和可扩充性。设备各模块提供热插拔功能、24 h连续工作、保留扩充冗余，并有较好的网络出口，实现与广域网连接。

⑦ 可管理性。网络操作要方便，支持SNMP协议，通过网管软件实现网络流量分配、优先级控制、实时访问远程站点及发现网络故障。网络拓扑示意图如图11-1所示，其中S6810为局域网核心设备，S3550为局域网汇聚设备，S2126为局域网接入设备。

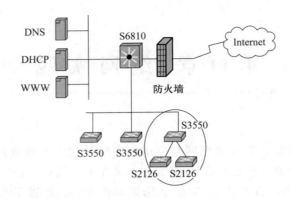

图 11-1　网络拓扑示意图

11.1.2　网络地址规划及网络设备配置

1. IP 地址规划

根据实际情况确定 IP 地址划分：如果不具备公有 IP 地址，则在内部分配私有 IP 地址，此时各子网段的 IP 地址范围可以适当扩大；如果有公有 IP 地址，则需根据实际地址情况酌情考虑各子网段的 IP 地址范围，既要留有扩充余地又要兼顾节约使用。

以私有地址为例分配各子网地址范围如表 11-1 所示。

表 11-1　IP 地址规划

所属部门	IP 地址	子网掩码	网关	VLAN
服务器网段	10.10.1.2～254	255.255.255.0	10.10.1.1	2
办公室	10.10.2.2～254	255.255.255.0	10.10.2.1	3
人力资源部	10.10.3.2～254	255.255.255.0	10.10.3.1	4
物资采购供应部	10.10.4.2～254	255.255.255.0	10.10.4.1	5
销售部	10.10.5.2～254	255.255.255.0	10.10.5.1	6
研发部	10.10.6.2～254	255.255.255.0	10.10.6.1	7
生产部	10.10.7.2～254	255.255.255.0	10.10.7.1	8

当采用 DHCP 方式管理 IP 地址时，用户无须记录相关 IP 地址，但对于服务器地址应采用静态分配方式。

2. 网络设备配置

① 核心交换机主要配置（S6810）：

```
//配置与防火墙互联端口
Switch# configure terminal
Switch(config)# interface Gigabitethernet 1/1
Switch(config-if)# medium-type fiber
Switch(config-if)# no switchport
Switch(config-if)# ip address 192.168.1.1 255.255.255.252
Switch(config-if)# no shutdown
Switch(config-if)# end
//创建 3 号 VLAN 示例，需在核心交换机上配置所有 VLAN
```

```
Switch# config terminal
Switch(config)# vlan 3
Switch(config-vlan)# name bangongshi
Switch(config-vlan)# exit
```
//配置 VLAN 3 的网关地址
```
Switch# interface vlan 3
Switch(config-if)# ip address 10.10.2.1 255.255.255.0
Switch(config-if)# end
```
//配置与 1 号楼连接端口 TRUNK 模式,支持多 VLAN 接入
```
Switch(config)# interface Gigabitethernet 1/2
Switch(config-if)# switchport mode trunk
Switch(config-if)# no shutdown
Switch(config-if)# end
```
//配置到 Internet 的路由
```
Switch(config)# ip root 0.0.0.0 0.0.0.0 192.168.1.2
Switch(config)# end
```
② 汇聚交换机配置(S3550),以 1 号楼配置为例:
//配置上联核心设备的接口为 TRUNK 模式
```
Switch(config)# interface Gigabitethernet 0/1
Switch(config-if)# switchport mode trunk
Switch(config-if)# no shutdown
Switch(config-if)# end
```
//配置下联接入设备的 VLAN(如果接入了多个 VLAN,则需配置为 TRUNK 模式)
```
Switch(config)# interface Gigabitethernet 0/2
Switch(config-if)# switchport access vlan 2
Switch(config-if)# no shutdown
Switch(config-if)# end
```
③ 接入交换机配置(S2126)。如果接入多个 VLAN 单位,则参照汇聚交换机配置;如果接入单个 VLAN 单位,则无须配置。

11.2 基础应用

11.2.1 DNS 服务实现

对域名空间的实际操作是由域名服务器来完成的,即 DNS 服务器。DNS 服务基于客户机/服务器模式。在运行中,存在下面 3 种类型的 DNS 服务器。

① 主服务器:包含某一特定区域的数据文件的"原始"复制,包括它下面所有域和计算机名字的资源记录。该类服务器从它的本地文件中获得区域数据,对区域的改动都要在这类服务器中进行。

② 辅助服务器:从主 DNS 服务器中获取它的区域数据(称为区域复制)。

③ 只用于高速缓存的服务器:它与主服务器和辅助服务器完全不同,因为它不与任何具体的 DNS 区域相连,也不包含任何活动数据库文件。当首次被启动时,只用于高速缓存的服务器也存在于任何 DNS 域结构中,但是每当只用于高速缓存的服务器代表客户机向另一个 DNS 服务器发出请求时,它会将信息暂时存到它的名字高速缓存中,因此该高速缓存将随着

时间而不断增长,以便保存以前所执行的所有请求信息。

在每一区域必须有一台主服务器,辅助服务器按需要可选配,建议最好配置辅助服务器。本节以图示实例方式详细描述 DNS 主服务器的配置过程。

1. 安装 DNS 服务

可以在 Windows Server 2003 初始设置后的任何时候安装 DNS 服务,或选择在初始设置期间安装 DNS 服务,安装 DNS 服务步骤如下。

① 从"开始"菜单的"设置"选项中打开"控制面板",或从"我的电脑"打开"控制面板"。图 11-2 所示的"控制面板"窗口包括用户经常用到的各种 Windows 工具。

图 11-2　控制面板

② 双击"添加/删除程序"图标,弹出"添加/删除程序"窗口,包括"更改或删除程序"选项、"添加程序"选项、"添加/删除 Windows 组件"选项。

③ 单击"添加/删除 Windows 组件"选项,弹出"Windows 组件向导"窗口,如图 11-3 所示。如果要添加或者删除某个组件,可以单击组件前面的复选框,复选框的颜色如果是灰色代表只安装该组件的一部分,如果是白色则代表完全安装该组件。如果要查看组件的详细内容,可以单击"详细信息"按钮。

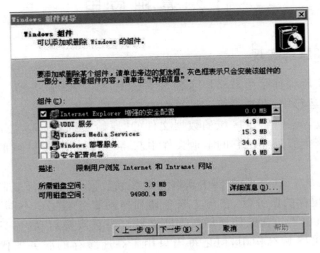

图 11-3　Windows 组件向导

④ 选择"网络服务"选项,单击"详细信息"按钮,弹出图11-4所示的"网络服务"窗口,该窗口列出了网络服务的子组件,同上面一样,如果要安装或删除某个组件,单击子组件前面的复选框。

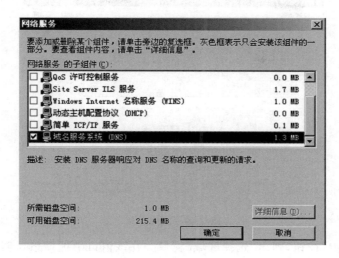

图11-4 添加网络服务

⑤ 选择安装DNS,单击"确定"按钮,弹出"正在配置组件"窗口,该窗口显示配置组件的完成情况,需要等待一定的时间才能完成配置。配置组件完成以后就可以使用所添加的DNS组件实现DNS服务功能。

经过以上几个步骤完成了DNS服务添加,后续介绍的其他Windows服务也是通过以上步骤添加的。

2. 配置DNS服务

完成DNS服务安装以后,接下来需要使用DNS服务管理器进行相应配置,以便实现DNS服务功能,主要步骤如下。

① 选择"开始"→"管理工具"选项中的"DNS",启动DNS服务管理器。

② 启动DNS服务管理器后,弹出图11-5所示的"DNS管理器"窗口,可以看到该计算机已经被设为DNS服务器,并且向导自动帮用户添加了正向和反向区域。区域是一个数据库,其中包括DNS名称和相关数据。

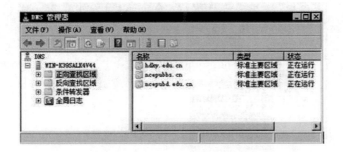

图11-5 DNS管理器

③ DNS服务允许用户将DNS名称空间分成多个区域,每个区域存储一个或多个连续的DNS区域。首先添加正向查找区域,选中正向查找区域后,选择"操作"菜单中的"新建区域"选项(或者直接在正向查找区域上右击)。

④ 选择"新建区域"选项，弹出"新建区域向导"窗口，为 DNS 服务建立一个新区域，如图 11-6 所示。

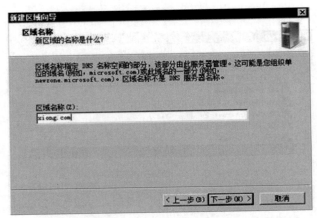

图 11-6　新建区域

⑤ 单击"下一步"按钮，弹出"选择区域"窗口。在该窗口中选择想要创建的区域类别，用户可以选择"主要区域""辅助区域"和"存根区域"。"主要区域"将新区域主副本保存到一个文本文件，选择该选项有利于与其他使用基于文本存储方式的 DNS 服务交换 DNS 数据。"辅助区域"创建一个现有区域的副本，该选项可以帮助主服务器平衡处理工作量，并提供容错。

⑥ 选择"主要区域"，单击"下一步"按钮，弹出"区域名"窗口，用户可以在该窗口中输入新区域名称。

⑦ 添加区域名以后，单击"下一步"按钮，弹出"区域文件"窗口。用户可以选择创建一个新的区域文件或者使用从另一台计算机复制的文件。区域数据库文件名默认为区域名，以 .dns 为扩展名。当从另一台服务器移植区域时，可以导入现有区域文件。

⑧ 在弹出窗口中可以选择是否接受动态更新，如果对安全性要求不高，可以选择"允许非安全和安全动态更新"，最后单击"完成"按钮。

经过以上步骤，创建了正向查找区域，接下来要为新区域创建主机。选择某个区域，然后选择"查看"菜单或者直接在新创建区域名上右击，弹出快捷菜单，选择"新建主机"选项，如图 11-7 所示。

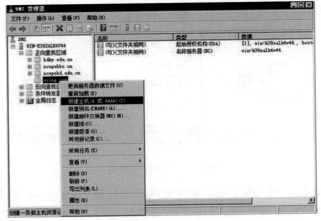

图 11-7　新建主机

⑨ 选择"新建主机"选项后,弹出"新建主机"窗口,可以输入主机的名称以及主机的 IP 地址。如果不输入主机名,则系统默认为其父域名称。

⑩ 添加主机名称和主机 IP 地址以后,单击"添加主机"按钮,弹出"成功地创建主机记录"窗口。

⑪ 单击"确定"按钮,返回"新建主机"窗口。

⑫ 单击"完成"按钮,返回 DNS 主窗口,如图 11-8 所示,在右侧区域显示已经创建了一个名为 WWW 的主机,数据(IP 地址)为 10.10.1.2。

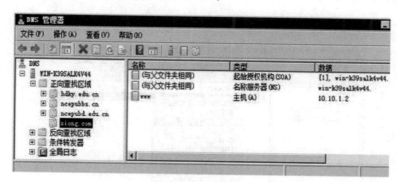

图 11-8　完成主机创建

⑬ 创建反向查找区域,反向查找区域提供反向查询。反向查询不是必要的,然而为了运行故障排除工具(如 Nslookup),以及在 Internet Information Service(IIS)日志文件中记录名字而非 IP 地址,就需要反向查找区域。首先选中反向查找区域,选择"操作"菜单中的"新建区域"选项,或者直接在反向查找区域上右击。

⑭ 选择"新建区域"选项,弹出"新建区域向导"窗口,含有相关说明信息。

⑮ 单击"下一步"按钮,弹出"选择区域"窗口。

⑯ 选择"主要区域",单击"下一步"按钮,弹出图 11-9 所示的"反向查找区域名称"窗口。在"反向查找区域名称"窗口里键入网络 ID 或区域名称。反向查找区域是一个地址到名称的数据库,可以帮助计算机将 IP 地址转换为 DNS 名称。

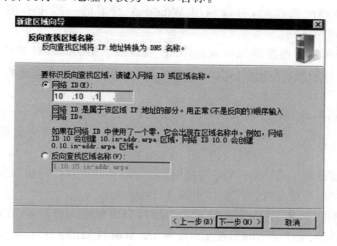

图 11-9　创建反向查找区域

⑰ 单击"下一步"按钮,弹出"区域文件"窗口。用户可以选择创建一个新的区域文件或者使用从另一台计算机复制的文件。区域数据库文件名默认为区域名,以.dns 为扩展名。

⑱ 选择"创建新文件"选项,并填写新建文件名,单击"下一步"按钮,弹出"动态更新"窗口,选择"不允许动态更新",单击"下一步"按钮,完成创建。

通过以上步骤,成功建立了反向查找区域,接下来需要为反向查找区域(10.10.1)中的主机新建一个指针。选择"操作"菜单中的"新建指针"选项或者直接在该域右击,如图 11-10 所示,选择"新建指针"选项。

图 11-10 新建指针

⑲ 单击"新建指针"选项,弹出"新建资源记录"窗口,通过输入主机号码的最后一位来指定一个具体的计算机,使主机 IP 地址与主机名一一对应,在本例中最后一位输入 2,即 IP 地址 10.10.1.2 对应主机名 xiong.xiong.com,该域的子网为 1.10.10.in-addr.arpa。

⑳ 添加主机 IP 地址和主机名后,单击"确定"按钮。返回 DNS 主窗口,可以看到 DNS 主窗口的右边已经建成的类型为指针、名称为 10.10.1.2、数据为 xiong.xiong.com 的指针。

3. 验证 DNS 服务

完成 DNS 安装和配置以后,可以利用 Windows 所带的一些工具测试 DNS 服务器的性能。

① 查看主机与网络的连接情况以及网络 IP 地址。单击"开始"菜单中的"运行"选项,弹出"运行"窗口,在打开的对话框中输入"ping www.263.net -t",即可查看主机连接 www.263.net 的情况。

② 输入命令后,单击"确定"按钮,弹出"ping 运行"窗口,可以看到 www.263.net 的 IP 地址为 211.150.64.99,还可以看到主机从 www.263.net 网站接收信息的字节数以及所需时间。

③ DNS 服务器诊断工具 Nslookup。使用 Nslookup 可查看任何资源记录和对任何 DNS 服务器进行直接查询,直接在"运行"窗口中输入"Nslookup"。

④ 单击"确定"按钮,弹出"nslookup 运行"窗口,会出现输入提示符,在该提示符后面输入域名,例如:输入"www.xiong.com",按 Enter 键,显示窗口如图 11-11 所示,服务器对应名称为 xiong.xiong.com,解析得到 www.xiong.com 的 IP 地址为 10.10.1.2。

图 11-11　Nslookup 诊断

11.2.2　DHCP 服务实现

在 Windows Server 2003 操作系统服务器上,根据 DNS 服务的添加步骤,可以类似地安装 DHCP 服务。安装 DHCP 服务之后,可以使用 DHCP 控制台来执行以下服务管理任务:①创建作用域。②添加和配置超级作用域及多播作用域。③查看和修改作用域的作用域属性,如设置排除范围。④激活作用域或超级作用域。⑤通过审阅每个作用域的活动租约监视作用域租用活动。⑥根据需要在作用域中为要求租用永久 IP 地址的 DHCP 客户机创建保留地址。⑦添加新的自定义默认选项类型。⑧添加和配置任何用户或供应商定义的选项类型。⑨进一步配置其他服务器属性,如审核日志或 BOOTP 表。

1. 配置作用域

① 单击"开始"→"程序"→"管理工具",然后单击"DHCP"。

② 在控制台树中,单击相应的 DHCP 服务器。

③ 在相应 DHCP 服务器上右击,弹出快捷菜单,单击"新建作用域",如图 11-12 所示。

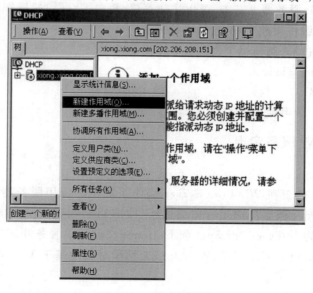

图 11-12　新建作用域

④ 打开"新建作用域向导"窗口,单击"下一步"按钮,输入作用域名,单击"下一步"按钮,输入 IP 地址范围。

⑤ 单击"下一步"按钮,输入需排除的 IP 地址,包括网关地址、服务器地址等,如图 11-13 所示。

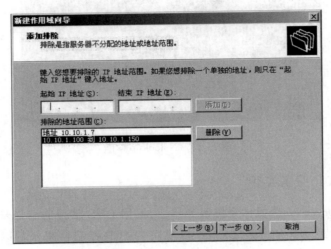

图 11-13　排除地址

⑥ 单击"下一步"按钮,输入租约期限。

⑦ 单击"下一步"按钮,完成新建作用域。

2. 创建超级作用域

应用 DHCP 服务的超级作用域功能,可以在使用多个逻辑 IP 网络的物理网段支持 DHCP 客户机,支持位于 DHCP 中继代理远端的远程 DHCP 客户机。具体配置步骤如下。

① 打开 DHCP,单击"开始"→"程序"→"管理工具",然后单击"DHCP"。

② 在控制台树中,单击相应的 DHCP 服务器。

③ 在相应 DHCP 服务器上右击,弹出快捷菜单,再单击"新建超级作用域"。

④ 按照"新建超级作用域"中的指示操作即可。

⑤ 在核心交换机或者路由器上增加远程中继的配置:

```
Switch(config)＃service dhcp
//添加 DHCP 服务器
Switch(config)＃ip helper-address 10.10.1.4
```

11.2.3　WWW 服务实现

1. IIS 简介

IIS 是 Microsoft 内置在 Windows Server 操作系统中的应用服务器。IIS 支持标准信息协议,通过使用 Internet 服务器应用程序编程接口(ISAPI)和公共网关接口(CGI)可以使 IIS 得到极大扩展。IIS 为 Internet、Intranet 和 Extranet 站点提供服务器解决方案。它集成了安装向导、安全性和身份验证实用程序、Web 发布工具和对其他基于 Web 应用程序的支持等附加特性。

利用 IIS,可以建立和管理最新的 Web 内容。IIS 提供了许多组件,其中一些组件是和相关服务及工具绑定在一起的。IIS核心组件如下。

① Internet 信息服务器。IIS提供了许多网络服务来完成核心功能,这些服务被看作是可应用于 Internet 上的信息发布服务。

② WWW 服务。所有要在 Internet 上发布的信息都要基于某个服务器,并且当用户要装载网页时服务器需要知道怎样回复用户浏览器。WWW 服务提供维护网站和网页,并回复基于浏览器的请求。有了 WWW 服务和它的内置功能,通过 ISAPI(Microsoft 公司高性能的应用程序接口)、ASP 及工业标准的 CGI 脚本支持,可以创建各种各样的 Internet 应用程序。

③ FTP 服务。在 Internet 或 TCP/IP 网络中传输文件的常用方法是使用文件传输协议(FTP)。

④ SMTP 服务。Microsoft 的 SMTP 服务是简单邮件传输协议的基本实现,它为 IIS 站点提供基本邮件功能。例如,有一个内部邮件服务器,并且要通过 IIS 服务器把邮件发给 Internet 上的特定目的地址,只要正确配置 SMTP 服务就可以了。

SMTP 服务并不是邮件服务的代替品。更确切地,它是为 IIS 站点完成转发邮件到 Internet 目的地址,以及接收 Web 站点管理员的来信等基本存储和转发功能。值得注意的是,SMTP 服务不支持 POP3 和 IMAP 协议。

在控制面板里依次选择"添加或删除程序"→"添加/删除 Windows 组件",找到"应用程序服务器"。双击"应用程序服务器",选择"Internet 信息服务(IIS)",并双击(或单击详细信息),做进一步组件安装选择,根据需要选择所要安装的组件,单击"确定"后进行下一步安装操作,选择"万维网服务"即可。在此选项下还可根据需要进一步做选项筛选,执行自动安装。

2. WWW 服务实现实例

IIS 最主要的功能是 WWW 服务,主要应用是超文本传输协议(HTTP)。HTTP 可以显示、播放格式化文本和多媒体文件,也可以作为小型文件的传输协议,是目前 Internet 上最流行的协议,也是 Internet 上最主要的服务,使用 HTTP 可以进行信息的交互。HTTP 也不局限于浏览文本和多媒体,甚至还出现于远程管理中。一般的开设 HTTP 的网站域名前缀都为 WWW,因此 HTTP 又称为 WWW,简称 Web。

IIS 监听特定的 TCP 端口,接收请求并根据请求发送 WWW 服务。当 IIS 获得一个请求时,它就向相应的 Web 站点发送该请求。在默认情况下,WWW 服务在 TCP 80 端口监听 WWW 请求。对于任何指定的 IIS 布局,只要配置正确,WWW 服务就可以管理多个 Web 站点,并保证所有站点的正常运行。

IIS 通过"属性页"来实现对 WWW 服务的管理和配置。每个 Web 站点都有一套相关的"属性页",都要单独配置。管理和修改 Web 站点的配置通过以下一些"属性页"来完成。

① "Web 站点"属性页:可以完成一般性的管理任务。

② "操作员"属性页:配置对 Web 站点具有管理许可的用户或组。

③ "性能"属性页:配置运行站点的特征。

④ "ISAPI 筛选器"属性页:控制 ISAPI 筛选器的运行。

⑤ "主目录"属性页:对 Web 站点的主页目录进行配置。

⑥ "文档"属性页:为 Web 站点配置默认的文件。

⑦ "目录安全性"属性页:提供 Web 站点安全性配置。

⑧ "HTTP 标题"属性页:对与 HTTP 标题有关的特性进行配置。

⑨ "自定义错"属性页:管理员可以定制当出现 Web 故障时显示给用户的故障信息。

WWW 服务管理中一个基本的任务是添加网站。在创建过程中,网站向导会提供与新建网站相关的不同对话框,根据提示输入信息,具体过程如下。

① 在"开始"菜单中选择"管理工具",打开 IIS 管理控制台。

② 在 IIS 管理界面下,右击网站,选择"新建"→"网站",如图 11-14 所示,即可打开"网站创建向导"窗口。

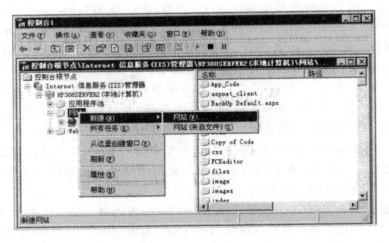

图 11-14　新建网站

③ 在弹出的对话框中输入网站描述,也就是在控制台中显示的网站名称。

④ 指定网站的 IP 地址和端口号等信息(其中还有主机头的信息,用于当多个网站对应一个主机地址时区分网站),如图 11-15 所示。

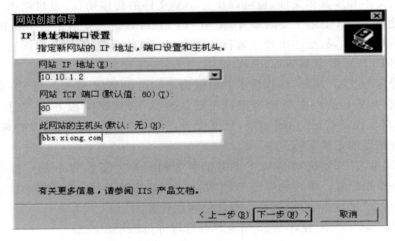

图 11-15　配置网站

⑤ 添加网站信息所在的文件夹,即用户通过浏览器所看到的网站信息所存放的位置。

⑥ 设定对主目录的访问权限。对于绝大多数客户端来说,只需设定浏览、读取的权限即可。

⑦ 至此,网站已经初步建立起来,在控制台根结点下可以看到已经创建的网站"my web",可以对它进行各种操作,实现对它的各种管理,如图 11-16 所示。

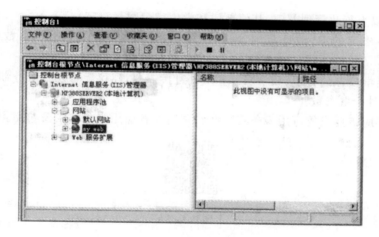

图 11-16 管理网站

⑧ 通过 IE 浏览器访问已经建立的网站,检验各种显示效果。这时如果要以名称"bbs. xiong. com"的形式来访问网站,则要在 DNS 服务器中建立相应的解析记录,否则只能通过 IP 地址来访问。

⑨ 如果网站添加成功,则通过浏览器可以访问到正确的显示结果。本例的显示结果如图 11-17 所示。

图 11-17 显示网站

习 题 11

1. 依托 Windows Server 2003 操作系统完成 DNS 服务配置。
2. 依托 Windows Server 2003 操作系统完成 DHCP 服务配置。
3. 依托 Windows Server 2003 操作系统完成 IIS 服务配置。
4. 请为某学校设计一个局域网,内容包括:
(1) 画出所设计的网络拓扑结构,并说明采用什么拓扑结构。
(2) 写出所用交换机的型号、端口数、带宽。
(3) 写出网络覆盖的楼宇名称、每个楼宇内的网络结点数(要求包含 10 个以上楼宇,5 个以上院系,6 个以上行政管理部门,其他部门和学生宿舍数量自定)。

(4)写出各楼宇的 IP 地址范围、网关地址(申请到的均为 C 类地址,数量和如何分配自定)。

(5)为满足学校办公管理、教学服务和对外宣传需要,建议配置几台服务器?并列出服务器基本的软、硬件配置参数。

(6)你觉得应该提供的应用服务有哪些?并简述各应用服务的主要功能。

习题参考答案

参 考 文 献

[1] 潘卫华,张丽静,王红,等.大学计算机基础实训[M].北京:人民邮电出版社,2015.

[2] 向华.多媒体技术与应用[M].北京:清华大学出版社,2015.

[3] 徐子闻.多媒体技术[M].北京:高等教育出版社,2016.

[4] 严磊,李立,严晨.多媒体技术基础与实例教程[M].北京:北京理工大学出版社,2016.

[5] 周飞雪,朱晓东.多媒体技术应用实训教程[M].北京:人民邮电出版社,2016.

[6] 周苏,柯海丰,王文,等.数字媒体技术基础[M].北京:机械工业出版社,2015.

[7] 董明秀.Photoshop CS6 这样学更简单[M].北京:清华大学出版社,2013.

[8] 凤凰高新教育.中文版 Photoshop CC 经典教程:超值版[M].北京:北京大学出版社,2017.

[9] 福克纳,查韦斯.Adobe Photoshop CC 2019 经典教程:彩色版[M].董俊霞,译.北京:人民邮电出版社,2019.

[10] 胡崧,李敏,张伟,等.FLASH CS6 中文版从入门到精通[M].北京:中国青年出版社,2013.

[11] 海天.完全自学一本通中文版 Flash CS6 500 例[M].北京:电子工业出版社,2013.

[12] 王振旗,王红,熊伟.计算机网络应用基础[M].北京:中国电力出版社,2017.

[13] 吴功宜,吴英.计算机网络应用技术教程[M].北京:清华大学出版社,2009.

[14] 谢希仁.计算机网络[M].6 版.北京:电子工业出版社,2013.

[15] 蔡皖东.计算机网络[M].北京:清华大学出版社,2015.

[16] 郭慧敏,陈晨,程明权.计算机网络实验教程[M].北京:中国电力出版社,2015.